九州文库

生态文明建设与经济发展协同关系研究

协同关系研究

王作军—主编

邓永禄—副主编

九州出版社

JIUZHOUPRESS

图书在版编目（CIP）数据

生态文明建设与经济发展协同关系研究／王作军主编；邓永禄副主编．－－北京：九州出版社，2025.3.
ISBN 978-7-5225-3746-7

Ⅰ．X321.2；F124

中国国家版本馆 CIP 数据核字第 2025DZ2281 号

生态文明建设与经济发展协同关系研究

主　　编　王作军　　　副主编　邓永禄
责任编辑　肖润楷
出版发行　九州出版社
地　　址　北京市西城区阜外大街甲 35 号（100037）
发行电话　（010）68992190/3/5/6
网　　址　www.jiuzhoupress.com
印　　刷　唐山才智印刷有限公司
开　　本　710 毫米×1000 毫米　16 开
印　　张　20
字　　数　327 千字
版　　次　2025 年 3 月第 1 版
印　　次　2025 年 3 月第 1 次印刷
书　　号　ISBN 978-7-5225-3746-7
定　　价　98.00 元

编委会

主　　编：王作军

副主编：邓永禄

参　　编：杨晓菲　宋　敏　马兆吉　张　林

前　言

　　习近平生态文明思想是我们党百年来在生态文明建设方面奋斗成就和历史经验的集中体现，是社会主义生态文明建设理论创新成果和实践创新成果的集大成者，是新时代生态文明建设的根本遵循和行动指南。当前，生态文明建设与经济发展方式的转型已成为我国社会经济改革的核心议题。推动生态文明建设不仅能够引领社会科技进步，还为经济的可持续发展奠定了坚实基础。要实现人与自然的和谐共生及社会经济的协调发展，亟需强化公众的生态保护意识，确立以生态资本为核心的经济发展理念，推动绿色低碳发展模式的普及，从而实现长期、稳定的经济增长，迈向生态文明新时代。习近平总书记在中共共产第十九次全国代表大会上的报告中提出："生态环境保护的成败，归根结底取决于经济结构和经济发展方式。经济发展不应是对资源和生态环境的竭泽而渔，生态环境保护也不应是舍弃经济发展的缘木求鱼，而是要坚持在发展中保护，在保护中发展，实现经济社会发展与人口、资源、环境相协调。"经济活动不应以牺牲环境为代价，而是应注重生态价值的长效性，走出一条资源节约、环境友好的绿色发展道路。然而，随着我国城市化和工业化的加速推进，垃圾污染、工业排放、资源过度消耗等问题愈发严峻，对生态环境形成巨大压力。这一形势迫切需要转变传统的经济发展观念，建立低碳、环保型的社会结构，实现经济社会的转型升级，推动全社会的绿色可持续发展目标。

　　社会发展不仅涵盖生态与经济的协调，更涉及政治、文化等多方面的协同推进。面对严峻的环境挑战，必须将习近平生态文明理念与经济发展方式的转型紧密结合，推动人与自然、人与社会之间的和谐发展，实现社会效益与生态效益的有机统一。要走出一条符合我国国情的生态文明发展道路，政府需要在政策上发挥关键引导作用，企业应当加大绿色技术投入与创新，公众也需要自觉践行低碳、环保的生活方式，共同营造生态和谐的社会氛围。本书希望通过理论与实践相结合，助力全社会共同探索出可持续的绿色发展模式，以应对复杂的环境挑战，促进经济社会的高质量发展。

本书由西南大学国家治理学院的王作军教授主编，西南大学马克思主义学院博士生邓永禄、西南大学国家治理学院博士生杨晓菲、西南大学国家治理学院博士生宋敏、西南大学马克思主义学院博士生马兆吉、乌鲁木齐职业大学马克思主义学院教师张林参与编辑。具体编写分工如下：王作军负责撰写第一章及前沿（共计7.5万字），邓永禄负责第二章和第三章的前两节（共计5.5万字），张林负责第三章的第三节（共计2.4万字），杨晓菲负责第四章和第五章（共计5.5万字），宋敏负责第六章和第七章（共计5.5万字），马兆吉负责第八章和第九章（共计5.5万字），全书由王作军统稿完成。在编撰过程中，我们广泛参考了国内外的研究成果和大量的文献资料，借鉴了众多学者的研究结论，谨向所有贡献研究成果的学者和研究者致以诚挚的感谢。同时，由于时间仓促和编撰水平所限，书中难免存在不足之处，恳请读者批评指正，以期在未来的研究和写作中不断完善与提升。

目　录
CONTENTS

第一章

生态文明与经济发展新理念

在全球可持续发展的背景下，生态文明经济发展新支点逐渐成为各国经济战略的核心。这一主线强调经济增长必须与生态保护相融合，推动社会从资源密集型的传统增长模式向绿色、低碳、高效的方向转变。通过深化生态文明理念，各国在追求经济增长时更注重人与自然的和谐共生，在强调资源的合理利用和环境保护的同时，促进经济持续稳定的发展。

基于生态文明经济发展新主线，生态经济协同发展的框架为实现这一目标提供了系统性的指导。协同发展意味着经济与生态的双向互动，各国可通过发展绿色产业、推动清洁能源和资源的循环利用，形成经济与环境的正反馈机制。这个框架要求各国不仅要在政策上有所突破，还要在技术创新、产业结构优化等方面持续发力，构建一个可持续发展的经济体系。这样，经济增长不再以牺牲环境为代价，而是通过绿色创新提升资源的利用效率，实现生态与经济的协同发展。与此同时，国际生态经济发展的经验为这一框架的构建提供了宝贵的参考。全球许多国家，尤其是发达国家，已经在生态经济发展方面取得了显著成效。比如，欧洲的绿色新政通过政策引导大力支持绿色技术的发展，北欧国家在可再生能源领域的创新引领了清洁能源革命，而一些发展中国家则通过发展生态旅游和可持续农业，探索出生态与经济并行发展的新路径。这些国际经验表明，生态经济协同发展的成功关键在于政策支持、技术创新和社会广泛参与，各国可以通过互相借鉴、共享经验，共同推进全球的生态经济发展。

第一节 生态文明经济发展新主线

随着全球环境问题的日益加剧，生态文明已成为引领经济发展的核心理念。面对气候变化、资源枯竭、生物多样性减少等严峻挑战，传统的经济发展模式已无法适应时代的需求。生态文明不仅仅是一种简单的环境保护理念，更是一场深刻的社会变革和经济重塑。它标志着人类经济活动不再以牺牲环境为代价，而是走向绿色、低碳、可持续发展的新路径。生态文明的发展主线不仅是对传统增长模式的修正，更是对未来经济结构的根本性重塑。这一理念超越了以往单纯追求经济增速的目标，将生态系统的健康与人类社会的长远利益紧密结合，创造出一个兼顾经济效益、社会公平和生态安全的全新发展格局。过去那种依赖资源高消耗、环境高污染的发展模式已经证明了它的不可持续性。取而代之的是一种更加和谐的方式——通过优化资源配置、推广绿色技术、推动产业转型升级，实现经济的绿色复兴。①

在生态文明的框架下，经济繁荣与环境保护不再是对立的目标。相反，二者可以相辅相成，共同推动社会的进步与发展。生态文明要求我们不仅要关注经济增长的数量，还要注重其质量。经济增长应建立在资源的高效利用和生态系统的可持续基础之上。这意味着要推翻"先污染、后治理"的老路，转向"边发展、边保护"的新模式。通过技术创新、清洁能源推广、绿色产业培育等措施，经济增长可以实现与生态保护的协同推进。更为重要的是，生态文明倡导一种人与自然和谐共处的生活方式。人类社会的发展，不能忽视生态环境的承载能力。过去那种单纯追求物质财富、无节制地消耗资源的做法，不仅导致了生态环境的退化，也让经济发展走上了不可持续的道路。生态文明要求我们在发展过程中，时刻保持对自然的敬畏和尊重，倡导低碳、节约的生活方式，推动社会向可持续的生产和消费模式转型。推动生态文明建设，不仅需要技术和政策的支持，更需要全社会的共同参与。各国政府、企业和个人都必须肩负起保护环境的责任。政府应通过制定合理的法律法规和政策导向，推动绿色经济的建设，企业则需加大对绿色技术的研发投入，

① 习近平. 习近平谈治国理政：第一卷［M］. 北京：外文出版社，2014：102.

2

提升环保意识，减少生产过程中的环境负荷。公众则应树立绿色生活理念，从日常生活的小事做起，减少对环境的影响。只有在多方力量的共同作用下，生态文明才能真正成为推动经济社会发展的新动力。

因此，生态文明的发展主线不仅是一种理念的变革，更是一次深刻的社会实践。它要求我们从根本上改变对经济增长的看法，将生态保护融入经济发展的方方面面，推动经济、社会和生态的全面协调发展。通过构建一个绿色、低碳、循环的经济体系，生态文明将为人类社会的长远发展注入新的活力。未来的经济繁荣将建立在生态文明的基础上，真正实现人与自然的和谐共生。

一、生态优先塑造发展新格局

在生态文明的框架下，经济发展必须摆脱对资源的过度依赖，将生态优先作为发展的基本原则。这一原则不仅代表着对环境保护的重视，更象征着人类对自身与自然关系的深刻反思。传统的发展模式，以追求经济增速为首要目标，往往忽视了环境的代价。过度开采资源、过量排放污染物、破坏生态系统等问题，已经威胁到人类未来的可持续生活。

因此，各国必须将生态保护纳入经济规划的核心，以确保经济活动不会超出环境系统的承载能力，从而实现真正的可持续发展生态优先并不意味着牺牲经济增长，而是在增长模式上进行深度变革。通过调整产业结构、推动绿色技术的创新应用，经济发展与环境保护可以并行不悖，甚至相互促进。这一新格局强调经济活动的可持续性，意味着经济增长不能再依赖资源的无节制消耗，而必须以高效、循环的方式使用资源，最大限度地减少对生态系统的损害。短期利益驱动下的掠夺式发展虽然能够带来快速的经济回报，但它对生态环境造成的长期损害却是不可逆的。因此，生态优先的经济发展模式，旨在为长远的可持续发展奠定坚实基础，平衡资源的合理利用与经济增长，避免短视行为造成的生态灾难。

在这一框架内，各国的经济规划必须紧密围绕生态保护展开，具体体现在政策、技术和产业三个层面。首先，政策的引导至关重要。政府应当通过制定严格的环保法规、推动绿色税收政策和环境审计等手段，为生态优先的经济发展提供保障。例如，通过设立碳排放上限、推行碳交易市场，能够有效减少温室气体的排放，推动企业向低碳经济转型。与此同时，政策还应鼓励企业和个人更多地使用可再生能源、发展清洁技术，减少传统化石能源对经济增长的依赖。

其次，技术创新是实现生态优先的关键推动力。技术创新不仅可以提高资源利用的效率，还能为绿色产业的发展提供新的动能。绿色科技，如清洁能源、节能减排技术、废物再利用技术等，能够从根本上改变传统经济模式中资源浪费、环境污染的现象。例如，太阳能、风能等可再生能源技术的进步，使得低碳能源的大规模应用成为可能，不仅减少了对煤炭、石油等高污染能源的依赖，也为全球的能源结构调整提供了更多选择。与此同时，智能化的生产系统、绿色建筑技术以及高效的交通运输体系，正在通过技术手段进一步降低经济活动中的生态足迹。产业结构调整是推动经济绿色转型的第三个关键因素。生态优先要求各国从依赖资源密集型、污染严重的传统产业中逐步转向以高科技、绿色产业为主导的经济结构。可持续产业，如新能源、新材料、生物技术、环保服务等正迅速崛起，成为全球经济新的增长点。以低碳经济为基础的绿色产业，不仅可以有效减少污染物的排放，还能创造出更多的绿色就业机会，提升经济的韧性与竞争力。例如，新能源汽车产业的蓬勃发展，不仅减少了对石油的依赖，还带动了电池技术、智能制造等相关领域的技术突破，推动了整个工业体系的绿色升级。

最后，循环经济的理念也在生态优先的框架下得到了大力推广。循环经济强调资源的多次利用，减少废物的产生，从而最大限度地降低资源开采和使用对环境的负面影响。这一模式不仅能够减少经济活动中的废弃物，还可以通过废物再利用为经济增长提供新的机会。各国在实践中逐渐认识到，循环经济不仅是环境保护的有效手段，更是提高资源利用效率、降低生产成本的创新路径。例如，工业生产中采用"零废弃"生产技术，农业领域推广"绿色农业"模式，都有助于减少资源浪费和污染物的产生，提升整体经济的可持续性。在生态优先的指导下，经济发展的最终目标是实现人与自然的和谐共生。这要求我们在进行经济活动时，始终保持对自然的敬畏与尊重，避免对生态系统的过度干扰。过去的经济模式往往是以征服自然为目的，而生态文明倡导的是与自然的共存。这一理念不仅要求从技术和产业层面进行变革，更要求我们从思想上转变，树立起生态文明的价值观，将节约资源和保护环境视为经济活动不可或缺的一部分。生态优先不仅是发展方式的改变，更是社会发展理念的深刻变革。

总之，在生态文明的框架下，经济发展必须以生态优先为前提，通过政策引导、技术创新和产业结构调整，构建一个以环境保护为核心的新发展格局。这一格局不仅能确保经济增长的可持续性，还能为未来的社会进步提供更加坚实的生态基础。经济发展不再是资源的掠夺者，而是生态的守护者。通过生态优先的实践，未来的经济繁荣将与自然环境的健康共存，人类社会将真正实现人与自然和谐共生的美好愿景。

二、低碳发展驱动资源新变革

在生态文明的主线中，低碳发展已然成为推动全球经济转型的重要力量。传统的经济发展模式严重依赖化石能源，如煤炭、石油和天然气，这些能源的广泛使用不仅带来了温室气体的过度排放，导致了全球气候变化的加剧，还引发了严重的环境污染问题。近年来，雾霾、酸雨、气温异常等现象日益频繁，已成为世界各国必须直面的挑战。因此，推动低碳经济成为全球各国谋求可持续发展的必然选择，既是应对气候变化的迫切需要，也是实现经济转型的战略契机。

低碳发展，不仅仅是减少污染，更重要的是通过对能源结构的深刻调整与创新，形成一套兼具经济效益与生态效益的全新增长模式。低碳经济的核心目标是减少碳排放，通过清洁能源、节能技术和绿色产业的推广，提升资源的利用效率，最大限度地降低对环境的破坏。这种经济模式不仅有助于减缓气候变化的影响，还为未来的经济增长创造了新的动能。在这一过程中，各国政府、企业和社会共同参与，低碳发展的推动不仅仅局限于环保领域，更将为全球经济结构的深层次调整奠定基础。

低碳发展催生的核心动力源于新能源的广泛应用。清洁能源，如风能、太阳能、水能和地热能等，正在逐渐取代传统的化石燃料，成为新的能源支柱。与传统化石能源相比，这些清洁能源不仅具有无污染、可再生的优势，还可以有效减少温室气体的排放量，从而为应对气候变化提供强有力的支持。特别是太阳能和风能技术的进步，已经使得它们在全球范围内得到迅速普及，不仅在发达国家，也在许多发展中国家展现出了广阔的应用前景。

同时，低碳发展推动了经济增长模式的创新。随着新能源产业的崛起，相关的高科技行业也得到了迅速发展。以电动汽车、储能技术、智能电网为代表的绿色科技创新，正在逐步取代传统的高耗能、高污染行业，成为经济发展的新增长点。这一系列技术革新不仅推动了产业转型升级，还创造了大量新的就业机会。许多国家已经认识到，发展低碳经济不仅是为了应对环境问题，更是推动经济长期增长的重要动力源。低碳经济的广泛推广，不仅带动了能源领域的创新，还在工业、交通、建筑等多个领域掀起了绿色革命，为全球经济注入了强大的新动能。在推动低碳经济的过程中，绿色科技创新发挥了至关重要的作用。技术的进步不仅为传统产业的绿色转型提供了可能，也为全球经济结构的优化带来了深远影响。以新能源技术为例，太阳能电池、风力发电技术的不断改进，使得它们的成本大幅下降，能源转换效率显著提高，已经具备了大规模应用的条件。与此同时，电动汽车技术的飞速发展也为交通领域的减排贡献了力量。随着电池技术的进步，电动汽车的续航里程不断增加，充电设施日益完善，使得这一绿色出行方式逐渐被消费者所接受，电动汽车开始替代传统的燃油汽车，带动了整个汽车工业的绿色变革。

除此之外，智能化管理技术也为低碳发展提供了新的助力。智能电网、智能交通和智能建筑等技术的推广，使得能源的分配与利用更加高效，进一步推动了碳排放的减少。以智能电网为例，它能够通过信息技术实时监控能源的使用情况，优化电力分配，有效避免了能源的浪费。在建筑领域，绿色建筑技术的发展也极大提升了建筑的节能效果，通过使用环保材料和高效节能设备，建筑物的能耗得到了显著降低，减少了对环境的负担。推动低碳经济发展，既需要技术创新的支撑，也离不开政府政策的引导。各国政府在应对气候变化的过程中，已经开始通过立法、税收、补贴等多种手段推动低碳经济的发展。例如，碳交易制度的建立和碳税的实施，为企业减少碳排放提供了经济激励，促使它们加快向绿色转型的步伐。同时，政府通过对新能源技术研发的资助和绿色基础设施建设的投资，进一步推动了低碳经济的落地与发展。通过这些措施，低碳经济不仅得以在技术层面上取得突破，也在社会各个层面得到广泛认同与推广。

在全球范围内，低碳发展已成为国际竞争力的重要体现。那些率先实现低碳转型的国家，将在未来的经济格局中占据更为有利的地位。欧洲各国凭借其在清洁能源和低碳技术领域的领先优势，已经走在了全球绿色经济的前列。中国作为世界最大的碳排放国，也在通过积极推动新能源发展、节能减排政策和产业转型，逐步迈向低碳经济的新时代。通过这些努力，各国不仅为全球气候治理贡献了力量，也为本国经济的可持续增长开辟了新的路径。

总之，低碳发展不仅是应对气候变化的必要手段，更是推动经济转型升级的战略选择。通过新能源的广泛应用、绿色科技的创新和政府政策的支持，低碳经济将成为未来全球经济发展的主导力量。随着低碳技术的不断进步和产业结构的深刻调整，低碳发展将为全球经济的可持续发展注入新的活力，实现经济与环境的双重收益。这不仅是对当下环境问题的回应，更是为未来经济繁荣和生态平衡奠定的坚实基础。

三、可持续产业开辟增长新路径

在生态文明的主线引领下，可持续产业的兴起不仅是时代的必然选择，也是未来全球经济增长的全新驱动力。传统的经济发展模式，虽然在短期内带来了繁荣，却往往以牺牲环境为代价，通过过度开发资源、破坏生态系统，获得短暂的经济效益。然而，这种发展方式并不具有长久的生命力。伴随着资源的逐渐枯竭和环境问题的日益严重，传统产业模式显露出其不可持续性。而可持续产业的出现，标志着经济增长方式从对自然资源的依赖，向科技创新、绿色发展、循环利用等方向的转型，为全球经济的可持续发展提供了崭新的路径。可持续产业以其独特的经济模式，展现了与传统产业迥然不同的特征。它不仅仅关注经济增长，还强调社会与环境的协调发展。通过推广绿色技术、开发可再生能源、优化产业结构，形成了集经济效益、社会效益和环境效益于一体的新型产业格局。可再生能源、绿色制造、生态农业等行业的崛起，不仅改变了资源利用和生产方式，也推动了全球经济的绿色转型。随着这些产业的壮大，传统依赖于高污染、高耗能、高排放的产业模式逐渐让位于低碳、环保、高效的可持续发展模式，这为全球经济的未来发展注入了新的动力。

可再生能源作为可持续产业的重要组成部分，正在全球范围内迅速崛起，并日益成为能源结构调整的核心。传统的化石燃料能源虽然为工业革命以来的经济繁荣提供了巨大的推动力，但其带来的环境污染和温室气体排放问题，正在严重威胁地球的生态平衡。可再生能源则以其清洁、可持续的特性，逐步替代了高污染的化石能源，成为全球能源供应的重要来源。太阳能、风能、水能、地热能等能源形式的发展，不仅减少了对化石燃料的依赖，还推动了能源行业的技术创新和产业升级。这些新能源技术的广泛应用，不仅降低了碳排放，还为未来的能源安全提供了有力保障。与此同时，绿色制造业的迅速发展也正在为全球经济注入新的活力。传统制造业的生产过程通常伴随着大量资源的消耗和废弃物的排放，这不仅对环境造成了极大的负担，也使得经济增长无法持续。而绿色制造业则通过技术创新与工艺改进，实现了资源的高效利用和污染物的最小化排放。在这一过程中，数字化技术、智能制造技术的应用，不仅提高了生产效率，还推动了整个制造业的绿色转型。通过优化生产流程、减少能源消耗、推广环保材料，绿色制造业不仅提升了产品质量，也为经济增长带来了长远的可持续动力。

生态农业作为可持续产业的另一重要领域，也在推动全球经济增长的同时，实现了对自然资源的有效保护。传统农业依赖大量化肥、农药的投入，虽然提高了短期产量，但对土地、空气和水资源的污染问题也日益严重，导致了生态环境的退化和农业的不可持续性。而生态农业则通过有机种植、合理的土地利用和生物多样性保护等方式，减少了对环境的破坏，并确保了农业生产的长期可持续性。通过优化农业技术、减少农业生产中的环境负担，生态农业不仅为社会提供了更为健康的食品，还提高了土地和水资源的利用效率，为未来农业的发展提供了新的思路。可持续产业的发展不仅仅是经济增长的必要选择，更是在全球范围内构建人与自然和谐共处模式的关键路径。随着气候变化的影响日益显著，生态系统的脆弱性也越发突出。在这一背景下，可持续产业以其对环境的低影响和对资源的高效利用，成为解决全球环境问题的重要工具。通过发展循环经济、推动资源的再利用和回收利用，可持续产业有效减少了废弃物的产生，避免了资源的过度消耗，形成了"资源—产品—再生资源"的良性循环。这不仅为环境保护提供了重要支持，也提高了资源利用的效率，降低了经济发展的资源成本。

此外，可持续产业的发展在社会层面上也具有深远的影响。传统产业模式往往集中于追求经济利益，而忽视了社会公平与福利的改善。而可持续产业则通过其对资源的节约和对环境的友好，使得社会更加公平与和谐。第一，绿色产业的崛起带动了大量新兴行业的出现，创造了诸多绿色就业岗位。这些新兴产业不仅为社会提供了更多的就业机会，还提升了劳动力的技能水平，使得社会整体的就业结构更加多元化。第二，通过推动技术创新和环保意识的提升，可持续产业不仅改变了人们的消费习惯和生活方式，还为社会的可持续发展奠定了更加坚实的基础。推动可持续产业发展的过程，既是一项经济任务，也是一项社会使命。各国政府在这一过程中扮演了至关重要的角色。

通过制定支持可持续产业的政策框架，各国政府为绿色技术的推广、环保产业的发展提供了重要的政策引导。碳交易、环保税、绿色金融等政策工具的广泛应用，正在为可持续产业的发展创造更加良好的市场环境和发展空间。此外，国际合作也在可持续产业的推动中起到了关键作用。全球气候变化问题需要全球共同应对，而可持续产业的发展同样离不开各国之间的技术交流和政策合作。通过共享技术创新成果、协调政策措施，各国可以共同推动全球范围内的可持续产业发展，促进经济的绿色转型。

尽管可持续产业已经展现出了巨大的潜力和发展前景，但其未来发展仍面临诸多挑战。首先，技术的不断创新是可持续产业发展的核心动力。然而，技术创新需要大量的资金投入和人才支持，这对许多国家尤其是发展中国家来说，仍然是一个巨大的挑战。其次，可持续产业的推广还面临着市场和制度方面的障碍。许多传统行业依然在享受政府补贴和政策支持，而可持续产业的市场环境相对较为不成熟，市场接受度也有待提高。此外，国际贸易和产业链的复杂性也给可持续产业的发展带来了诸多不确定性。全球经济的相互依存意味着任何一个国家或地区的环保政策变动，都可能影响到全球产业链的运行与协调。然而，尽管面临这些挑战，可持续产业的发展前景依然不可忽视。在全球气候变化加剧、资源日益枯竭的背景下，推动可持续产业的快速发展已经成为全球共识。各国政府、企业和社会力量正通过不断的技术创新、政策调整和市场推广，努力推动全球经济走向绿色、低碳、循环的可持续发展之路。可持续产业不仅是未来经济增长的引擎，更是实现人与自然和谐共处、确保社会长期繁荣的关键动力。

可持续产业的发展，不仅仅是技术层面的革新，更是对经济增长模式的全面重塑。在这一过程中，经济增长不再是单一的追求速度与规模的过程，而是通过绿色技术和创新模式，实现经济、社会与生态系统的多赢发展。可持续产业的崛起，正在为全球经济开辟出一条更加绿色、更加健康、更加繁荣的可持续发展道路，为未来的全球经济繁荣奠定了坚实基础。

第二节　生态经济协同发展的框架

习近平总书记在中央扶贫开发工作会议上讲话中指出："找到一条建设生

态文明和发展经济相得益彰的脱贫致富路子。"① 在全球环境挑战日益严峻的背景下，生态经济协同发展已成为各国推动绿色转型和实现可持续发展的核心战略。气候变化、资源枯竭、生物多样性减少等问题迫使人类开始重新审视传统的经济发展模式，探索如何在保障经济增长的同时，实现生态保护与资源的高效利用。在这一过程中，生态经济协同发展框架应运而生，并成为引导各国走向绿色转型的关键路径。通过政策的引导、技术的创新以及多方合作，生态与经济的协同发展为实现长期经济繁荣与环境和谐提供了全新的视角与方案。生态经济协同发展的核心在于通过一系列政策措施引导经济向绿色方向转型，促进各行业与生态保护深度融合。这种转型不仅仅是对现有发展模式的修正，更是一场深刻的经济变革，旨在推动社会、经济与环境的全面协调发展。为了实现这一目标，各国纷纷出台政策框架，促进产业结构优化、资源高效利用以及能源结构的低碳化。这些政策不仅为生态经济发展奠定了制度基础，还为绿色技术的创新提供了广阔的应用空间。

在政策引导下，许多国家开始逐步构建与生态保护相兼容的经济模式，力图摆脱对传统高污染、高耗能产业的依赖。例如，碳交易市场的建立、绿色税收政策的推行以及可再生能源的激励措施，正在推动各国企业和产业加速向低碳化、清洁化转型。这一趋势表明，政策不仅在调控企业的生产行为，还在重新定义经济增长的内涵，即经济增长不仅关乎数量，更关乎质量和可持续性。与政策引导紧密相连的是技术创新，技术进步在生态经济协同发展中的作用不容忽视。技术创新为传统产业的转型升级提供了新动力，使得资源利用效率显著提升，环境影响得到有效控制。特别是在能源领域，清洁能源技术的广泛应用正逐步改变全球能源格局。太阳能、风能、地热能等可再生能源技术的迅猛发展，正在逐步取代传统化石燃料成为能源供应的主力。这不仅减少了碳排放，还大幅降低了经济对不可再生资源的依赖，从而为未来的绿色发展提供了稳定的能源保障。

与此同时，智能技术的普及也在推动工业、农业和服务业的生态化转型。智能制造技术通过数据分析、人工智能和自动化手段，极大提升了生产过程中的资源利用率，减少了废弃物的产生。生态农业领域则通过精准灌溉、生态种植等技术手段，不仅降低了对土地和水资源的消耗，还促进了农业的可

---

① 习近平. 论坚持人与自然和谐共生［M］. 北京：中央文献出版社，2022：111.

持续发展。在服务业方面，智能化和数字化管理系统的应用，优化了资源调度和能源消耗，使得整个社会的运行效率大幅提升。这些技术进步，既推动了传统产业的绿色转型，也催生了大量新兴的绿色产业和就业机会。技术创新不仅为生态经济协同发展提供了动力，还从根本上改变了全球经济的结构与运行方式。过去，经济增长往往以资源的无节制消耗为基础，而如今，资源的可持续利用和环境的保护已成为经济增长的重要内容。技术进步所带来的绿色发展模式，使得企业不仅能够提高生产效率，还能在资源有限的前提下实现经济的长期增长。除了政策和技术的推动，多方合作也在生态经济协同发展中发挥着至关重要的作用。生态经济的协同发展并非单一国家、单一产业能够独自完成的任务，而是需要全球范围内的紧密合作。各国政府、企业、科研机构和非政府组织通过多边合作机制，共同制定和实施生态经济发展的战略目标。国际气候谈判、绿色技术转移、跨国环保项目等多种形式的合作，促进了全球范围内的生态经济协同发展。一个典型的例子是《巴黎协定》框架下的全球气候治理合作。各国通过谈判设定了减少温室气体排放的目标，并共同承诺推动绿色转型。这种国际合作不仅增强了各国应对气候变化的信心，也为全球生态经济协同发展提供了一个共同的行动框架。此外，国际组织、金融机构和民间组织在推动技术创新、提供资金支持以及推广环保项目方面也发挥了积极作用。这种多方合作机制，正在加速全球生态经济的协同发展进程。

然而，在合作的过程中，各国的生态经济发展路径并非一成不变。每个国家都有其独特的经济、社会和环境条件，因此，生态经济协同发展的框架在不同国家展现出不同的实施模式。发达国家通常在技术创新和政策执行上具有明显的优势，它们通过积极发展清洁能源、推行严格的环保法规和政策，为全球生态经济发展树立了榜样。而发展中国家则在推动绿色经济转型过程中面临着更多的挑战和机遇。一方面，这些国家正在积极寻求与发达国家的技术合作，以加快本国的绿色产业发展；另一方面，发展中国家也在探索结合本国资源禀赋和经济结构的绿色发展模式，以确保经济增长与环境保护相辅相成。全球范围内的生态经济协同发展，不仅有助于减缓气候变化的威胁，还推动了经济全球化背景下的新一轮产业升级与结构调整。绿色贸易政策的推广、绿色供应链的构建，以及各国在环保标准方面的协调，将进一步推动生态经济协同发展。这不仅有利于提升全球产业链的绿色标准，还将为各国企业在国际市场上提供更多的绿色竞争力。生态经济协同发展无疑将是推动全球可持续发展的重要力量。随着政策的进一步完善、技术的不断进步以及国际合作的深入，各国将在绿色经济领域取得更多突破。经济增长与生态保护不再是对立的议题，而是可以实现相互促进的协同关系。生态经济的发展，不仅关乎资源与环境的可持续利用，更关乎人类社会在未来数十年甚至数百年的长远福祉。因此，全球生态经济协同发展的框架，既是当下应对气候变化、资源匮乏和环境退化的有效方案，也是未来实现经济高质量增长、保障人类生存环境的关键路径。通过这一框架，世界各国将共同探索和实践可持续发展的新模式，使经济增长与生态环境和谐共生，推动人类迈向更加繁荣、健康的未来。

一、生态政策引导经济绿色转型

在全球环境问题日益严峻的背景下，生态政策已成为推动经济绿色转型的关键工具。各国纷纷意识到，传统的粗放型经济增长模式不仅难以为继，而且加剧了气候变化、资源枯竭和生态退化的风险。为此，制定和实施有效的生态政策，成为各国推动经济转型的重要手段。通过政策的引导与激励，生态优先的理念逐步融入经济发展的方方面面，促使企业和社会向绿色、低碳、可持续的方向发展，推动全球经济走向可持续的未来。生态政策的首要作用体现在其制度性保障功能上。政策作为经济活动的"规则制定者"，为绿色经济的建设提供了明确的框架和方向。通过设定严格的环保标准、建立碳排放交易机制以及推广可再生能源等政策措施，政府为绿色经济的崛起创造了制度条件。例如，欧盟的碳排放交易体系（ETS），通过市场化手段调控温室气体的排放，使得碳排放拥有了明确的价格，从而激励企业通过技术创新来降低碳足迹。这一体系不仅为欧盟成员国的低碳发展奠定了基础，还成为全球气候政策的先驱，激励了其他国家纷纷效仿这一市场化手段。与此同时，碳税政策的推行也在全球范围内逐渐普及。碳税通过向排放温室气体的企业征税，直接将环境成本内化到企业的生产决策中，从而促使企业主动减少污染。瑞典等北欧国家早在 20 世纪 90 年代就率先实施了碳税政策，经过几十年的探索与实践，已经取得了显著的成效。通过将碳税的收入用于发展清洁能源和推动绿色技术创新，瑞典不仅有效降低了国内的碳排放，还推动了经济增长与环保目标的同步实现。这一成功经验表明，碳税政策不仅是应对气候变化的有效工具，更是推动经济绿色转型的强大动力。

除了市场调控机制，生态政策还通过政府主导的补贴与激励措施，积极引导企业和社会向绿色方向转型。政府对可再生能源、节能技术和环保产业的补贴政策，为绿色产业的发展提供了强有力的支持。以德国的"能源转型"政策为例，该政策通过提供财政补贴、税收优惠等措施，推动了太阳能、风能等可再生能源的迅速崛起。如今，德国的可再生能源占其电力供应的比例已达到40%以上，不仅大幅减少了对煤炭、石油等化石能源的依赖，还带动了相关产业的技术创新和就业增长。这一政策不仅改变了德国的能源结构，还为其他国家的能源转型提供了宝贵经验。除了能源领域，生态政策在农业、工业和建筑等其他行业中也发挥着重要作用。例如，在农业领域，许多国家推行了有机农业补贴政策，通过补助农民减少化肥、农药的使用，推动可持续农业的发展。欧盟的共同农业政策就是其中的典范之一，该政策通过向农民提供补贴，鼓励其采用环保的种植方式，并通过严格的环境监管，确保农业生产与生态保护的有机结合。这一政策不仅促进了农业的绿色转型，还有效保护了欧洲的生态系统和生物多样性。

在工业和建筑领域，生态政策同样推动了生产方式的绿色化转型。政府通过推行节能减排标准，要求企业减少废气排放、优化资源利用，并通过建筑节能标准的设定，推动绿色建筑的兴起。许多国家还设立了专门的绿色建筑认证体系，如美国的 LEED 认证和中国的绿色建筑评价标准，通过严格的环保设计与施工要求，确保建筑物的能源利用效率和环保性能。这些政策措施，不仅减少了生产与建筑过程中的能源浪费和环境污染，还提升了整个行业的技术水平和创新能力。

生态政策不仅仅是从环境保护角度出发，更是在推动经济结构的深刻转型。通过政策引导，许多国家开始逐步摆脱传统依赖资源密集型产业的经济发展模式，向更加高效、环保的产业方向转型。绿色经济的崛起，既是应对气候变化的必然选择，也是推动经济增长方式转型的必要手段。通过发展绿色产业，各国可以在降低环境压力的同时，提升经济的竞争力与可持续性。①

---

① 中共中央文献研究室，国家林业局.毛泽东论林业（新编本）[M].北京：中央文献出版社，2003：112.

政策的作用不仅体现在国内经济结构调整上，还对国际合作与贸易产生了深远影响。随着各国绿色政策的推行，国际贸易中的环保标准逐渐成为衡量商品和服务价值的重要因素。许多国家开始制定绿色贸易政策，通过提高进口商品的环保标准，鼓励低碳产品的生产和出口。这一趋势推动了全球产业链的绿色化进程，使得跨国企业在全球市场上更加注重环保责任和可持续发展。例如，欧盟的碳边境调节机制计划，将对进口的高碳排放商品征收碳关税，以防止企业将生产转移至碳排放标准较低的国家。这一机制不仅保护了欧盟内的低碳产业，还推动了全球范围内的碳减排合作。生态政策的实施，既为国内经济的绿色转型提供了强有力的推动力，也为全球范围内的环境保护和经济增长提供了宝贵的经验和合作平台。通过制定科学合理的政策，各国不仅能够有效应对气候变化、资源紧张等全球性问题，还能够在国际竞争中占据先机，推动自身经济走上可持续发展的轨道。然而，生态政策的实施并非一帆风顺。如何在政策制定和执行过程中平衡经济增长与环境保护的双重需求，仍然是各国面临的重大挑战。一方面，过于严格的环保政策可能会增加企业的运营成本，削弱其国际竞争力，特别是在一些以出口为主的国家，这种风险尤为突出；另一方面，政策执行过程中如何防止企业通过"绿洗"的手段逃避环保责任，也是政策实施中不可忽视的问题。因此，确保生态政策的公平性与有效性，需要各国政府在政策设计和执行过程中，不断优化政策工具，确保政策的灵活性与可操作性。①

此外，生态政策的长期效应依赖于公众意识的提升与社会的广泛参与。政策的制定与实施不能仅仅依赖政府的力量，还需要全社会的共同努力。通过加强环保教育、推动绿色消费、增强公众环保意识，政策的实施效果才能得到充分发挥。公众对环保政策的认同与支持，是政策成功的关键因素。只有当公众积极参与其中，绿色转型的社会基础才能更加稳固，生态政策的实施效果也才能达到最大化。综上所述，生态政策作为推动经济绿色转型的重要工具，不仅在制度层面为绿色经济的崛起提供了保障，也通过政策激励和市场调控，引导了企业与社会的环保实践。未来，随着全球气候变化的加剧和资源压力的增大，生态政策将继续在全球绿色转型进程中发挥至

---

① 国家环境保护总局，中共中央文献研究室. 新时期环境保护重要文献选编［M］. 北京：中央文献出版社、中国环境科学出版社，2001：173.

关重要的作用。

二、技术创新推动生态产业升级

在全球经济向绿色转型的过程中，技术创新已然成为推动生态产业升级的关键动力。面对日益严峻的气候变化、资源枯竭和环境污染问题，传统的经济发展模式显露出其不可持续性。为此，技术创新不仅是解决这些环境问题的有效手段，更为全球经济从资源依赖型向可持续发展的方向转变提供了强大的驱动力。通过技术的不断进步，产业结构逐步优化，资源利用效率得以提升，生态产业焕发出新的活力，为未来的经济繁荣奠定了坚实基础。技术创新不仅体现在对传统技术的改良上，更在于为解决生态问题提供前所未有的突破性解决方案。绿色技术，作为技术创新的重要组成部分，正在重塑全球经济的结构与发展模式。以清洁能源技术为例，太阳能、风能和地热能等可再生能源的广泛应用，使得全球能源结构正在发生革命性变化。传统的化石燃料能源模式不仅面临着资源枯竭的威胁，还对环境和气候造成了严重影响。与之相对，太阳能和风能等可再生能源不仅具有可持续性，还显著减少了碳排放，对缓解气候变化起到了至关重要的作用。太阳能技术的发展尤为突出。随着光伏发电技术的不断突破，太阳能发电成本显著下降，使其成为全球能源结构转型的重要力量。光伏材料的改进和生产工艺的优化，不仅提高了能源转换效率，还使得太阳能电池的生产更加环保和高效。如今，太阳能已在全球范围内广泛应用，特别是在能源需求增长迅速的发展中国家，它为当地的经济发展提供了源源不断的绿色动力。技术的进步使得太阳能成为未来能源市场的重要组成部分，也推动了整个能源行业向绿色方向转型。

风能技术的创新也为生态产业升级带来了深远影响。通过大型风力发电机和海上风电场的建设，风能逐步成为全球电力供应的重要组成部分。与传统的煤电和燃气发电相比，风能不仅减少了温室气体的排放，还能够为全球偏远地区提供可靠的能源供应。风力发电技术的进步，尤其是在风力涡轮设计、发电机效率提升和储能技术的融合等方面，极大地提升了风能的发电能力与稳定性，为全球实现低碳经济目标提供了重要支撑。然而，技术创新带来的生态产业升级并不仅限于能源领域。智能制造技术作为第四次工业革命的核心，也在深刻改变着传统制造业的生产模式。通过物联网、人工智能和大数据等先进技术的应用，制造业实现了生产过程的自动化与智能化，极大提高了资源的利用效率。智能制造不仅减少了材料的浪费，还优化了整个生产链的资源调度，使得生产过程的碳足迹显著降低。例如，在汽车制造业中，智能化的生产线和 3D 打印技术的应用，大幅减少了材料消耗和生产过程中的能源消耗，推动了整个工业体系向绿色低碳方向发展。

此外，绿色建筑技术的创新也为生态产业的可持续发展提供了重要推动力。随着城市化进程的加快，建筑行业对能源和资源的需求迅速增加，导致了严重的环境负担。绿色建筑技术通过对建筑材料的创新和能源管理的优化，实现了建筑物在全生命周期中的节能减排目标。采用可再生材料、节能技术以及智能管理系统的建筑物，不仅降低了建筑物的能耗，还有效减少了温室气体的排放。在全球范围内，绿色建筑认证体系如美国的 LEED 和中国的绿色建筑评价标准，正在推动建筑行业的全面绿色转型。这些技术创新不仅提升了建筑物的环保性能，还为全球城市化进程的可持续发展奠定了基础。生态农业技术的创新也正在推动农业生产方式的深刻变革。传统农业依赖大量的化肥、农药和水资源，导致了土地退化、水体污染以及生物多样性的丧失。而生态农业技术通过引入生物多样性保护、精准农业和有机种植等方法，显著减少了对环境的负面影响。精准农业技术的应用，通过智能感应器、无人机和大数据分析，优化了农作物的种植与管理，提高了水资源的利用效率，减少了化学肥料和农药的使用。这不仅改善了土壤和水质，还提高了农作物的产量和质量，为全球农业的可持续发展提供了技术支撑。①

技术创新不仅带动了各个行业的绿色转型，还催生了大量新兴产业。这些新兴产业以低碳环保为核心，推动了全球经济的新一轮增长。以电动汽车行业为例，随着电池技术的突破和充电基础设施的完善，电动汽车的市场规模迅速扩大，逐渐取代传统燃油汽车成为未来交通发展的主流。电动汽车的普及不仅减少了交通领域的碳排放，还为智能交通系统的构建提供了可能性。随着智能交通技术的应用，城市交通系统的能源使用效率得到了显著提升，进一步推动了城市的绿色发展。技术创新还在推动全球废弃物管理领域的生态产业升级。循环经济的理念通过技术手段得以实践，资源的循环利用和废

---

① 中共中央文献研究室. 科学发展观重要论述摘编 [M]. 北京：中央文献出版社、党建读物出版社，2008：102.

弃物的再生处理成为新的经济增长点。通过废弃物分类、回收、再利用技术的进步，全球范围内的废弃物处理方式正在发生变革。先进的垃圾处理技术和智能回收系统，不仅减少了垃圾填埋和焚烧带来的环境污染，还将废弃物转化为有价值的再生资源。例如，塑料的回收再生技术，使得废弃塑料能够重新进入生产环节，减少了石油资源的消耗，也降低了塑料废弃物对环境的污染。技术创新在这一领域的应用，使得循环经济成为可能，推动了全球资源利用模式的升级。在推动技术创新和生态产业升级的过程中，政府政策的支持与引导也起到了至关重要的作用。各国政府通过提供财政支持、出台激励政策、加强知识产权保护等方式，促进绿色技术的研发与应用。例如，中国通过"绿色金融"政策，鼓励企业投资绿色项目，推动了绿色债券和绿色信贷的广泛应用。而美国则通过《清洁安全能源法案》等立法，推动了清洁能源的研发和商业化进程。政府政策的支持，不仅为技术创新提供了必要的资金保障，还为绿色技术的推广与应用创造了良好的市场环境。

在全球范围内，技术创新正在推动生态产业的深刻转型。这一进程不仅改善了环境质量，还为全球经济的可持续增长注入了新的动力。技术的进步使得经济增长不再依赖于资源的过度消耗，而是通过高效、环保的生产方式实现长期的繁荣。随着全球技术创新的不断深化，未来的生态产业将进一步向智能化、数字化和绿色化方向发展，推动全球经济走向更加可持续的未来。可以预见，技术创新将继续引领全球生态产业升级的潮流。通过对能源、农业、制造业、建筑业等多个领域的技术革新，全球经济将迎来更加绿色、高效和可持续的发展模式。随着生态产业的不断升级，全球社会将从这一技术创新的浪潮中受益，最终实现经济、社会和环境的全面协调发展。

三、多元合作构建协同发展体系

在全球环境问题日益严峻、资源日渐稀缺的背景下，生态与经济的协同发展已成为全球可持续发展的核心议题。而推动这一转型，不仅依赖于各国的政策、技术和产业变革，还需要全球范围内广泛、多层次的合作。多元合作，即各国政府、企业、非政府组织、学术界和国际机构的共同努力，已成为构建生态经济协同发展体系的重要支撑。这种合作不仅跨越了国界和行业的界限，也跨越了公共与私人领域的边界，形成了多方参与、共建共赢的生态经济发展新局面。①

多元合作首先体现为国与国之间的国际合作。在应对全球气候变化、生态退化和资源短缺等问题上，单个国家的行动显然是无法奏效的。环境问题本质上具有全球性和跨境性，气候变化、海洋污染、生物多样性丧失等问题并不局限于某一国家或地区，任何国家的单独努力都不足以解决全球环境危机。因此，全球各国必须通过合作共同应对这些挑战。这种合作不仅仅是各国之间的政策协调，还包括技术共享、资金支持和知识交流。

国际合作的典范之一是《巴黎协定》。这一具有里程碑意义的国际协议，体现了全球应对气候变化的共同承诺。各国通过协商设定了共同的温室气体减排目标，承诺推动能源结构转型，并为全球绿色经济的崛起奠定了制度基础。《巴黎协定》还规定，发达国家应向发展中国家提供技术和资金支持，以帮助其应对气候变化和推动绿色转型。这种南北合作模式，不仅促进了全球范围内的减排目标达成，还为发展中国家提供了实现经济可持续发展的机会。

此外，国际组织在多元合作中的作用不可忽视。联合国环境规划署（UN-EP）、世界银行等机构，积极推动了全球环境治理和生态经济发展的进程。它们通过提供平台，促进全球范围内的合作与交流，为各国政府、企业和非政府组织搭建了合作的桥梁。以联合国可持续发展目标（SDGs）为例，这一全球议程不仅提出了具体的可持续发展目标，还为各国在生态经济协同发展框架下的合作提供了方向和参考。国际金融机构的参与也为多元合作提供了有力的资金支持。全球环境基金（GEF）、绿色气候基金（GCF）等机构通过向发展中国家提供资金，推动绿色项目的实施，促进全球气候变化适应和减缓行动。国际金融机构不仅帮助解决了许多发展中国家在绿色转型过程中面临的资金不足问题，还通过这些绿色项目的实施，提高了全球应对气候变化的能力。

除了国际层面的国家合作，区域间的合作同样对构建生态经济协同发展体系具有重要意义。在同一地区内，各国共享生态资源，并且面临着共同的环境挑战。因此，区域合作可以帮助这些国家实现资源的合理利用和生态环境的共同保护。以欧洲为例，欧盟的"绿色新政"就是区域合作推动生态经

---

① 中共中央文献研究室. 三中全会以来重要文献选编（上）[M]. 北京：中央文献出版社，2011：26.

济协同发展的典型案例。该计划通过区域内国家的共同努力，力求在2030年前减少温室气体排放55%，并在2050年前实现碳中和目标。欧盟通过立法、政策框架、资金支持等手段，推动成员国共同发展可再生能源、提升能源效率，并加强了在气候、能源和环境政策上的合作。这一计划不仅促进了区域内的绿色经济转型，还为全球其他地区的合作提供了宝贵的经验。

然而，国际合作和区域合作只是多元合作中的一部分，跨国企业和非政府组织也在构建生态经济协同发展体系中发挥着重要作用。跨国企业是全球经济的重要参与者，在生态经济协同发展中扮演着不可替代的角色。许多跨国企业通过自发的绿色转型实践，推动了全球范围内的可持续发展。例如，壳牌、通用电气、三星等大型企业，纷纷通过发展清洁能源、推广绿色技术以及优化供应链管理，推动其所在行业的绿色化转型。跨国企业的创新能力和全球布局，使得它们在技术转移、市场推广等方面具备独特的优势，这对于推动全球绿色经济发展具有重要意义。

此外，跨国企业的绿色行动还为中小型企业树立了良好的示范效应。在全球经济协同发展框架下，大型跨国企业往往引领着绿色转型的方向，并通过其供应链影响着成千上万的中小型企业。通过在供应链中推广绿色采购标准、环境认证体系以及节能减排技术，跨国企业不仅提高了自身的环保竞争力，还推动了整个行业的绿色升级。这种自下而上的推动力，是全球生态经济协同发展的重要组成部分。与此同时，非政府组织和学术机构作为多元合作的重要参与者，推动了绿色技术的创新和绿色意识的传播。许多非政府组织通过政策倡导、监督执行和项目实施等方式，促进了各国在生态经济领域的合作。例如，绿色和平组织通过其全球性的环保活动，推动了各国政府对环境问题的重视，并积极推动可持续发展的政策制定。学术机构则通过科研和技术创新，为全球绿色经济的构建提供了智力支持。诸如清华大学气候变化研究中心、斯坦福大学能源研究院等学术机构，正在通过技术创新、政策建议等途径，推动全球气候政策的实施与生态产业的升级。

全球多元合作的另一个重要维度是政府与私营部门的紧密协作。政府作为生态经济协同发展的重要推手，通过政策制定、监管与激励，提供了推动经济绿色转型的框架和动力。然而，政策的成功实施离不开私营企业的积极参与。通过政府与私营部门的合作，绿色技术的研发与推广、环境保护项目的实施，以及资源的可持续利用等目标得以更好地实现。例如，在推动电动汽车发展的过程中，许多国家通过政府补贴、税收优惠等政策，鼓励汽车制造商进行电动汽车的研发和生产。在这一过程中，政府与私营部门的合作不仅推动了汽车行业的绿色转型，还带动了整个电动汽车产业链的蓬勃发展。

绿色金融领域的合作同样为全球生态经济协同发展提供了重要支撑。通过绿色债券、绿色基金和绿色贷款等金融工具，金融机构与企业、政府携手推动绿色项目的实施与落地。绿色金融不仅为环保项目提供了资金支持，还通过金融市场的调节机制，引导更多的资金流向绿色产业，促进了全球绿色经济的发展。例如，中国的绿色债券市场已经成为全球最大的绿色金融市场之一，通过政策引导和金融机构的积极参与，推动了大量绿色项目的落地，包括清洁能源、节能减排和可持续交通等领域。

多元合作还体现在知识和技术的跨国流动上。技术转移作为推动全球生态经济协同发展的重要方式，使得许多发展中国家能够获取发达国家的先进绿色技术，从而加快其自身的绿色转型进程。通过知识产权合作、技术转移协议以及国际技术援助计划，许多发展中国家在清洁能源、农业技术、环保技术等领域取得了显著进展。例如，印度通过与德国的技术合作，大力发展太阳能发电，成为全球太阳能装机容量最大的国家之一。这种国际技术合作模式，不仅推动了发展中国家的绿色发展，也促进了全球范围内的技术创新与生态经济协同发展。除了跨国技术转移，全球范围内的绿色教育和环保意识的传播同样不可忽视。通过教育合作、学术交流和环保意识培养，全球生态意识逐步增强，为构建生态经济协同发展体系奠定了坚实的社会基础。各国通过绿色教育合作项目，培养了大批具备生态意识和环保能力的专业人才。这些人才不仅推动了本国的绿色发展，还通过国际合作推动全球范围内的环保实践。通过联合国教科文组织等国际机构的倡导，许多国家已经将绿色教育纳入国家教育体系中，推动了全社会生态意识的觉醒。展望未来，多元合作将继续在全球生态经济协同发展中发挥至关重要的作用。面对气候变化、资源紧缺和环境退化等全球性问题，单靠任何一方的力量都无法实现全球经济的绿色转型。只有通过广泛的、多层次的合作，全球社会才能共同应对这些挑战，并实现可持续发展目标。通过国家、企业、非政府组织、学术机构以及国际组织的紧密协作，全球生态经济协同发展体系必将得到进一步完善与深化。在这一过程中，技术创新将成为推动合作的强大动力。各国应继续加强技术合作与创新，推动全球绿色技术的研发与应用，特别是在清洁能源、节能减排和可持续农业等关键领域。绿色金融的深化与普及，也将为未来的多元合作提供更多的资金支持，推动全球生态经济的发展进程。更重要的是，全球范围内的绿色意识觉醒，将进一步激发多元合作的潜力，使得全球社会在生态经济的协同发展中共同进步，最终实现人与自然的和谐共生。①

第三节 生态问题对经济发展的影响

生态问题与经济发展的关系日益紧密，全球经济的各个层面都在经历生态环境变化带来的深远影响。环境退化、气候变化以及资源枯竭等问题逐渐加剧，这不仅对自然生态系统的稳定性构成了严重威胁，还对全球经济的可持续增长形成了巨大挑战。在当今的全球化背景下，经济增长和生态环境的冲突日益明显，推动各国重新评估两者之间的复杂关系。这种危机不仅是生态环境的问题，更是一场对全球经济发展模式的根本性考验。

环境退化对经济增长的负面影响已经变得越发突出。土地荒漠化、森林退化、水体污染、空气质量恶化等现象不断侵蚀着国家的经济基础，削弱了农业、工业以及服务业的生产力。农业受到的冲击尤为明显。随着土壤的贫瘠化和水资源的紧张，全球农作物的产量不稳定，粮食安全受到威胁，尤其在依赖农业的国家和地区，这些问题直接削弱了经济发展的基础。气候变化导致的极端天气现象，如干旱和洪水，也使农业面临更大的不确定性，进而使农产品的供给变得不稳定，加剧了全球市场的波动。工业生产同样受到环境退化的深远影响。水资源污染使得许多工业流程变得更加困难，工业污染还导致了生产成本上升，迫使企业在生产过程中需要不断增加环保设备的投资。尽管这些投资从长期来看有助于减少环境的进一步退化，但它们无疑也增加了企业的短期运营成本，降低了全球竞争力。随着各国环保法规的逐渐严格，企业面临的压力日益增大，尤其是在一些出口导向型国家，它们不仅要面对国内环保标准的提升，还必须遵守国际市场对产品环保标准的要求，这使得许多企业在生产成本和市场竞争力之间陷入两难的境地。服务业中的

---

① 中共中央文献研究室.习近平关于社会主义生态文明建设论述摘编［M］.北京：中央文献出版社，2017：90.

旅游业尤其依赖自然资源，因此受环境退化的影响更为直接。全球范围内的生态环境退化，如海岸线侵蚀、森林砍伐和生物多样性减少，正在逐渐削弱许多旅游胜地的吸引力。这不仅导致游客数量减少，还直接影响了旅游相关产业的收入，进而对区域经济造成负面冲击。在生态环境恶化的情况下，旅游业萎缩所带来的就业问题也日益突出，进而加剧了区域性经济的萎缩和不稳定。

此外，环境退化对社会健康的影响也正在逐渐显现。空气污染、水污染和工业废弃物的扩散导致了呼吸系统疾病和癌症的发病率上升，公共健康开支的增加直接影响了经济发展的稳定性。人口健康的下降不仅削弱了劳动生产力，还增加了政府在公共卫生领域的支出，进一步限制了国家的经济增长潜力。长期而言，这种健康问题还可能导致人口结构的改变，增加老龄化社会的负担，进而对国家的经济产生深远的负面影响。气候变化对全球经济的冲击同样不容忽视。极端天气现象的频发，海平面上升，季节性气候异常等问题正在对全球许多产业形成深远的影响。农业作为对气候最为敏感的行业，首先感受到了气候变化带来的负面后果。干旱、洪水、酷暑等气候现象直接影响了农作物的生长周期，削弱了全球粮食供应链的稳定性，进一步抬高了全球粮食价格，增加了发展中国家面临的粮食安全风险。面对气候变化带来的不确定性，许多国家不得不对其农业体系进行调整，引入耐旱作物、推广智慧农业等技术，以增强农业的韧性。

然而，气候变化的影响不仅仅限于农业。能源行业也受到深远的影响，尤其是依赖化石燃料的国家和行业，面临着政策和市场的双重压力。为了应对全球气候变化，各国政府纷纷出台了更为严格的碳排放目标，推动能源结构从化石能源向可再生能源转型。太阳能、风能等清洁能源的发展已成为全球能源转型的重要方向，但这种转型并非易事。传统的能源行业依然在全球经济中占据重要位置，如何实现能源结构的平稳转型，避免大规模失业和经济波动，是各国政府面临的重大挑战。与此同时，制造业也面临着前所未有的转型压力。高能耗、高污染的传统制造模式已难以适应全球气候治理的需求，企业需要通过技术升级、提升能效、减少排放来应对不断变化的市场需求和政策约束。

气候变化推动了新兴绿色产业的崛起。全球范围内，低碳经济和绿色科技的发展成为经济转型的主要动力。可再生能源、节能环保技术、循环经济等新兴产业的蓬勃发展，不仅为全球经济注入了新的活力，还为解决气候变化问题提供了技术支持。这些新兴产业的发展不仅减少了碳排放，还带来了大量新的就业机会，推动了全球经济的转型与升级。

资源枯竭问题加剧了全球经济的可持续发展困境。工业革命以来，全球经济对不可再生资源的依赖不断加深，特别是石油、煤炭、天然气等化石能源，支撑了全球工业化进程。然而，这些资源的日益枯竭，尤其是在资源消耗速度不断加快的情况下，正成为全球经济增长的瓶颈。石油价格的波动增加了全球经济的不稳定性，并且加剧了能源依赖型国家的脆弱性。虽然清洁能源正在逐步取代化石燃料，但这一过程并不平稳，许多国家尚无法完全摆脱对化石能源的依赖，能源短缺问题仍然是全球经济发展的重大隐患。水资源的短缺问题更加严重，许多国家和地区因水资源的稀缺而面临经济发展的瓶颈。随着全球人口的增长和城市化的加速，水资源的需求不断增加，但供给却因气候变化和过度使用而逐渐减少。水资源短缺不仅影响了农业灌溉和工业生产的效率，还导致了社会的不稳定性，甚至引发了国家之间的资源争端。在这种背景下，水资源的可持续管理发展成为许多国家优先考虑的问题，各国不得不实施更加严格的水资源分配和管理政策，以应对未来可能更加严峻的挑战。

面对资源枯竭和水资源短缺带来的经济压力，全球各国开始探索循环经济模式，以减少对不可再生资源的依赖。循环经济通过资源的高效利用、废弃物的回收再利用以及生产工艺的优化，有效延长了资源的使用周期，减少了对资源的过度消耗。同时，技术创新在应对资源枯竭方面也发挥了关键作用。新材料的开发、能效提升技术的应用，以及替代能源的快速发展，为全球经济的可持续发展提供了新的动力。虽然资源枯竭的问题依然严峻，但通过技术创新和政策调整，全球经济正逐渐从资源密集型模式向技术驱动型模式转变。①

综上所述，生态问题对全球经济的影响是广泛而深刻的。环境退化、气候变化和资源枯竭等问题不仅威胁到生态系统的稳定性，还直接影响了全球经济的运行模式和发展路径。各国必须加快应对这些挑战的步伐，通过政策

---

① 张文博. 生态文明建设视域下城市绿色转型的路径研究［M］. 上海：上海社会科学院出版社，2022：89.

调整、技术创新以及国际合作，推动经济向绿色、低碳和可持续的方向转型。

一、环境退化削弱经济增长潜力

环境退化对经济增长的削弱效应日益显著，成为当今全球面临的严峻挑战之一。现代经济的发展在相当长的时间内依赖于对自然资源的过度开发与利用，而这一模式正导致生态系统的急剧退化。土地沙化、森林减少、淡水资源短缺、空气污染等问题频繁发生，对人类社会和经济体系构成了复杂而深刻的威胁。这种威胁不仅直接影响经济活动的持续性，还通过削弱生产力和增加社会成本，限制了经济的长期增长潜力。环境退化与经济增长之间的相互作用，已经形成了一个恶性循环，威胁着未来全球经济的可持续性。

土地退化无疑是影响全球经济增长的重要因素之一。随着全球人口的持续增长和城市化的快速推进，土地资源面临着前所未有的压力。大量可耕地因土地沙化、土壤侵蚀和盐碱化而逐渐丧失生产力，农业部门首先受到冲击。全球粮食生产正在因土壤质量下降而面临挑战，尤其是在依赖农业的国家和地区，土地退化的经济代价更加明显。农业生产力的下降不仅削弱了这些国家的粮食自给能力，还加剧了全球粮食安全的压力，推动了粮食价格上涨，进而加剧了全球贫困问题。这种恶性循环正不断加深各国面临的经济困境，特别是低收入国家，它们往往依赖农业出口和国内消费维持经济发展。

土地退化不仅影响粮食生产，还削弱了其他经济活动。土地的丧失或退化直接影响了建设用地的供应，抬高了基础设施建设和城市扩张的成本。与此同时，土地退化还对生态系统服务功能的丧失产生深远影响。森林减少和湿地退化等问题，削弱了水土保持、防洪抗旱等自然调节功能，导致灾害风险增加，进一步阻碍了经济发展。对许多发展中国家而言，环境退化问题已经不再只是生态危机，而是直接的经济威胁。

空气污染也是环境退化中不可忽视的关键问题，对经济增长构成了长期的制约。工业化和城市化的加速，使得大量温室气体和有害物质排放到大气中，导致全球空气质量持续恶化。空气污染不仅直接威胁到人类健康，还通过增加医疗开支、降低劳动生产力等途径，间接削弱了经济发展的动力。呼吸系统疾病、心血管疾病等因空气污染而诱发的健康问题，极大地增加了社会的医疗负担，并导致了生产效率的下降。特别是在经济转型中的国家，过度依赖化石燃料的能源结构使得空气污染问题更加严重，这些国家往往面临着"环境与增长"的两难困境。

空气污染还对全球供应链产生了深远影响。由于污染导致的健康问题和环境压力，许多国家不得不实施严格的环保政策，这不仅增加了生产成本，还降低了企业的国际竞争力。全球范围内的供应链因此受到影响，制造业的迁移和调整在空气污染严重的地区尤为明显。企业的生产成本上升和市场份额下降，使得经济增长的动力进一步减弱，特别是在高度依赖出口的国家，空气污染所带来的负面影响更加突出。

水资源短缺是环境退化对经济增长的另一个重要制约因素。淡水资源作为经济发展的基础资源之一，广泛应用于农业、工业和日常生活中。然而，气候变化、过度开采和污染正在加剧全球淡水资源的紧缺，给各国经济带来了沉重的负担。在农业领域，水资源短缺直接影响了灌溉用水的供应，导致农作物产量下降、农业收入减少，进而影响粮食安全。在工业生产中，水资源紧缺增加了制造成本，迫使企业投资于节水技术或寻找替代资源，这进一步压缩了企业的利润空间。

同时，水资源短缺问题还对城市化进程造成了严重的阻碍。在许多快速发展的城市中，水资源不足不仅影响到居民的生活质量，还限制了工业和服务业的发展空间。一些城市不得不依赖远距离输水工程来维持用水需求，这种基础设施建设的高昂成本加重了地方政府的财政压力，进一步影响了城市经济的可持续性发展。此外，淡水资源的匮乏还可能引发国与国之间的资源竞争和冲突，特别是在跨境水资源分配上，水资源的争夺已成为全球地缘政治不稳定的重要因素之一。

森林砍伐和生物多样性减少也是环境退化对经济增长潜力削弱的重要方面。森林不仅是碳吸收的重要来源，还提供了重要的生态服务，如水循环调节、土壤保持、气候调节等。然而，由于经济增长对自然资源的需求日益增加，全球范围内的森林面积不断缩减，这不仅加剧了气候变化，还对依赖森林资源的经济活动产生了直接影响。林业作为许多国家的主要经济支柱之一，正面临资源枯竭和可持续性挑战。森林资源的减少直接威胁了木材和其他森林产品的供应，导致相关行业的生产能力下降，经济收入减少。

生物多样性减少则进一步削弱了全球经济的韧性和适应性。生物多样性是维持生态系统稳定性和生产力的关键因素之一，特别是在农业、渔业和药物开发等领域，生物多样性直接影响着经济活动的持续性发展。随着栖息地的破坏和物种的灭绝，全球范围内的生物多样性迅速下降，这不仅削弱了生态系统的调节功能，还限制了经济部门从自然界中获取新资源和新技术的能力。例如，许多医药研发依赖于自然界中的植物和动物资源，生物多样性减少将直接影响新药物的开发进程，削弱相关行业的创新能力和经济贡献。①

社会不平等加剧也是环境退化带来的经济影响之一。环境退化往往对经济最脆弱的群体产生最直接的冲击。贫困人口、依赖自然资源为生的农村社区以及缺乏基础设施的城市贫民，往往是环境退化的最大受害者。空气污染、土地退化和水资源短缺加剧了这些群体的生活压力，增加了社会的不稳定性。环境退化引发的资源稀缺和生态压力，往往进一步加剧了贫困现象，导致贫困群体陷入环境与经济发展的恶性循环中。这种不平等的扩大不仅影响了社会的公平性，还阻碍了经济的健康发展。

环境退化对全球经济增长的制约作用还体现在灾害风险的增加上。自然灾害的频发性和强度因环境退化而逐年上升，极端天气事件如飓风、洪水、干旱等的破坏性日益严重，对经济基础设施和社会系统造成了巨大的破坏。气候变化加剧了这些极端事件的发生频率，而环境退化则削弱了自然环境应对这些灾害的能力。灾害带来的经济损失不仅局限于灾害发生的当时，还通过对基础设施、农业和工业体系的长期影响，拖累了经济的复苏速度。

环境退化对经济增长的长期影响是多维度的，且往往表现为隐性和间接的削弱效应。这种影响不仅通过直接破坏生产资源和生态系统服务功能来限制经济活动，还通过提高社会和企业的成本，削弱创新能力，降低劳动生产率，间接削弱了经济增长的潜力。环境与经济之间的平衡正在被打破，持续的环境退化意味着全球经济体系需要重新调整，以应对未来的不确定性。各国需要认识到，忽视环境退化的经济成本，可能导致未来发展面临更为复杂的风险，只有在环境保护与经济发展之间找到新的平衡点，全球经济才能迈向真正的可持续增长道路。②

---

① 严立冬，刘新勇，孟慧君，等．绿色农业生态发展论 [M]．北京：人民出版社，2008：89.

② 李静，于容皎．加强生态文明建设 促进生态经济发展 [J]．区域治理，2019（36）：53-55.

二、气候变化加剧产业结构调整

2015 年 10 月 18 日，习近平总书记在接受路透社采访时强调，气候变化是全球性挑战，任何一国都无法置身事外。[①] 气候变化与环境退化的双重压力，正深刻影响全球经济的运行方式，加速了全球产业结构的调整，并削弱了各国经济的增长潜力。这一过程不仅仅限于某些特定的经济领域或国家，而是全球范围内普遍存在的系统性挑战。气候变化带来的极端天气、海平面上升以及季节性气候的异常，对农业、工业、能源和服务业等关键行业产生了深远影响。与此同时，环境退化的影响越发显著，土地、空气、水资源等生态系统的退化，严重削弱了全球经济的可持续发展能力。

现代经济的发展，长期以来依赖于自然资源的消耗和生态系统的服务功能。然而，随着气候危机的加剧，传统的增长模式已经逐渐暴露出其内在的脆弱性。在气候变化加剧和生态系统日益脆弱的背景下，全球产业结构正经历一场深刻的转型。各国不得不应对能源结构转型、产业布局调整、技术革新等多重挑战，以应对气候变化带来的风险和不确定性。在这一转型过程中，虽然推动了某些新兴行业的崛起，但也导致了传统产业的衰退，并对全球经济增长潜力产生了深远的影响。气候变化对农业的影响尤为突出。农业作为高度依赖自然条件的行业，首先感受到气候变化带来的冲击。气候变化导致全球降水模式的改变、极端天气事件频发、气温波动加剧等，这些变化使全球农业产量的稳定性受到威胁。干旱和洪水等气候灾害不仅直接影响农作物的生长周期，还增加了农业生产的不确定性。许多以农业为经济支柱的国家，尤其是发展中国家，在面对气候变化时变得更加脆弱。农作物减产、粮食供应链的破坏以及农民生计的恶化，导致这些国家的经济增长受阻，进一步加剧了贫困问题。

与此同时，气候变化对水资源的可用性产生了深远影响，进而影响农业和工业的持续发展。淡水资源的短缺已成为全球面临的重大挑战，尤其是在气候变化加剧地区，水资源的供需失衡进一步加剧了经济的不确定性。在农业领域，水资源短缺直接影响到灌溉用水的可得性，导致农作物产量下降，农业收入减少，从而加剧了粮食安全问题。而在工业生产中，水资源的短缺

---

① 习近平. 论坚持人与自然和谐共生［M］. 北京：中央文献出版社，2022：99.

增加了生产成本，迫使企业进行大量的投资以改进节水技术和提高水资源的利用效率，这在短期内增加了企业的运营成本，削弱了它们在国际市场中的竞争力。能源产业也在气候变化的影响下经历着深刻的转型。化石燃料的广泛使用是导致全球气候变暖的主要原因，而各国应对气候变化的政策目标，促使能源结构从传统的化石能源向清洁能源过渡。随着全球对碳排放的控制日益严格，传统能源行业面临着越来越大的压力。煤炭和石油等高污染能源的使用正逐渐减少，取而代之的是太阳能、风能等可再生能源的迅速崛起。然而，这一转型过程并不平稳，传统能源行业的衰退不可避免地带来了社会和经济的震荡，特别是在那些长期依赖煤炭和石油出口的国家和地区，失业问题、产业转移和收入下降等挑战凸显出来。①

同时，气候变化加剧了对能源效率和低碳技术的需求，这进一步推动了全球制造业的转型。为了减少碳排放、提升能源利用效率，各国政府和企业纷纷投入大量资金推动技术创新和绿色转型。电动汽车、智能电网、节能建筑等领域的技术突破，不仅提高了能源利用效率，还为传统工业和建筑行业的升级提供了新动能。全球制造业正在从高能耗、高排放的传统模式，向低碳、智能化、绿色制造方向迈进。不过，尽管气候变化带来了新兴绿色产业的崛起和技术创新的加速，但传统产业的调整却面临着重大的挑战和成本。全球范围内，能源结构和产业布局的转型，导致了传统产业的逐步萎缩，特别是在一些资源依赖型国家，煤炭、石油等能源行业的下滑直接影响了这些国家的经济增长。在这些地区，失业问题加剧，社会稳定面临威胁，政府必须应对大规模的社会保障需求和经济转型的阵痛。这样的经济和社会压力，使得一些国家和地区在能源转型过程中进展缓慢，导致它们在全球竞争中处于不利地位。气候变化不仅影响传统产业，还催生了新一代绿色产业。全球范围内，低碳技术和绿色科技的发展正成为经济转型的重要动力。太阳能和风能等可再生能源产业的快速增长，不仅提供了大量新的就业机会，还带动了相关产业链的发展。电动汽车、智能交通、能源储存等新兴行业正在逐步取代传统高能耗、高排放的工业模式。这一转变既是应对气候变化的必要选择，也是推动全球经济转型和增长的全新动能。

---

① 杨朝霞. 生态文明观的法律表达：第三代环境法的生成［M］. 北京：中国政法大学出版社，2019：87.

在这一背景下，环境退化对经济增长的长期影响也越来越清晰。长期以来，全球经济发展依赖于自然资源的消耗，生态环境为人类社会提供了诸多不可替代的服务。然而，随着环境的日益退化，自然系统的承载力不断下降，全球经济的可持续性面临着严峻考验。土地退化、森林减少、水体污染、空气质量下降等问题，不仅影响了农业、工业等传统行业的生产力，也对整体经济发展构成了长期威胁。与此同时，森林减少和生物多样性的丧失也削弱了全球经济的韧性和适应性。森林不仅为全球经济提供了重要的木材、纸浆等产品，还在调节气候、保持水土、维持生态平衡等方面发挥着至关重要的作用。随着森林面积的减少，这些生态系统服务功能正在逐渐退化，对依赖森林资源的行业和地区带来了深远影响。林业产品的供应不稳定，使得相关产业链面临成本上升和资源枯竭的压力，进而影响经济增长的持续性。生物多样性的丧失同样是环境退化的深层次问题之一。生物多样性是生态系统稳定性和生产力的基础，尤其是在农业、渔业、医药等领域，生物多样性直接影响到经济活动的可持续性。随着物种的消失和栖息地的破坏，全球经济失去了从自然界中获取新资源和新技术的能力，创新的动力被削弱。例如，许多医药产品依赖于生物资源的开发，而生物多样性减少意味着医药研发的原料来源被限制，这将直接影响医药行业的创新能力和经济贡献。空气污染则是环境退化中另一个突出的经济威胁。空气质量下降不仅影响到公共健康，还通过降低劳动生产力、增加医疗开支，间接削弱了经济增长的动力。空气污染引发的呼吸系统疾病、心血管疾病等健康问题，严重增加了社会的医疗负担，削弱了劳动人口的健康水平，导致了生产效率的下降。特别是在快速工业化的国家，空气污染问题尤为严重，这些国家不得不在环境与增长之间寻找新的平衡。虽然环保法规的加强能够改善空气质量，但这也增加了企业的生产成本，并对其国际竞争力产生了负面影响。

空气污染不仅是一个公共卫生问题，它还对全球供应链产生了深远影响。由于污染问题带来的健康风险和环境压力，许多国家和地区不得不实施更加严格的环保标准，要求企业减少排放和污染。这种调整虽然在长期内有助于环境的恢复，但在短期内却增加了企业的运营负担，尤其是在资源密集型和高污染行业，企业面临着如何在成本上升和市场竞争中维持盈利的困境。此外，空气污染还影响了全球制造业的地理分布，一些高污染的生产活动不得不向环境标准较低的地区转移，进一步加剧了全球产业结构的不平衡。水资源短缺也是环境退化对经济增长产生深远影响的核心问题之一。随着全球气候变化和人口增长，水资源的短缺成为各国经济发展中亟待解决的重大问题。在农业领域，水资源短缺直接影响到农作物的灌溉，导致粮食产量下降，农业收入减少，进而威胁到全球粮食安全。工业生产同样依赖充足的水资源，水资源短缺不仅推高了企业的生产成本，还限制了某些行业的扩张和投资。

全球范围内，气候变化和环境退化的双重挑战已经对经济增长的潜力构成了系统性威胁。土地退化、森林减少、水体污染、空气污染和生物多样性丧失等问题，正在削弱全球经济的基础，并增加了社会的运营成本。与此同时，气候变化加速了全球产业结构的转型，传统产业面临巨大压力，而新兴绿色产业则逐渐崛起。

（三）资源枯竭制约可持续发展路径

资源枯竭问题正在成为全球经济可持续发展的关键制约因素。在现代经济发展过程中，资源的过度开采和利用为人类社会带来了前所未有的繁荣，特别是自工业革命以来，矿物资源、化石能源以及水资源的广泛使用推动了工业化进程，加速了全球经济增长。然而，伴随着这一发展模式的持续，地球有限的自然资源也在以不可持续的速度被消耗。随着资源日益枯竭，全球经济的增长模式受到严峻挑战，寻找新的可持续发展路径成为当今社会的迫切任务。矿物资源的逐渐匮乏正成为全球经济结构面临的重大瓶颈。工业革命以来，矿产资源的开采为现代工业提供了坚实的物质基础，钢铁、铜、铝等金属材料广泛应用于建筑、制造、交通和基础设施等领域。然而，长期的大规模开采和过度开发已导致全球主要矿产资源接近枯竭，特别是一些稀有金属和关键原材料的短缺问题越加突出。例如，锂、钴等金属作为现代电子产业和可再生能源技术的重要原材料，需求量的快速增长正使得它们的供应链承受巨大压力。随着资源的匮乏，这些关键材料的价格不断上涨，严重影响了相关产业的生产成本，并限制了全球新能源和高科技产业的进一步发展。

资源枯竭带来的另一个深远影响体现在能源领域。化石燃料的逐步枯竭是现代经济面临的最大挑战之一。石油、煤炭和天然气作为全球能源体系的支柱，长期以来为全球经济增长提供了充足的动力。然而，随着全球能源需求的不断增加，这些不可再生资源的开采速度远远超过了它们的再生速度。化石燃料的匮乏不仅导致能源价格大幅波动，还加剧了能源供应的不稳定性。尤其是在对化石能源高度依赖的国家和地区，资源枯竭问题引发了能源危机，对经济的稳定性和持续增长造成了严重威胁。能源资源的枯竭不仅影响到全球经济的短期运行，还对能源转型带来了深远影响。为了应对化石能源的逐渐枯竭和气候变化带来的压力，世界各国不得不加速向可再生能源转型。太阳能、风能等清洁能源技术近年来取得了显著进展，但要完全替代化石燃料仍面临巨大的技术和经济挑战。可再生能源的间歇性和储能技术的局限性，使得当前的能源系统难以满足全球经济对稳定能源供应的需求。这种能源转型的不确定性增加了未来经济发展的风险，尤其是在一些能源资源匮乏的国家和地区，如何在能源供应紧张的背景下维持经济的持续增长，成为一个亟待解决的问题。

与此同时，水资源的短缺问题也在全球范围内越演越烈，对经济发展的制约效应逐渐显现。水作为人类生存和经济发展的基础资源，在农业、工业和日常生活中都扮演着至关重要的角色。然而，随着人口的快速增长、城市化进程的加速以及气候变化的加剧，全球水资源的供需失衡问题日益突出。许多国家和地区正面临严重的水资源短缺危机，尤其是在干旱频发、降水不稳定的地区，水资源的匮乏直接影响了农业生产和粮食安全。农业作为用水大户，对水资源的依赖极为强烈，当水资源供应无法满足需求时，农作物产量下降，农业收入减少，从而引发连锁的经济和社会问题。工业领域同样面临着水资源短缺带来的严峻挑战。水是许多工业生产过程中的核心资源，广泛应用于冷却、清洗和制造等环节。水资源的短缺不仅推高了工业企业的运营成本，还迫使企业减少产能或转向使用更加昂贵的节水技术，这对一些依赖水资源的产业如纺织、化工和能源行业影响尤为突出。此外，水资源的不足还限制了许多快速发展地区的城市化进程。许多新兴城市的基础设施建设和工业发展由于缺乏充足的水资源支持，难以达到预期的扩张速度，进一步影响了经济增长的潜力。

在水资源紧缺的背景下，淡水生态系统的退化问题进一步加剧了水危机的复杂性。由于工业污染、农业化学品的使用以及污水的排放，全球淡水资源的质量也在不断恶化。水污染问题对经济发展的影响是广泛而深远的，尤其是在发展中国家，由于水污染导致的健康问题和社会矛盾正日益严重。饮用水和农业用水的污染使得公众健康面临巨大威胁，同时污染治理和水处理设施的缺乏也限制了经济的进一步发展。水资源短缺与水污染问题交织在一起，形成了全球经济发展的双重挑战。除了矿产、能源和水资源的短缺，森林资源的消耗也对可持续发展路径产生了重大影响。森林不仅是全球碳吸收和氧气生产的重要来源，还为全球经济提供了木材、纸浆、药材等大量资源。然而，由于森林砍伐、非法采伐和土地开发的持续扩张，全球森林面积正以惊人的速度缩减。森林的消失不仅导致了全球气候变化的加剧，还对森林资源依赖型产业造成了严重冲击。木材和纸浆等产品的价格波动增加了企业的运营风险，生物多样性的丧失也削弱了农业、医药等行业获取新资源的能力，进而限制了创新的空间。①

　　森林资源的枯竭还带来了生态系统服务功能的下降，对全球经济的韧性构成了潜在威胁。森林生态系统不仅通过水土保持、气候调节等服务功能，保障农业和城市发展的稳定，还为许多贫困人口提供了生计来源。在一些依赖森林资源为生的社区，森林的消失直接导致了就业机会的减少，居民收入下降，社会贫困加剧。对于依赖生态旅游的国家和地区，森林减少对旅游业产生了直接的负面影响，游客数量下降和收入减少进一步削弱了当地的经济增长动力。渔业资源的枯竭问题同样不容忽视。过度捕捞、海洋污染和气候变化正在迅速减少全球渔业资源的供应，威胁到沿海地区的生计和经济稳定。全球范围内，渔业资源是许多国家食品供应的重要组成部分，同时也是数以百万计人口的就业来源。然而，由于对渔业资源的过度开发，许多渔业资源正面临生物灭绝的威胁，鱼类数量急剧减少，渔获量持续下降。对依赖渔业为经济支柱的国家而言，渔业资源的枯竭对其国内生产总值和出口收入产生了毁灭性的影响，进而引发了严重的社会和政治问题。随着资源的日益枯竭，全球社会不得不探索新的发展模式，以减轻对不可再生资源的依赖。循环经济作为应对资源枯竭的重要手段，正在全球范围内逐步推广。循环经济的核心理念是通过资源的高效利用、废弃物的回收再利用以及生产工艺的优化，延长资源的生命周期，从而减少对自然资源的过度消耗。这一模式在许多行业中已经得到广泛应用，特别是在制造业、建筑业和能源行业，循环经济的推广显著减少了资源浪费，并提高了资源的利用效率。技术创新也是应对资源枯竭问题的重要手段。通过开发新材料、提升能效以及寻找替代能源，全球经济正在逐步从资源密集型模式向技术驱动型模式转变。例如，纳米技术

---

① 复旦大学当代马克思主义研究中心．当代国外马克思主义评论（9）［M］．北京：人民出版社，2011：103．

和生物技术的发展为新材料的创造和应用提供了可能性，替代了部分传统的矿物和能源资源。同时，太阳能、风能和氢能等清洁能源的技术进步，正在逐步减少各行业对化石燃料的依赖，为全球能源转型奠定了基础。然而，尽管技术创新在缓解资源压力方面取得了一些进展，但要实现真正的可持续发展，全球经济体系仍需进行深层次的结构调整。

全球资源枯竭问题不仅是经济和技术层面的挑战，还是一个复杂的社会和政治问题。资源的分配不均加剧了全球范围内的贫富差距，尤其是在资源丰富的国家和资源匮乏的国家之间，资源的争夺已成为国际政治中的重要议题。如何在全球范围内实现资源的公平分配和可持续利用，是各国政府、国际组织和企业必须共同面对的长期挑战。资源枯竭问题不仅涉及经济增长的可持续性，还关乎社会的公平正义和全球的政治稳定。资源枯竭问题正在对全球经济的可持续发展路径构成深远影响。随着矿物、能源、水、森林和渔业资源的逐渐消耗，全球经济增长的传统模式已难以维系。面对这一危机，全球社会必须加快推动循环经济和技术创新，通过资源的高效利用和替代方案的开发，为未来的经济增长提供新的动力。同时，全球合作和资源治理的加强也是解决资源枯竭问题的关键步骤。只有通过多方努力，才能在资源有限的背景下，找到一条真正可持续的经济发展道路。

第二章

生态文明建设现状与挑战

党的二十届三中全会《决定》指出：健全生态环境治理体系，推进生态优化、节约集约、绿色低碳发展，促进人与自然和谐共生。[①] 生态文明建设是当今社会为应对全球性挑战而提出的一项根本性战略，旨在通过协调经济发展与环境保护的关系，推动可持续发展。随着全球经济的高速增长和工业化进程的加速，资源的过度消耗和环境的持续恶化已对地球的生态系统构成了严重威胁。生态环境所承受的巨大压力，不仅表现在土壤退化、森林减少、生物多样性丧失等显性危机上，还体现在气候变化和资源短缺等全球性问题中。面对这些挑战，生态文明建设被视为实现可持续发展的关键路径，但目前的生态文明建设依然面临着诸多问题和瓶颈，这些问题亟须全球社会的共同应对和解决。在当前的生态文明建设进程中，生态系统的退化依然是一个持续存在且日益恶化的问题。土壤侵蚀、水资源污染和森林减少等现象普遍存在，并且已经对全球粮食安全、农业生产和生态系统的稳定性构成了长期威胁。随着人类对土地、矿产和能源的无节制开采，自然资源的供给能力正在急剧下降，生态系统的承载能力被大大削弱。生态系统退化不仅影响着自然界的自我调节功能，也对人类的生存条件和经济活动带来重大挑战。土地荒漠化的扩展使得许多原本适宜耕种的土地失去了生产力，导致全球粮食供应链脆弱性增加，并进一步加剧了贫困和社会动荡。与此同时，森林的过度砍伐和破坏正在加速全球气候变化的进程，并破坏了关键生态系统的平衡，生物多样性因此受到巨大威胁。

---

① 中国共产党第十届中央委员会第三次全体会议公报［M］. 北京：人民出版社，2024：14.

气候变化作为全球生态问题的核心之一，正在深刻地影响各个领域的经济和社会活动。气温上升、海平面上升和极端天气事件的频发，已经不仅仅是环境问题，更是全球经济持续稳定发展的重大障碍。气候变化对农业、能源、工业和服务业的影响极为深远，尤其是在农业生产方面，气候不稳定性导致了农作物产量的不确定性，严重威胁了全球粮食安全和农业依赖型国家的经济稳定性。全球范围内的干旱、洪水、热浪等极端天气事件频繁出现，进一步加剧了粮食生产的不确定性，不仅减少了农民的收入，还影响了全球粮食价格，给世界经济的脆弱性增添了新的风险。

在能源和工业领域，气候变化带来的影响同样不可忽视。温室气体排放是气候变暖的主要驱动力，而化石燃料的过度使用加剧了这一问题。尽管各国政府已经采取了诸多措施来减少碳排放，但实际操作中的困难依然存在。传统能源产业，尤其是石油、天然气和煤炭等化石燃料行业，由于其长期以来在全球经济中的重要地位，难以迅速被清洁能源取代。能源结构的转型虽然势在必行，但需要巨大的资金和技术投入，加之社会和政治层面的复杂性，使得这一过程充满了不确定性。经济发展与环境保护之间的矛盾，尤其在那些以化石能源为主要经济支柱的国家中，显得更加突出。与此同时，全球范围内在生态文明建设中还存在政策实施与实际执行的巨大差距。虽然许多国家在政策层面制定了宏大的环保目标和发展战略，但在实际操作中，政策的执行力往往受到地方利益、企业压力以及经济发展需求的制约。一些地方政府在推动经济增长的过程中，优先考虑短期利益，往往忽视了环境保护的长期目标，导致环境法规的执行乏力。而企业，尤其是中小型企业，在面对环保转型时，由于资金短缺和技术支持的不足，往往难以承担绿色转型的高成本，继续依赖于传统的高能耗、高排放的生产方式。这不仅延缓了生态文明建设的步伐，也使得经济发展与环境保护的冲突日益加剧。

国与国之间的环境责任分担问题同样发展为生态文明建设中的一个关键难题。发达国家与发展中国家在气候变化和环境保护的责任问题上长期存在分歧，导致国际合作的推进面临诸多阻碍。发达国家在其工业化进程中积累了大量的碳排放，并对全球气候变化负有历史责任。然而，在推动全球气候治理的过程中，发达国家往往要求发展中国家承担更多的减排责任。这一不对称的责任分配，增加了全球气候谈判的复杂性。发展中国家认为，发达国家不仅应该承担更大的责任，还应提供资金和技术援助，以帮助它们在实现经济增长的同时减少环境破坏。但现实情况是，发达国家在资金和技术转移方面的承诺尚未得到充分履行，导致了国际气候合作的步伐放缓，进而影响了全球生态文明建设的整体进展。技术创新虽然被视为解决生态问题的关键路径，但在全球范围内，技术创新的推广与应用仍面临许多现实的障碍。绿色技术的开发和推广，尤其在能源、工业、农业等领域，已取得显著进展。然而，技术的高昂成本使得许多国家，特别是发展中国家难以在短期内实现广泛应用。尽管可再生能源的技术效率已经得到显著提升，风能、太阳能等能源技术的成本也在逐渐降低，但要实现大规模替代化石燃料仍然需要时间和大量的资金投入。此外，技术创新的推广还受到现有基础设施的限制，尤其是在一些传统能源体系主导的国家，现有的电网、能源供应链以及工业结构，往往难以适应新型绿色技术的引入和大规模推广。

技术的局限性不仅在发展中国家显现，即便是技术领先的发达国家，在推动绿色技术的应用时也面临诸多问题。现有的市场机制尚未充分调动各方力量参与绿色经济的转型，政策支持力度不足，绿色金融工具尚未普及等问题，限制了绿色技术的广泛应用。在能源结构转型的过程中，如何平衡传统能源产业与新兴绿色产业的利益，如何在技术推广的同时减少对现有经济模式的冲击，依然是全球各国面临的重大挑战。从全球视角来看，生态文明建设的成败，不仅取决于各国在政策、技术、资金等方面的协调能力，还依赖于全球社会在责任分担与国际合作上的深度协作。当前，全球范围内生态问题对经济发展的负面影响已经逐渐显现，并将持续制约未来经济的可持续增长。如果全球社会无法有效解决生态文明建设中的主要问题和瓶颈，那么全球经济将面临更为严峻的环境风险。生态文明建设不仅关乎环境保护的成败，更关乎全球经济长期稳定与社会和谐发展。唯有通过更加紧密的国际合作、技术创新与政策协同，全球社会才能在生态与经济的平衡中找到新的可持续发展路径。

第一节　生态文明现状问题与难关

生态文明建设关乎人类未来。人类能不能在地球上幸福地生活，同生态环境有着很大关系。① 生态文明建设已成为全球共识，越来越多的国家和地区认识到在经济发展与生态保护之间找到平衡的必要性。然而，尽管这一理念在世界范围内得到了广泛关注和实践，现实中的实施仍面临复杂而深远的挑战。人类在不断追求经济增长的同时，生态系统的健康却未能得到有效维护，资源过度利用和环境破坏的问题日益严峻，阻碍了全球向可持续发展的转型。全球生态系统的退化现象日趋严重，表现在多个方面。土地退化、荒漠化、水体污染、生物多样性丧失等问题对自然环境和社会经济造成了深刻影响。农业生产依赖于健康的土壤和稳定的气候条件，但随着土地质量的不断下降，耕地面积逐年减少，全球粮食供应链的脆弱性加剧。这种趋势不仅威胁到粮食安全，还进一步推高了粮食价格，增加了全球贫困和饥饿的风险。与此同时，森林资源的减少正在破坏全球生态系统的平衡。森林在碳汇、气候调节、水源保护等方面发挥着不可替代的作用，但由于经济发展需求的推动，全球大面积的森林被砍伐，导致生态服务功能退化，并加剧了全球气候变化的进程。气候变化是生态文明建设面临的核心难题之一。温室气体的持续排放导致全球气温上升，极端天气事件的频发给各国的经济与社会带来了巨大压力。从农作物歉收到自然灾害频繁，再到基础设施损毁和居民迁移，气候变化引发的连锁反应对人类社会的生产生活产生了深远影响。这种情况在全球范围内呈现出加速的趋势，尤其是发展中国家，在气候变化面前更加脆弱。面对极端气候的冲击，全球经济结构中脆弱的环节，如农业、渔业、旅游业等，首先受到严重影响，不仅导致经济损失，还进一步加剧了社会不平等。尽管生态文明的理念得到了世界范围内的认同，但其政策实施过程中却遭遇了诸多障碍。这种障碍不仅源于各国的内部问题，还体现在国际社会对于环境责任分担的复杂性。许多国家已经出台了旨在促进绿色发展的政策法规，但在实践中，政策的执行力度往往受到地方利益和短期经济利益的掣肘。地方政府在追求经济增长时，往往会将环保政策的落实置于次要位置，导致生态保护措施得不到有效执行。企业层面上，面对市场竞争和成本压力，许多企业对环保技术的投入意愿不足，继续沿用高污染、高能耗的生产模式，进一步

---

① 中共中央宣传部，中华人民共和国生态环境部．习近平生态文明思想学习纲要［M］．北京：外文出版社，2022：57.

加剧了环境压力。①

在全球层面，环境责任的分配也是一个长期存在的难题。发达国家在工业化过程中大量排放温室气体，对气候变化负有更多的历史责任，而发展中国家在经济发展的过程中，也面临着减少碳排放和推进工业化的双重压力。尽管在国际气候谈判中，发达国家承诺向发展中国家提供资金和技术援助，以支持后者的绿色转型，但这些承诺往往难以落实到位。发展中国家希望通过更多的国际支持来实现可持续发展，同时继续推进其工业化进程。然而，国与国之间关于环境责任和减排义务的分歧，使得全球气候治理进展缓慢，生态文明建设的全球协调行动也因此受阻。与此同时，技术和经济手段的局限性也为生态文明建设带来了严峻挑战。虽然绿色技术和可再生能源的迅速发展为解决环境问题提供了新的方向，但其在全球范围内的推广并不顺利。可再生能源技术，如太阳能、风能、生物质能等，尽管已经取得了一定的技术进步，但高昂的成本依然是制约其大规模应用的关键障碍。许多国家，尤其是发展中国家，缺乏足够的资金支持和技术能力，无法迅速完成从传统能源向清洁能源的转型。除此之外，绿色技术的推广还受到基础设施和市场机制的限制。以能源转型为例，传统的能源基础设施难以适应新型绿色能源的引入，现有的电力储存技术也尚未达到能够支持大规模可再生能源发展的水平。市场机制的不完善导致企业对绿色技术的投资不足，尤其是中小型企业，难以承受高额的环保技术改造成本。许多企业在短期内更愿意继续沿用旧有的高污染生产模式，而非承担转型的高昂代价，这使得经济增长与环境保护之间的矛盾进一步加剧。

技术创新是推动生态文明建设的关键力量，但仅靠技术进步并不足以解决所有问题。政策引导和制度保障同样不可或缺。许多国家的环境法规虽然已在全球范围内取得共识，但在实施过程中，往往缺乏强有力的执行机制。政府对环保技术的推广力度不够，财政激励措施不完善，绿色金融工具发展滞后，使得许多新兴环保技术无法得到广泛应用。以绿色建筑和新能源汽车为例，这些领域的技术虽然已取得显著突破，但由于缺乏相应的市场激励机制，消费者对其接受度仍然较低，导致绿色技术的市场化进程缓慢。

---

① 张文博. 生态文明建设视域下城市绿色转型的路径研究 [M]. 上海：上海社会科学院出版社，2022：89.

要实现真正的生态文明建设，全球社会需要在技术、政策、市场和文化层面进行深度协作。单靠某一个领域的突破无法解决当前的生态危机，全球各国必须加强政策协调和资源共享，在环境治理和可持续发展方面建立起更为有效的全球合作机制。国际社会需要为发展中国家提供更多的技术援助和资金支持，以确保它们能够在不牺牲经济增长的前提下实现绿色转型。同时，全球市场机制应鼓励企业积极投资于绿色技术，推动可持续发展模式的推广与落地。生态文明建设是一个复杂的系统工程，既涉及经济发展模式的转型，也关乎人类对环境与自然的态度和文化认同。未来的全球经济必须摆脱对资源过度消耗的依赖，找到在自然资源有限条件下实现持续增长的创新路径。这不仅需要科学技术的进步，还需要全社会在政策和文化层面的深刻变革。通过全球共同努力，在生态与经济之间找到和谐发展的平衡点，才能真正实现可持续的未来。

一、生态系统退化加剧全球环境风险

生态系统退化已成为当今世界最为严峻的环境问题之一，全球范围内的生态系统正在面临前所未有的压力。生态系统不仅是人类赖以生存的基础，也是维持地球生命多样性和自然循环的重要组成部分。然而，随着人类活动的不断加剧，尤其是在工业化、城市化和全球化的背景下，生态系统的退化速度超出了自然修复的能力，这一过程正在深刻影响全球的环境健康和经济发展。土壤退化、森林减少、生物多样性丧失、水资源短缺等一系列问题日益显现，构成了对全球环境的巨大威胁，并对人类社会的未来带来了严重的挑战。

首先，土壤退化问题已经成为全球范围内生态系统退化的主要表现形式之一。随着农业的集约化发展和不合理的土地利用，耕地的土壤质量正在迅速下降，导致土地生产力的丧失和农业产出的不稳定。土壤侵蚀、盐碱化和沙化现象普遍存在于全球的农耕区，这种趋势不仅影响到粮食安全，还对当地的生态平衡和水土保持造成了长期的破坏。耕地退化的结果是农作物产量减少、粮食价格波动，特别是在依赖农业为主要经济支柱的国家和地区，这种局面往往引发了社会动荡和经济不稳定。土壤退化还直接影响了碳的固存能力，减少了土壤有机质的含量，导致全球温室气体水平的上升，加剧了气候变化的进程。森林减少问题同样是生态系统退化的显著特征。森林作为全球生态系统的重要组成部分，不仅为生物多样性提供了丰富的栖息地，还在调节气候、保持水土和维护水循环中起到关键作用。然而，由于森林砍伐、农业扩张和城市化发展，全球的森林面积正在迅速减少，尤其是热带雨林的消失，对全球生态系统的稳定性带来了巨大冲击。森林减少不仅削弱了地球的碳汇能力，增加了大气中的二氧化碳浓度，还破坏了生态系统的自我调节机制，使得气候变化更加不可逆转。森林的消失还直接导致了野生动物栖息地的破坏，生物多样性急剧下降，许多物种面临灭绝的威胁。生物多样性的丧失是生态系统退化中最令人担忧的一个方面。生态系统的健康和稳定性在很大程度上依赖于生物多样性，而生物多样性则通过复杂的食物网和生态关系维持着生态平衡。然而，随着人类活动的扩展和对自然资源的无节制开发，许多物种的生存环境遭到了破坏，导致了物种的急剧减少和生态系统的脆弱性增加。生物多样性的丧失不仅影响了自然界的自我调节能力，还削弱了人类社会在面对环境变化时的适应能力。植物、动物和微生物等物种的消失，直接打破了生态系统中物质和能量的平衡，进而影响到人类赖以生存的粮食、药物和其他生态服务的供应。

　　水资源的退化和短缺问题也是全球生态系统退化的重要表现之一。水资源不仅是维持生态系统正常运转的关键因素，也是人类社会生产和生活的基础。然而，随着人口的增长和工业化进程的加快，水资源的过度开采和污染问题日益严重，导致了全球许多地区面临严重的水资源短缺和水质恶化危机。地下水的过度抽取不仅造成了水位的急剧下降，还导致了地表生态系统的退化，湿地面积大幅减少，水生生物的栖息地被破坏。与此同时，水体污染问题也在全球范围内加剧，工业废水、农业化肥和城市生活污水的大量排放，污染了江河湖海，破坏了水生态系统的自净能力，使得水生物种的多样性大幅度下降。气候变化与生态系统退化之间的复杂互动是另一个不容忽视的重要问题。全球变暖、极端天气事件的增加、冰川融化、海平面上升等现象，正在进一步加剧生态系统的脆弱性。气候变化通过改变生态系统的结构和功能，进一步加速了生态退化的进程。例如，极端高温事件导致了大面积森林火灾的频发，这不仅使得森林资源大幅减少，还造成了生态系统的结构性破坏。与此同时，气候变化还通过改变降水模式和气温，影响了农作物的生长周期，增加了生态系统的压力。气候变化还导致了海洋酸化现象的加剧，珊瑚礁的白化以及海洋生物的减少，进一步破坏了海洋生态系统的平衡。全球生态系统的退化不仅是自然环境的危机，也对人类社会的经济发展、社会稳定和公共健康构成了重大威胁。首先，生态系统退化直接影响了农业、渔业等基础产业的可持续发展。随着耕地和水资源的减少，农业生产面临的压力日益增大，粮食价格的波动对全球经济造成了巨大冲击。特别是对那些依赖农业出口的国家而言，粮食减产带来的经济损失不可忽视。渔业同样受到了生态系统退化的冲击，过度捕捞和水体污染使得鱼类资源枯竭，渔业收入下降，依赖海洋资源的地区面临着生计危机。①

此外，生态系统的退化还影响到人类社会的健康和福祉。随着空气、水体和土壤的污染，公共健康问题日益突出。空气污染导致呼吸系统疾病和心血管疾病的发病率大幅上升，而水污染则带来了消化系统疾病和传染病的流行。生态环境的恶化还增加了自然灾害的频率和强度，如洪水、干旱和泥石流等灾害，不仅造成了生命财产的巨大损失，也对社会的基础设施和经济活动造成了严重破坏。此外，生态系统退化还引发了移民和冲突问题，特别是在那些自然资源匮乏的地区，资源争夺往往引发社会动荡和跨境冲突，加剧了地区的不稳定性。全球生态系统退化带来的不仅是环境问题，更是深刻的经济和社会挑战。经济活动高度依赖于健康的生态系统，而生态系统的退化却在不断削弱经济增长的基础。现代社会的许多产业，无论是农业、工业，还是服务业，都是建立在稳定的自然资源供应和生态服务基础上的。当生态系统的承载力被透支时，经济体系的稳定性也就随之受到威胁。例如，农业生产受到土地和水资源的限制，直接影响了全球粮食安全；渔业资源的减少使得全球海产品市场波动加剧；工业生产则面临资源短缺和环保成本增加的双重压力。

面对全球生态系统退化带来的巨大挑战，各国政府、企业和社会组织必须采取更加有力的行动。首先，必须加大对生态系统修复和保护的投入，通过植树造林、湿地恢复、荒漠化防治等措施，恢复生态系统的功能和多样性。此外，在政策层面，各国需要制定更加严格的环境保护法规，并确保其有效执行。环境保护不应仅仅停留在口号和纸面上，而应真正融入经济发展战略之中。同时，推动绿色技术的创新和应用，减少生产过程中的资源消耗和污染排放，是实现可持续发展的关键一步。全球生态系统的退化问题不能孤立

---

① 张云飞，周鑫. 中国生态文明新时代［M］. 北京：中国人民大学出版社，2020：98.

地看待，它与气候变化、资源枯竭、社会经济发展等多个议题紧密相连。为应对这一复杂挑战，全球社会必须加强合作，共同应对。国际社会应通过环境保护合作机制，推动技术转让和资金援助，帮助发展中国家提高环境治理能力，并为全球生态保护事业提供更多的支持。通过共同努力，全球生态系统退化的趋势有望得到遏制，全球环境风险也将得到有效缓解，从而为人类社会的可持续发展奠定坚实基础。①

二、政策执行困境与环境治理的挑战

习近平总书记强调，必须把制度建设作为推进生态文明建设的重中之重。② 政策执行困境与环境治理的挑战，是当前全球生态文明建设中无法回避的核心问题。在许多国家，尽管环境政策和法律框架已经比较健全，然而，政策的实际执行却往往面临诸多复杂的制约因素。这些挑战并不仅仅源于政策设计的缺陷或政府能力的不足，还关系到政治经济利益的博弈、社会力量的对抗，以及国际合作中的协调难题。要有效推动环境治理，不仅需要完善的政策体系，还需要制度执行上的强有力保障、跨部门协作的高效机制以及对多元利益诉求的有效调和。环境政策的实施困境，首要体现在地方与中央政府之间的协调失衡上。中央政府通常在制定环境政策时，基于国家层面的宏观利益和国际承诺，提出严格的减排目标、资源保护要求和污染控制标准。然而，地方政府在实际执行中，往往受到地方经济增长的压力和企业利益的掣肘，导致环境政策的执行力度大打折扣。在许多国家，地方政府既是环境政策的执行者，同时也担负着推动地方经济发展的职责。在实际操作中，地方政府往往更倾向于短期的经济增长目标，而忽视了长期的环境保护需求。这种地方与中央的利益冲突在许多资源依赖型地区尤为突出。地方政府依赖于自然资源的开发和利用来推动经济发展和财政收入，因此对环保政策的执行存在显著的抵触情绪。环保政策的严格执行，可能会直接影响到地方的投资环境，限制高污染、高能耗企业的运营，从而减少地方的税收和就业机会。这种现实压力使得地方政府在政策执行中常常选择性执行环保法规，甚至与

---

① 国家环境保护总局，中共中央文献研究室. 新时期环境保护重要文献选编［M］. 北京：中央文献出版社、中国环境科学出版社，2001：1.

② 中共中央宣传部，中华人民共和国生态环境部. 习近平生态文明思想学习纲要［M］. 北京：外文出版社，2022：57.

企业形成利益共同体，绕开中央的环保要求。

与此同时，企业的强大市场力量也对环境政策的执行构成了极大阻碍。大型跨国企业和本地龙头企业在地方经济中具有重要地位，它们的投资和运营对于地方政府的税收、就业和整体经济发展至关重要。因此，许多地方政府在面临环保政策与经济发展之间的两难选择时，往往优先维护企业利益，以避免地方经济陷入停滞。一些企业为了逃避环保监管，不惜进行环保数据造假、私设排污管道等违法行为，而地方政府往往因为依赖这些企业的经济贡献而选择视而不见。企业和地方政府之间的这种默契，使得中央政府的环保政策在执行过程中出现了明显的"上热下冷"现象，即中央政策在地方层面得不到有效落实。这种现象背后的深层次原因，还在于政策执行缺乏有效的监督和问责机制。尽管许多国家在制定环境政策时明确了环保部门的职责分工和监管机制，但由于资源分配不均、权力制衡不足以及行政能力有限，环保政策在执行过程中经常遭遇监督不力和问责缺失的困境。地方环保机构往往缺乏独立性，在地方政府的影响下，其监管和处罚权力大幅弱化。同时，中央政府缺乏足够的人力和资源对全国范围内的环境政策执行进行全面监控，导致地方政府和企业在执行政策时出现了较大的自由裁量空间。除了地方与中央之间的协调问题，跨部门的协作也是环境治理中的一大挑战。环境问题具有高度的复杂性和跨界性，涉及自然资源、能源、交通、农业、工业等多个领域，因此需要不同政府部门之间的紧密合作。然而，在许多国家，各政府部门之间往往存在职责交叉、信息不对称和利益不一致的问题，这使得环境政策在实施过程中缺乏整体性和协调性。一个典型的例子是，能源部门往往倾向于推动经济增长和能源供应的稳定，而环保部门则专注于污染控制和环境保护。这种部门之间的目标冲突，导致了在实际政策执行中，各部门各自为政、互不配合的现象频发，进一步削弱了环境政策的整体效果。

跨部门协作的不足还体现在信息共享和数据透明度上。许多国家的环境监测系统尚不健全，政府各部门之间缺乏及时有效的信息共享机制，导致环境治理的数据基础薄弱。由于没有统一的环保数据和标准，各部门在环境问题的分析和应对上存在较大的差异，甚至有时会因缺乏科学依据而导致决策失误。信息的不透明和数据的分散，使得环境政策的执行和监督难度大幅增加，严重制约了环境治理的有效性。国际合作的不足也是全球环境治理面临的重大挑战之一。环境问题本质上具有全球性和跨国性，许多环境问题如气候变化、大气污染、海洋污染等，往往跨越国界，对全球经济和生态系统产生深远影响。要有效解决这些问题，需要各国之间的紧密合作，尤其是在技术转让、资金援助和共同减排等方面。然而，国际社会在环境问题上的合作往往受到各国利益分歧和责任分担问题的掣肘。发达国家与发展中国家之间的矛盾尤为突出。发达国家在工业化过程中积累了大量的温室气体排放，并在环境治理上拥有更多的技术和资金资源，因此在全球环境治理中承担了更多的责任。然而，发展中国家则强调自身在发展进程中的能源需求和经济增长诉求，认为发达国家应该为历史上的污染负责，并提供更多的资金和技术援助，以帮助发展中国家实现绿色转型。这种分歧使得国际气候谈判和环境合作常常陷入僵局，限制了全球环境治理的效果。

除了国际之间的利益分歧，国际环境合作还面临着执行和监管的挑战。即便各国在某些国际环境协议上达成共识，但在实际执行中，各国往往根据自身的经济和政治情况选择性履行承诺，缺乏有效的国际监督机制来确保协议的落实。某些国家为了避免经济受损，可能采取降低环境标准、放宽污染排放限额等措施，以此应对国际市场竞争压力。这种行为不仅削弱了全球环境治理的力度，还进一步加剧了全球范围内的环境恶化。环境治理的挑战还表现在政策的长期性与民众短期利益需求之间的矛盾上。环境保护往往需要长远的战略规划和政策持续执行，但民众和企业的短期经济利益往往与环境保护政策相冲突。环保政策可能带来短期的经济压力，如增加企业成本、减少就业机会等，而这些负面影响往往引发社会的不满和抵制，导致环保政策的推行步履维艰。如何在政策执行过程中平衡经济增长与环境保护、满足民众的短期需求与实现长期环境目标，是各国政府在环境治理中面临的重要难题。在政策执行过程中，公众参与度的不足也是环境治理的一个重要瓶颈。尽管环境保护关系到每个人的切身利益，但在许多国家，公众对环境问题的参与和监督意识仍然不足，缺乏有效的参与机制和渠道。环保政策的制定和执行往往是由政府主导的自上而下的过程，缺少广泛的公众参与和监督。这导致了环保政策在实施中无法充分考虑到社会各阶层的利益诉求，容易引发社会的反感和抗拒。有效的环境治理不仅需要政府的引导，更需要公众的广泛参与和监督，通过社会各界的共同努力，推动环保政策的落实和环境问题的解决。

面对这些环境治理的挑战，各国需要采取更加综合和协调的应对策略。

第一，政府必须加强环境政策的执行力，确保环保法规得到严格执行。要实现这一目标，必须强化地方环保部门的独立性，减少地方政府与企业之间的利益纠葛，建立更加透明和高效的环境监督机制。同时，各级政府和部门需要加强协作，打破信息壁垒和利益壁垒，通过跨部门、跨领域的合作，提升环境治理的整体效能。

第二，国际社会需要加强合作，共同应对全球性的环境挑战。发达国家应承担更多的责任，通过技术转让、资金支持和能力建设，帮助发展中国家实现绿色转型。与此同时，全球范围内需要建立更为严格的环境监督机制，确保各国履行其环境承诺，推动全球环境治理朝着更加公平、透明和可持续的方向发展。总的来说，环境治理的挑战是多层次、多维度的，既涉及地方与中央、政府与企业之间的利益协调，也包括国际合作中的责任分担和政策执行中的社会参与度。只有通过系统性改革和全球协作，环境治理的困境才能得以破解，全球生态文明建设的步伐才能更加稳健和有效。①

三、技术与经济手段的局限性制约绿色转型

技术与经济手段的局限性在全球推动绿色转型的过程中显得尤为突出。绿色转型不仅是一种对经济发展模式的深度调整，更是对现有技术体系、能源结构和社会经济机制的全面变革。然而，尽管近年来绿色技术的进展已经取得了诸多突破，在大规模应用和推广过程中，技术与经济手段的限制依然构成了全球绿色转型的巨大障碍。这些局限性既表现在技术研发和应用的瓶颈上，也体现在经济手段的不足和市场机制的滞后性上。绿色转型的复杂性不仅仅是技术突破的问题，更是如何将创新成果与经济现实有效结合的问题。技术的局限性首先表现在当前绿色技术体系尚未成熟且推广缓慢。尽管太阳能、风能、生物质能等可再生能源技术取得了显著的进步，并且在部分发达国家的能源供应中已经占据了一定比例，但从全球范围来看，可再生能源仍无法完全取代传统化石燃料的主导地位。传统能源的高密度和稳定供应优势，使得绿色能源在与之竞争时面临技术上的诸多挑战。例如，太阳能和风能具有显著的间歇性和不稳定性，电力供应的稳定性直接受到天气条件和自然环境的影响，导致这些可再生能源在替代化石燃料时无法实现全天候和全地域

---

① 费孝通．乡土中国（插图本）［M］．北京：中华书局，2013：77.

的覆盖。尽管储能技术的快速发展为解决这一问题提供了可能，但目前储能技术的高昂成本、效率问题以及技术瓶颈，依然是制约绿色能源广泛应用的重要障碍。除此之外，绿色技术的高研发成本和复杂的技术链条使得其大规模推广面临着巨大困难。开发清洁能源、提升能源效率和减少污染的技术，往往需要长期的科研投入和实验验证过程。对许多发展中国家而言，这样的技术创新并非短期内可以负担和实现的。尽管国际社会呼吁通过技术转让和国际合作来帮助这些国家实现绿色转型，但事实上，技术转让常常因为知识产权保护、技术壁垒和资金问题而受阻。许多发达国家的绿色技术在面对商业化应用时，往往以高昂的技术专利费用和研发成本阻止了技术的广泛传播，形成了技术壁垒。这使得许多低收入国家和地区难以获得必要的技术支持，进而无法迅速实现能源结构转型。

此外，经济手段的局限性在绿色转型的推进过程中表现得尤为突出。绿色经济的发展离不开市场机制的支持，而目前全球范围内绿色市场机制尚未健全。尽管绿色金融、碳交易等机制在一些国家和地区已经初具规模，但全球性的碳定价、碳市场以及相关的激励措施依然处于发展初期，且存在较大的区域性差异。在许多国家，缺乏有效的市场激励机制来推动企业和消费者向绿色产品和技术转型，这使得绿色技术的市场化进程缓慢。没有完善的经济激励手段，绿色技术和产品难以获得广泛的市场认可，进而导致绿色经济的转型动力不足。价格问题也是阻碍绿色技术大规模推广的一个关键因素。绿色技术和产品由于高昂的生产成本，通常在市场上难以与传统技术和产品竞争。例如，电动汽车的高成本以及可再生能源发电设施的高昂投资，使得消费者和企业在短期内更倾向于选择价格低廉的传统能源和产品。这不仅延缓了绿色技术的市场渗透，也限制了全球绿色产业的成长。尽管长期来看，绿色技术能够带来更多的环境和经济效益，但从短期利益出发，消费者和企业往往会选择更加廉价的传统能源和技术。

市场机制的滞后性还表现在绿色金融和投资方面。虽然绿色债券、绿色基金等新兴金融工具在一定程度上推动了环保产业的发展，但绿色金融市场的总体规模仍然有限，金融机构对环保技术和产业的投资意愿也相对保守。大多数投资者更倾向于将资金投入回报快、风险低的传统行业，而绿色产业由于技术不成熟、市场需求不确定等因素，往往被认为是高风险投资领域。缺乏充足的资金支持使得许多环保企业和技术研发机构难以获得长期发展的资金来源，进一步加剧了绿色技术推广的难度。除此之外，绿色转型过程中还面临能源基础设施的掣肘。现有的基础设施，特别是能源网络和电力系统，往往是为传统能源模式设计的，而绿色能源的特点与传统能源模式存在显著不同。例如，分布式发电、储能系统的整合以及智能电网的建设，都需要大规模的基础设施升级和改造。这些升级项目通常投资巨大，且需要政府、企业和社会各界的长期协作才能实现。在许多国家，能源基础设施的更新换代不仅需要巨大的财政支持，还面临着政策、技术和管理等多方面的协调困难。

与此同时，社会观念和消费习惯的改变也是绿色转型中的一个重要瓶颈。尽管绿色消费的理念已经在一些发达国家逐渐推广开来，但在全球范围内，绿色消费尚未形成主流。许多消费者对绿色产品的认识依然有限，对绿色产品的高成本和功能性存在较多疑虑。市场教育和消费习惯的改变需要时间，绿色产品和技术的推广不仅需要依赖技术本身的突破，还需要通过市场机制和政策引导，逐步改变消费者的消费行为和社会对环保的态度。此外，绿色转型在全球范围内面临的不仅仅是技术和经济手段的挑战，还包括国家之间、地区之间在绿色发展中的不平衡。发达国家和发展中国家在能源消耗、技术储备和环保政策上的差距，导致全球绿色转型进程存在明显的地区性差异。发达国家在工业化的早期阶段已经实现了经济腾飞，具备了较为成熟的绿色技术储备和资金实力，因此能够较为顺利地推进绿色转型。而许多发展中国家由于经济基础薄弱、技术储备不足，无法承担绿色转型带来的高昂成本和社会经济挑战。因此，全球绿色转型进程中，如何缩小发达国家与发展中国家之间的绿色发展差距，成了国际社会需要解决的重要问题。①

为了应对这些局限性，各国需要在技术、经济和政策上进行更深层次的协同。政府应当在绿色技术的研发和应用上给予更多的资金和政策支持，特别是通过减税、补贴和投资引导等措施，降低绿色技术的成本，提高企业和消费者采用绿色技术的积极性。同时，全球范围内需要建立更加完善的碳市场和绿色金融体系，为绿色产业和环保企业提供更多的资本支持。此外，技术创新的全球共享和国际合作也至关重要。通过推动发达国家与发展中国家之间的技术转让、资金援助和能力建设，可以加速全球范围内的绿色转型进

---

① 杨春光，孟东军，曹登科.生态文明与产城一体化的理论与实践［M］.杭州：浙江大学出版社，2017：18.

程，减少全球绿色发展的不平衡。绿色转型的成功不仅依赖于技术的突破和经济手段的完善，更需要全球社会的共同努力。未来的绿色经济体系必须建立在可持续的技术创新、有效的市场机制和公平的国际合作基础上。通过多方力量的协同作用，全球社会才能在应对气候变化和环境危机的过程中实现真正的绿色转型，从而为人类社会的长期发展开辟出一条更加健康和可持续的道路。

第二节　生态经济发展中的主要矛盾

生态经济的发展，作为一种将经济增长与环境保护相结合的路径，正日益成为全球各国应对资源约束与环境危机的关键选择。然而，在实践过程中，生态经济发展面临着复杂的矛盾和挑战，这些矛盾揭示了现代经济增长模式与自然资源利用之间的深层次冲突。经济发展与环境保护的平衡问题始终是生态经济中最为核心的命题，它不仅关乎未来经济的可持续性，更关乎全球社会如何在资源有限的条件下实现繁荣与和谐。①

当今世界，经济增长与资源消耗之间的紧张关系日益凸显。工业革命以来，现代经济的发展模式高度依赖于对自然资源的消耗。矿产资源、能源、土地等不可再生资源的过度开发，成为推动工业化和现代化进程的主要驱动力。但伴随经济快速增长的背后，是资源的过度开采和环境的日益恶化。在发展中国家，这种现象尤为显著，随着经济结构的扩张和工业化的加速，资源消耗的速度远远超过了自然界的再生能力。森林减少、土地沙化、水体污染等问题逐步加剧，生态系统的承载力遭遇了严峻挑战。这种资源消耗模式不仅威胁了自然生态系统的稳定性，也制约了经济增长的可持续性。资源的有限性与经济增长的无限追求之间形成了深刻的矛盾。在依赖自然资源的传统经济增长模式中，经济的发展路径往往是线性的，资源从开采、利用到废弃，最终被消耗殆尽。而这种线性模式导致的资源枯竭，给经济长期增长带来了巨大的不确定性和潜在风险。特别是在矿产、能源等不可再生资源方面，

---

① 黄书进，沈志华，郭凤海．实现中华民族伟大复兴的行动纲领［M］．北京：人民出版社，2012：68.

过度开发已经导致全球许多重要资源面临供给紧张的局面。此外，资源循环利用和可再生能源虽然在全球范围内得到了推广，但在实际经济运行中，传统的高耗能、高污染的生产方式依然占据主导地位。尽管绿色技术的进步让能源结构有所改善，然而，要彻底摆脱对不可再生资源的依赖，依然面临巨大的技术、资金和政策障碍。绿色能源的推广和使用需要大规模的基础设施改造和资金支持，这对许多发展中国家而言，显得尤为艰难。加之现有的经济利益格局阻碍了绿色产业的快速崛起，使得如何在推动经济增长的同时减少资源消耗成为一个长期存在的困境。与此同时，短期经济利益与长期生态保护目标之间的矛盾在全球经济发展中也十分突出。在全球化背景下，经济增长的速度和规模成为衡量国家实力和竞争力的重要指标。为此，许多国家在追求经济增长时，往往会选择牺牲环境，以获得短期的经济利益。尤其是在快速工业化和城市化的过程中，许多国家通过大规模基础设施建设和资源密集型产业，迅速拉动了经济的增长。然而，这种增长模式的代价是环境污染的日益加剧。空气污染、水体污染、土地退化等问题接踵而至，成为威胁长期经济健康和生态系统稳定的主要因素。①

这种发展模式虽然在短期内带来了经济总量的显著提升，但其代价是环境承载力的急剧下降。更为严重的是，这种短期增长模式往往忽视了生态系统的长期恢复和环境保护需求，使得经济增长与生态保护目标之间的矛盾不断加深。许多国家在享受经济增长成果的同时，也在承受环境退化带来的负面影响。当资源枯竭、污染扩散达到临界点时，经济增长的潜力将被生态环境的脆弱性所制约，长远的经济发展前景因此蒙上阴影。在这样的背景下，如何平衡短期经济效益与长期生态效益，成为各国决策者面临的关键问题。为应对这一挑战，一些国家着手通过政策调整，推动经济增长模式的转型，强调绿色发展和可持续性。然而，政策的制定往往遭遇现实的经济压力和利益集团的阻力，尤其是在全球经济增长放缓的背景下，如何权衡经济发展速度与环境保护力度之间的关系，始终是一个难以解决的矛盾。要实现长期的生态效益，各国必须重新审视现有的经济发展模式，并在政策层面上推动更深远的变革。

---

① 李干杰. 推进生态文明 建设美丽中国 [M]. 北京：人民出版社、党建读物出版社，2019：43.

科技创新被视为推动生态经济发展的重要驱动力。绿色技术的创新能够提高资源利用效率，减少生产过程中的污染排放，进而缓解经济增长对自然资源的依赖。然而，科技创新与制度保障之间的矛盾日益显现。尽管绿色技术的突破为许多行业带来了新机遇，但其应用和推广往往受到政策支持不足和市场机制不完善的制约。许多国家虽然在政策层面上强调了绿色技术的重要性，但在实际执行过程中缺乏强有力的制度保障，导致技术推广的效果不尽如人意。

这种现象在环保技术的应用中表现得尤为明显。环保技术不仅需要高昂的研发成本，还需要稳定的市场需求和政策激励。而现实情况是，许多企业，尤其是中小型企业，由于面临市场竞争压力和资金短缺，难以承受技术改造带来的高成本。与此同时，政府的财政支持和政策激励往往不到位，或者没有为环保技术的推广提供足够的制度保障，使得绿色技术的应用进展缓慢。技术创新如果不能与制度创新相结合，环保技术的推广效果将大打折扣，绿色经济的发展潜力也难以充分释放。此外，技术标准和法规的滞后性也是阻碍环保技术推广的重要因素。许多国家的环保技术标准与国际接轨的速度较慢，或者技术法规的制定相对滞后，使得技术创新无法在法律框架内得到有效推动。部分国家在技术创新和环保政策方面的协调不足，导致了企业在实施环保技术时面临诸多不确定性，进一步加剧了生态经济发展中的矛盾。要解决这一问题，必须通过政策引导和制度创新，进一步完善环保技术推广的法律框架，推动科技创新与市场需求之间的有效对接。

面对这些矛盾，生态经济的发展需要各国从多个层面进行调整和转型。政策制定者不仅要推动绿色技术的发展，还必须确保这些技术能够在市场中得到广泛应用。与此同时，企业也需要意识到环保技术不仅是合规的需求，更是未来市场竞争力的关键要素。通过政策引导、市场激励和技术创新的协同作用，才能在实现经济增长的同时，减少对资源环境的依赖，实现经济与环境的双赢。在全球范围内，生态经济的发展已经进入一个关键阶段。各国在推动经济增长的同时，必须重新思考发展模式，摆脱对自然资源的过度依赖，转向更加可持续和绿色的经济发展路径。只有通过科技创新、政策支持和制度保障的有机结合，生态经济才能走出困境，实现真正的可持续发展。这不仅是应对当前生态危机的迫切需求，也是确保未来经济繁荣和环境健康的必要路径。

一、资源消耗与经济增长之间的结构性冲突

资源消耗与经济增长之间的结构性冲突，是现代社会在追求可持续发展过程中面临的最为深刻的矛盾之一。工业革命以来，全球经济的迅速扩张主要依赖于大规模的资源开采与消耗，矿物、能源、土地等不可再生资源成为推动生产力增长的核心。然而，伴随全球经济规模的不断扩大，资源的过度消耗带来了环境恶化、生态退化和资源枯竭等一系列不可忽视的问题。当前，经济增长模式与资源有限性之间的冲突日益加剧，如何在保证经济增长的同时，实现对资源的可持续利用，成为全球社会迫切需要解决的关键议题。①

传统经济增长模式高度依赖资源的线性消耗，经济增长的加速往往伴随着资源使用量的直线攀升。然而，这种增长模式忽视了自然界资源的有限性。不可再生资源的开采速度远超其再生速度，导致全球范围内的资源逐渐趋于枯竭。例如，石油、煤炭、天然气等化石燃料的过度使用，既引发了全球气候变化问题，也加剧了资源供给的不稳定性。随着这些关键资源的逐渐枯竭，全球经济增长的基础面临着日益严重的挑战。能源资源的紧张使得能源价格波动性增强，进而影响到工业生产的成本与经济运行的稳定性。这一资源与增长之间的冲突不仅表现为能源领域的危机，还延展至其他关键自然资源的枯竭。例如，森林的快速消失削弱了全球生态系统的自我修复能力，水资源的短缺则加剧了农业生产的困境。无论是发达国家还是发展中国家，传统的资源密集型经济增长模式都难以为继。这一现象表明，资源的有限性正在成为全球经济增长的根本性制约因素。全球化背景下，经济体系的复杂性使得资源消耗与经济增长的矛盾更加深刻。一方面，全球化推动了各国之间的资源流动和经济合作，提升了经济增长的速度；但另一方面，全球资源的过度开发与不平衡利用使得生态环境和资源压力向全球扩展。一些资源丰富的国家，如中东的石油出口国或南美的矿产资源出口国，长期以来依赖资源型经济维持国家的增长和稳定。然而，随着全球资源需求的不断增加，这些国家也开始面临资源枯竭的威胁。资源型经济体往往因为经济结构单一，缺乏可持续发展的基础，当资源供给出现问题时，经济增长的脆弱性立即显现。

资源依赖型经济的脆弱性并不局限于资源出口国。在全球范围内，所有

---

① 刘俊杰. 社会主义国家治理 [M]. 北京：人民出版社，2018：98.

依赖进口资源的国家同样面临这一结构性冲突。对资源进口的高度依赖使得这些国家在全球市场动荡或资源价格剧烈波动时，极易受到冲击。经济体系的全球化虽然促进了资源的流动与分配，但也加剧了全球经济对有限资源的依赖，导致资源供给的不确定性传导至全球产业链的各个环节。无论是能源、矿产，还是粮食和水资源的供给，一旦资源供应链出现断裂或价格剧烈波动，全球经济将面临前所未有的挑战。

此外，资源消耗与经济增长之间的矛盾在发展中国家显得尤为突出。对许多发展中国家而言，经济增长的主要动力源于自然资源的开发与利用。这些国家在工业化进程中大量开采矿产、能源资源，并以出口资源为主要收入来源。然而，资源开发的短期经济效益往往掩盖了长期的环境与社会代价。过度的资源开采会导致环境污染、生态系统破坏，甚至引发社会矛盾。例如，矿产资源的开采不仅对当地环境造成严重破坏，还引发了水资源污染、森林过度砍伐以及土地荒漠化等问题。这些负面效应在资源开发短期带来经济利益的同时，累积成为长期的环境债务，使得经济发展的可持续性受到严重威胁。同样，随着气候变化问题的加剧，资源消耗与环境保护之间的冲突日益显著。全球变暖的主要驱动力之一是化石燃料的大规模使用，而对化石燃料的过度依赖直接导致了全球气候变化的加速。能源密集型的经济增长模式加剧了温室气体的排放，全球气温的上升不仅带来了极端天气的频发，也加剧了生态系统的退化。土地荒漠化、森林火灾、冰川消融等问题正在威胁着全球生态系统的稳定性，并通过生态链的破坏影响到全球粮食安全和水资源供应。经济增长与环境保护之间的矛盾正成为全球治理中的一大挑战。除了环境代价，资源消耗的经济代价也日益凸显。随着全球资源需求的不断增长，资源价格的上涨已成为长期趋势。能源、矿产等不可再生资源的价格上涨直接推高了工业生产的成本，进而影响了全球经济的竞争力。许多依赖资源进口的国家面临资源供给不确定性的风险，这不仅增加了经济的不稳定性，也限制了经济增长的潜力。在这种背景下，如何通过技术创新和结构调整，减少对不可再生资源的依赖，成为全球经济可持续发展的核心议题。

为了应对这一结构性矛盾，各国正在探索更加可持续的经济增长路径。通过推动绿色经济和循环经济的发展，减少资源的消耗和浪费，成为解决这一问题的关键思路。循环经济主张通过资源的循环利用来减少资源的消耗和浪费，最大限度地延长资源的使用寿命，并通过技术创新提高资源利用效率。

这一模式不仅在理论上能够缓解资源短缺问题，还为经济增长提供了新的动力来源。然而，循环经济的实施同样面临诸多现实挑战，特别是在经济转型和技术创新方面的瓶颈依然存在。技术创新在缓解资源消耗与经济增长冲突中的作用不容忽视。提高能源效率、发展可再生能源、推广低碳技术，是当前全球应对资源短缺和环境问题的主要手段。然而，技术创新的进展速度与资源消耗的加速之间存在显著的时间差。尽管绿色技术和清洁能源的应用日益广泛，但要实现全球经济体系的全面绿色转型，依然需要时间和资金的持续投入。此外，技术创新的推广受限于国家间技术能力的差距，尤其是在许多发展中国家，技术落后与资金短缺使得这些国家无法及时采用绿色技术，进而加剧了其资源依赖性。

同时，政策支持在推动绿色技术应用和资源节约方面扮演着至关重要的角色。许多国家开始通过政策手段，如减税、补贴、绿色金融等方式，鼓励企业采用环保技术和可持续的生产方式。然而，政策的实施效果往往受到经济结构和市场机制的制约。一些资源依赖型经济体在推行绿色政策时，遭遇了来自既得利益集团的强烈反对，这使得政策的执行力大打折扣。此外，全球范围内缺乏统一的资源管理和环境治理机制，各国在资源利用和环保政策上的分歧，增加了全球治理的复杂性。总之，资源消耗与经济增长之间的结构性冲突，是现代社会面对的一项长期且复杂的挑战。这一矛盾不仅关系到资源的有限性与经济增长的无限性之间的冲突，还反映了环境、技术、政策和社会等多方面因素的复杂交织。要解决这一问题，全球社会需要在技术创新、政策支持、经济结构调整等方面实现协调发展。未来，如何在有限的资源条件下实现经济的可持续增长，将成为全球经济发展的核心议题，也是人类在追求繁荣与生态平衡道路上的关键考验。

二、短期经济利益与长期生态保护的博弈

短期经济利益与长期生态保护的博弈，是当今社会在全球化进程中面临的一个复杂而深刻的问题。现代经济的运行模式，特别是在工业化、城市化不断推进的背景下，常常优先追求眼前的经济增长，导致资源的过度开发与环境的损害。决策者和企业为了实现经济上的短期效益，往往采取措施加速资源开发、扩大工业规模，以获取尽可能快的经济回报，而这些行为通常忽视了对生态系统的长远影响。这种短期行为和长期责任之间的冲突，逐渐成

为制约可持续发展的一大障碍。这一矛盾不仅在国家政策层面表现得尤为明显，也深入地方政府和企业的决策逻辑中。对许多发展中国家来说，经济增长被视为提升国力和改善民生的首要任务，而生态保护则被看作次要问题。这些国家在推进基础设施建设、工业化发展和农业扩张的过程中，通常依赖大量的自然资源，忽略了长远的环境代价。城市化进程加剧了对土地、水资源和能源的需求，大规模的开发活动为短期经济带来了繁荣，但同时也造成了生态系统的失衡。由此引发的空气污染、水污染、土地退化等问题，不仅对当地居民的健康造成影响，也为未来经济发展埋下了隐患。

在企业层面，短期经济利益与生态保护的博弈同样显而易见。企业为追求利润最大化，往往倾向于将资金投入能快速产生收益的项目，这意味着它们更愿意选择高污染、高能耗的生产方式，而不愿意为节能环保技术或可持续生产模式进行前期投资。尤其是在竞争激烈的市场环境中，环保措施被认为是额外的成本，企业为了保持竞争优势，常常削减环保投入。很多企业在扩大产能、提高效率的过程中，通过牺牲环境质量来实现利润的提升，这种做法虽然在短期内带来了经济效益，但从长远来看，却为企业自身和社会带来了巨大的环境和经济代价。

地方政府在这一博弈中往往扮演着复杂的角色。为了促进地方经济发展，吸引投资和创造就业，地方政府在推行环境政策时面临诸多压力。经济发展的短期成果常常是地方官员考核的重要指标，因此，他们更倾向于支持能够迅速带来税收和就业的高污染产业，而忽视了这些产业对环境的长期破坏。即使国家层面制定了严格的环保法律和政策，地方执行过程中也常常出现打折扣或选择性执行的情况。经济利益在许多情况下凌驾于环境保护之上，结果是短期的经济增长以牺牲环境为代价，造成生态退化和资源枯竭的恶性循环。与此同时，国与国之间的经济利益与生态保护的博弈也在加剧。全球化推动了国际贸易和跨国投资的快速发展，经济合作在促进各国经济繁荣的同时，也带来了环境问题的跨国性蔓延。许多发达国家将高污染、高能耗的生产环节外包给发展中国家，以降低自身的环境压力。然而，这种全球化的产业链分工模式，虽然帮助发达国家减轻了本土的环境负担，却将生态破坏的代价转嫁给了资源丰富但监管能力薄弱的发展中国家。这些国家为了吸引外资，往往放松环保标准，导致环境污染进一步恶化，资源枯竭的速度加快，长期生态保护的难度也随之增加。

　　这一国际层面的博弈反映了全球环境治理中的不平衡与不公平现象。发达国家在历史上积累了大量的温室气体排放，而发展中国家则在当下面临着环境与发展的双重压力。全球减排目标的实现，必须依赖国际社会的共同努力。然而，发达国家和发展中国家在履行减排责任时，出于各自经济利益的考虑，往往在国际气候谈判中产生分歧。发达国家希望发展中国家尽快采取有效的环保措施以减少全球碳排放，而发展中国家则认为，发达国家应承担更大责任，并提供资金和技术支持以帮助它们实现绿色转型。从另一个角度来看，技术创新在解决短期经济利益与长期生态保护的博弈中具有潜在的突破力量。通过技术的进步和革新，可以在保持经济增长的同时减少对资源的消耗，减少污染排放，并逐步实现生态可持续。然而，尽管绿色技术、可再生能源和清洁生产技术的推广为长期生态保护提供了重要契机，但这些技术的研发和推广常常面临资金、市场和政策壁垒。企业和政府都需要巨大的前期投资来推动技术转型，但短期的经济压力和长期回报的不对称，使得很多利益相关方对绿色技术的投资持观望态度。即使在一些技术已经成熟的领域，绿色技术的推广也常常面临市场接受度低的问题。由于短期内的经济效益不明显，企业和消费者在使用新技术时往往存在顾虑。许多企业不愿承担技术更新带来的成本风险，选择继续沿用传统的高污染生产方式，延缓了生态保护的步伐。政府需要通过政策激励和市场引导来降低绿色技术的应用门槛，让更多的企业和消费者看到其长期的经济效益和环境效益，从而推动社会整体向绿色经济模式转型。社会文化观念的转变也是解决短期与长期利益博弈的重要方面。现代消费主义文化中，人们往往追求即刻满足，这种对物质的过度追求，加剧了对自然资源的需求，推动了短期经济利益的优先地位。要解决这一问题，不仅仅需要技术和政策的支持，还需要在社会层面上进行深入的环境教育和文化塑造。通过增强公众的环保意识和可持续发展理念，使更多的人认识到长期生态保护对社会稳定与繁荣的重要性，这不仅能够为生态保护提供强大的社会支持力量，也能够为绿色经济的持续发展奠定坚实的基础。①

　　短期经济利益与长期生态保护的矛盾是现代经济发展中的一项长期挑战，

---

①　全国干部培训教材编审指导委员会．决胜全面建成小康社会［M］．北京：人民出版社、党建读物出版社，2019：56.

也是社会转型过程中不可避免的现象。随着全球环境问题的日益严峻，越来越多的国家和地区开始意识到生态保护的重要性，并在政策层面上尝试进行深刻的调整。然而，要真正实现经济与生态的平衡，需要的不仅仅是政策的制定和实施，还需要各个层面上的广泛合作与共识。只有通过社会、经济、技术和文化的全面协同，全球社会才能在这场博弈中找到一个平衡点，使短期经济利益与长期生态保护实现真正的双赢。

三、绿色技术推广中的资金与政策壁垒

绿色技术的推广作为应对全球气候变化和环境退化的核心途径，面临着多重资金与政策壁垒。这些障碍并非单一层面的挑战，而是源于多方面的复杂因素，包括技术创新的高成本、市场机制的滞后、政策支持的不足以及全球化经济体制中的利益冲突。这种多维度的障碍不仅制约了绿色技术在全球范围内的应用与推广，也延缓了全球向可持续经济模式转型的步伐。

首先，绿色技术的研发与推广伴随着巨大的经济成本。技术创新本身需要长期的资金投入，而绿色技术因其在减少污染、节能降耗方面的先进性，往往具有更为复杂的技术路径与实施要求。无论是清洁能源的研发，还是环保技术的升级，都需要大量的科研资金和人才资源的持续支持。对许多国家，尤其是发展中国家而言，这样的长期资本投入与技术储备远远超出了其当前经济能力范围。即便发达国家在技术研发上已经取得显著进展，但技术成果的大规模推广同样面临资金上的巨大压力。这一困境在企业层面表现得尤为明显。企业是技术应用的主要主体，但许多企业，尤其是中小型企业，在面对绿色技术时，往往因资金短缺而无法承担高昂的技术改造成本。尽管绿色技术在长期上可能带来更高的能源效率和更低的环境成本，然而，前期的投资金额庞大，且回报周期较长。企业需要将大量资金投入技术改造和生产线升级中，这不仅增加了企业的财务压力，还可能在短期内影响其市场竞争力。这种经济成本上的制约使得许多企业对采用绿色技术持观望态度，延缓了绿色技术的大规模推广。①

不仅仅是企业，消费者在绿色产品和技术推广中的作用也不可忽视。由于绿色产品通常价格较高，市场接受度相对较低，这进一步加大了企业推广

---

① 何毅亭. 学习习近平总书记重要讲话［M］. 北京：人民出版社，2013：69.

绿色技术的难度。尽管绿色产品具备显著的环境优势和长远的经济效益，消费者在购买时依然受到价格因素的影响。许多人更愿意选择价格较低但环境成本较高的传统产品，这导致绿色产品的市场需求难以充分释放，企业的投资回报不明确，进而限制了绿色技术的普及。市场机制的滞后同样在阻碍绿色技术的推广。许多国家缺乏有效的市场激励机制来推动企业和社会广泛采用绿色技术。绿色金融、碳交易、环境税等机制虽然已经在部分国家和地区得到了应用，但全球范围内的市场机制仍然发展不足。一些国家的绿色金融体系尚未成熟，缺乏对环保产业和绿色技术的系统性支持，而环保企业难以从金融市场获得足够的融资资源，这使得企业在采用绿色技术时面临资金困境。

政策支持的不足是绿色技术推广中最为核心的壁垒之一。尽管许多国家在政策层面已经认识到绿色技术的重要性，但在实际执行过程中，政策支持往往不到位或力度不够。一些国家的环保政策在制定时过于依赖市场自发的力量，忽视了绿色技术推广过程中需要政府强有力的干预和引导。没有足够的财政支持和政策激励，企业和社会缺乏动力去承担绿色技术带来的高成本与风险。即便在那些政策较为完善的国家，政策执行层面的障碍也依然存在。地方政府在执行中央环保政策时，往往因地方经济利益的考虑而削弱政策的实际效果。为了保持经济增长，地方政府可能对高污染企业采取宽松的环保监管，或放宽对绿色技术应用的要求。这种现象使得国家层面的环保政策在地方执行时打了折扣，绿色技术推广的力度大打折扣，进一步削弱了绿色技术的推广效果。

国际层面的政策协调难题则进一步加剧了这一问题。绿色技术的推广不仅依赖于国内政策的支持，也需要国际合作和协调。全球范围内，发达国家与发展中国家在环境治理和绿色技术推广上的利益分歧，使得国际政策协调变得更加困难。发达国家往往希望通过国际协议推动全球范围内的减排和环保技术转让，但发展中国家出于经济发展的考虑，往往对这些要求持保留态度，认为发达国家应该承担更多的历史责任，并提供更多的资金和技术援助。这种国际政策分歧在多次气候谈判中表现得尤为明显。此外，全球贸易体系中的绿色壁垒也是绿色技术推广面临的重要挑战。尽管许多国家在推行环保政策时试图通过技术标准和贸易壁垒的方式来保护环境，但这些措施在一定程度上加剧了国际贸易的不平等。发达国家通过设置高标准的绿色技术壁垒，限制发展中国家商品的出口，这不仅导致发展中国家的产品难以进入国际市场，还使得绿色技术的推广变得更加困难。国际贸易体系中的不平等，使得绿色技术在全球范围内的推广面临更大的阻力。

要克服这些资金与政策壁垒，推动绿色技术的广泛应用，全球社会需要从多个层面进行深刻的改革。首先，各国政府必须加大对绿色技术的财政投入，尤其是在技术研发和企业应用阶段，政府应通过税收减免、财政补贴等措施，减轻企业和科研机构在绿色技术研发中的资金压力。同时，政府应加快建立和完善绿色金融体系，通过绿色债券、环保基金等金融工具，为绿色产业提供更多的资本支持。绿色金融的普及和创新将成为未来推动绿色技术发展的重要动力。其次，政策制定者应加强市场机制的设计与执行，通过有效的激励手段来引导企业和社会更快地采用绿色技术。例如，政府可以通过碳排放交易体系、污染物排放标准等手段，迫使企业在生产过程中更多地采用绿色技术。与此同时，政府还应通过提高环境保护标准，激励企业主动进行技术升级，以满足更为严格的环保要求。全球范围内的合作也至关重要。国际社会应加快推动绿色技术的全球共享与技术转让，尤其是发达国家需要承担更多的责任，为发展中国家的绿色转型提供技术支持和资金援助。通过加强全球合作与协调，减少各国在绿色技术推广过程中的利益冲突，确保全球范围内的技术平等与资源共享。国际气候合作协议的执行和深化，将为全球绿色技术的推广提供更加广泛的政策框架和合作平台。社会文化层面的改变也不可忽视。绿色技术的推广不仅是一个经济和政策的问题，还关系到公众环保意识的提升和社会消费模式的转变。各国政府和社会组织应通过环保教育和宣传，提升公众对绿色产品的认知度和接受度。通过推广绿色消费理念，更多的消费者将意识到绿色技术和环保产品的重要性，从而推动市场需求的增长。这种由消费驱动的绿色技术推广，不仅可以增加绿色技术的市场份额，还可以形成社会各界共同推动绿色经济的合力。

总的来看，绿色技术的推广面临着资金与政策上的双重壁垒，这些障碍不仅限制了绿色技术的应用，还延缓了全球向可持续经济转型的进程。要打破这些壁垒，全球社会需要采取更加多元化的手段，通过技术创新、财政支持、政策激励和国际合作的共同作用，推动绿色技术在全球范围内的广泛应用。这不仅是实现全球环保目标的关键途径，也将为未来的经济增长提供新的动力。

第三节 生态问题对经济发展的影响

　　生态问题对全球经济发展的深远影响已经逐渐显现，尤其是在环境退化和气候变化的双重背景下，全球经济所面临的生态风险日益加剧。生态问题不仅关系到某些行业或国家的局部挑战，还广泛波及整个经济体系，深刻影响了多个产业的生产能力和长期发展潜力。环境问题不再是单一的生态危机，它在逐渐渗透到全球经济的方方面面，成为影响国家、地区和全球经济增长和稳定的重要因素。农业领域是受生态问题影响最为明显的经济部门之一。随着气候变化的加剧和生态环境的退化，农业生产受到了巨大冲击，尤其是土地退化、土壤质量下降和水资源短缺等问题，已经严重威胁到农业的可持续发展。全球范围内，许多农业依赖的耕地因长期的土壤侵蚀、过度耕作和沙化而失去了生产力，造成粮食产量持续下降。这种现象不仅对农业生产者带来了直接的经济损失，也使得全球粮食供应链越发脆弱，进而影响到全球粮食市场的价格稳定性。

　　伴随耕地的退化和农作物产量的下降，全球粮食价格面临长期的上涨压力。这种趋势加剧了低收入国家和地区的贫困现象，也使得本已脆弱的社会经济结构更加不稳定。水资源短缺问题同样对农业生产构成了严重威胁，尤其是在干旱频繁的地区，水资源的匮乏限制了农作物的灌溉需求，进一步削弱了农业的生产能力。在一些依赖农业作为经济支柱的国家，水资源短缺已成为导致粮食危机的主要因素，进一步扩大了经济不平等和社会冲突的风险。工业部门同样深受生态问题的影响。工业化进程长期以来对环境的巨大压力，导致了严重的污染问题。工业生产过程中产生的大量废气、废水和固体废弃物，污染了空气、水体和土壤，不仅对周边生态环境造成了巨大破坏，也反过来削弱了企业的生产效率和竞争力。随着环保法规日趋严格，许多国家和地区的工业企业被迫增加对环保设备和技术的投资，以符合日益严格的环境标准。这种转型虽然在长期上有助于降低污染，但在短期内却增加了企业的运营成本，削弱了其国际市场的竞争力。资源的日益匮乏，特别是不可再生能源的逐渐枯竭，进一步加剧了全球经济的不稳定性。石油、煤炭等传统能源资源的供应日益紧张，能源价格的剧烈波动对工业生产造成了巨大的不确定性。对依赖能源出口的国家来说，能源价格的波动直接影响到了国家财政收入的稳定性和经济增长的持续性。一些以石油、天然气为经济支柱的国家面临着能源价格暴跌和全球市场需求疲软的双重压力，导致了其经济陷入了衰退和动荡的局面。

全球气候变化和环境恶化对服务业的影响也不容小觑，尤其是对依赖自然资源和环境条件的旅游业和相关服务产业。随着自然景观的破坏和气候条件的恶化，许多知名的旅游目的地失去了原有的吸引力，游客数量显著下降。与此同时，气候变化带来的极端天气事件，如飓风、洪水、干旱等，不仅直接影响了旅游业的季节性收入，还导致了基础设施的损毁和修复成本的增加。这些自然灾害进一步侵蚀了服务业的盈利能力，限制了其对国民经济的贡献。以旅游业为例，自然景观的持续破坏和气候恶化导致的气候不稳定性，令全球许多著名的旅游胜地陷入困境，游客数量逐年减少，产业链上的相关从业者收入骤减。旅游业作为许多国家的重要收入来源，依赖于环境的稳定性，当生态环境遭到破坏时，不仅影响了旅游业本身的经营，还给整个服务行业带来了连锁反应，进一步影响了与之相关的餐饮、交通、酒店等领域的经济活动。

除了对各类产业的直接冲击，生态问题对全球劳动生产力和人口健康的长期影响也在逐步显现。空气污染、水污染以及其他环境污染问题，已成为全球范围内导致健康问题的重要因素。空气中的有害颗粒物和化学物质大幅增加了呼吸系统疾病和心血管疾病的发病率，直接影响了劳动者的健康和工作效率。长期的健康恶化不仅增加了社会的医疗成本，还削弱了社会劳动生产力，导致了劳动力市场供给的减少和经济生产效率的下降。这种健康问题与生产力的双重危机，对全球经济的长期可持续发展构成了重大威胁。各国社会在应对空气污染和水污染所致健康问题时，往往需要投入大量的公共资源用于医疗系统的改善，进一步压缩了可用于其他生产性活动的财政资源。这不仅影响了社会福利的分配，还增加了国家的财政负担，限制了经济增长的潜力和空间。在全球化进程的背景下，生态问题已不再是个别国家的内部问题，而是全球经济发展的系统性风险之一。气候变化、环境退化和资源枯竭问题的持续加剧，进一步暴露了全球经济运行中的脆弱性和不稳定性。气候变化导致的自然灾害频发、环境破坏和资源枯竭，不仅直接冲击了各国的经济基础，还加剧了全球市场的不确定性，导致了国际贸易和金融市场的动荡。

全球化背景下，各国经济体系相互交织，彼此依存，任何一国的生态问题都可能通过贸易、投资和供应链的中断影响到其他国家。例如，一些国家的气候灾害导致农产品减产，直接影响了全球粮食市场的供应；而能源出口国的资源枯竭和价格波动，又对全球能源市场和工业生产产生了广泛影响。这种连锁效应放大了生态问题的全球性风险，使得解决环境危机不再只是一个国家的任务，而是全球各国共同面临的挑战。为应对这些生态问题对全球经济发展的影响，各国必须更加重视生态保护和可持续发展的紧迫性。通过创新的政策手段、前瞻性的技术应用和全球合作机制，各国可以共同应对气候变化和环境退化带来的挑战。在政策层面，政府需要制定更为严格的环保法规，推动工业和农业的绿色转型，鼓励企业和社会各界更多地参与生态文明建设。只有通过严密的法律框架，才能确保环保政策的真正落实。技术进步同样是应对生态问题的关键因素。通过技术创新，各国可以提高能源效率，减少资源消耗，从而在保持经济增长的同时，实现环境保护目标。特别是绿色能源、节能技术和资源再利用技术的推广，将为未来的生态经济提供重要支持。国与国之间的技术合作和资源共享也将成为未来应对全球生态危机的有效途径，通过全球范围内的技术转让和资金支持，帮助发展中国家实现绿色转型，减轻气候变化和环境退化对其经济发展的冲击。全球生态问题对经济发展的深远影响日益显现，各国应在经济发展过程中更加重视生态保护和可持续发展。通过政策创新、技术进步和国际合作，共同应对全球范围内的生态挑战，各国不仅能为当前的经济发展铺平道路，还将为未来的可持续发展奠定坚实基础。全球社会的共同努力，将在长期内推动经济与环境的双赢局面，确保人类社会能够在一个健康、可持续的地球上继续繁荣发展。

一、环境退化对生产力的削弱与资源短缺的危机

环境退化与资源短缺问题正在全球范围内引发一场深刻的经济危机，生产力受到前所未有的挑战。随着自然资源的快速消耗，全球经济体系的脆弱性越来越显现。环境的退化不仅直接影响着人类赖以生存的自然系统，还通过削弱生产力和制造资源短缺，深刻动摇了经济发展的基础。生产力的下降不仅体现在资源依赖型行业的效率降低，更广泛波及农业、工业、服务业等多个经济领域。自然资源的有限性与人类对资源的过度依赖之间的矛盾，正

在将经济体系推向不可持续的边缘。面对这些挑战，社会亟须通过深刻的技术、政策和经济机制变革来应对。土地退化是环境问题对生产力影响的一个重要方面。全球范围内的耕地质量正在显著下降，土壤的肥力不断流失，土地的生产潜力受到严重削弱。过度耕作、不合理的农业技术、化肥和农药的滥用，使得耕地的生态平衡遭到破坏，进而影响了粮食的产出效率。对许多依赖农业的国家和地区来说，土地退化意味着粮食产量的下降、农业收入的减少，以及农村贫困的加剧。这不仅制约了当地经济的发展，还威胁到全球粮食供应链的稳定。土地生产力的下降与气候变化的双重压力，使得农业生产面临更加不确定的风险，农业劳动生产率的下降成为经济发展中的长期困境。①

水资源短缺是另一个正在加剧的危机，影响着各国的经济结构和生产能力。随着全球气候变化加剧，干旱频繁发生，许多地区的水资源供给不足已成为制约经济发展的关键因素。水资源是工业、农业和日常生活不可或缺的要素，但由于水资源的过度使用、污染以及气候变化带来的不确定性，全球许多国家和地区正面临水资源枯竭的风险。工业生产中大量用水的行业，如纺织、化工、能源等，都因为水资源的短缺而遭受了巨大的经济损失。水资源短缺直接导致工业生产效率下降，企业运营成本上升，进而影响到国家和地区的整体经济竞争力。森林减少和生物多样性丧失进一步削弱了全球生产力。森林作为全球重要的碳库，能够调节气候、保护水土并提供可再生资源。然而，大规模的森林砍伐和生物多样性的丧失正在破坏生态系统的平衡。森林的减少不仅带来了全球气候变暖的风险，还削弱了生态系统的自我修复能力。森林消失后，土地变得更加脆弱，水土流失加剧，农业生产力进一步降低。森林资源的枯竭同样影响到了以木材、纸浆等森林产品为基础的产业链，导致相关行业的生产成本大幅上升。生物多样性的减少同样对生产力构成威胁。生态系统的复杂性和多样性维持着自然界的稳定和资源的循环利用，当物种灭绝和生态链被打破时，生态系统的效率和稳定性受到极大的削弱。农业、渔业等依赖于自然生态系统的产业首当其冲，物种灭绝导致了粮食生产和水资源管理的困难。这种生态退化不仅影响了人类获取自然资源的能力，

---

① 全国干部培训教材编审指导委员会. 决胜全面建成小康社会 [M]. 北京：人民出版社、党建读物出版社，2019：56.

也限制了经济发展的潜力，使得生产力不可避免地进入衰退期。

与资源短缺密切相关的，是环境退化导致的自然灾害频发，进一步损害了生产力的可持续性。极端天气事件的增加，如洪水、飓风、干旱等，正在频繁打击全球经济的核心部门。这些灾害不仅直接破坏了基础设施，摧毁了农作物，还使得整个社会的生产与生活陷入停滞。各国为应对这些自然灾害而不得不加大应急管理、灾害恢复和基础设施重建的投入，这些措施虽然在短期内能够缓解灾害带来的损失，但从长期来看，灾害的高频发生正在吞噬全球的生产力与经济增长潜力。国家的财政资源被迫分流到灾害应对中，限制了对长期经济发展项目的投资，造成了生产力增长的停滞。面对这些问题，绿色技术的推广本应成为解决之道。然而，绿色技术的推广进程面临着资金和政策的双重壁垒，使得这一应对方案的实施困难重重。绿色技术的研发、应用和推广不仅需要高昂的前期投入，还需要配套的政策支持，而这些正是当前全球绿色转型中的主要障碍。

在绿色技术的研发和推广过程中，资金短缺发展为最为突出的瓶颈。无论是清洁能源技术、污染治理技术，还是资源循环利用技术，这些创新性技术的研发都需要大量的科研投入和长期的资本支持。然而，对大多数国家和企业，尤其是发展中国家和中小型企业而言，绿色技术的高昂研发费用和前期投入常常难以负担。尽管绿色技术在未来可能带来长期的经济回报，但这种回报往往需要较长的时间才能显现，而短期内的经济收益却难以支持企业或政府的巨额投入。这种回报周期的不对称性，导致了许多企业和政府在面对绿色技术选择时，缺乏足够的积极性和动力。政策壁垒也是绿色技术推广中的关键阻碍因素之一。尽管许多国家在政策层面已经制定了相应的环保法律和激励机制，但在实际执行中，政策的力度和覆盖面往往不足。一些国家的环保政策过于依赖市场调节，缺乏政府的强有力干预，导致企业和社会在采用绿色技术时的积极性较低。即使那些拥有强大政策支持的国家，政策执行的效果也受到地方利益、资金分配不均等问题的制约。政策的不连续性和地方政府执行力度的不足，使得绿色技术的推广进程被延缓，无法迅速实现预期的生态和经济效益。

绿色技术的推广不仅仅依赖于资金和政策的支持，还需要全球范围内的合作与协调。发达国家和发展中国家在绿色技术上的发展不平衡，导致全球绿色技术的推广存在明显的地域差异。发达国家往往拥有较为先进的技术储备和资金支持，能够较快地实现绿色技术的应用和推广。而发展中国家则因为技术、资金和管理能力的不足，难以跟上全球绿色转型的步伐。这种全球范围内的绿色技术鸿沟，使得许多资源密集型的经济体在面对绿色转型时，面临更加严峻的挑战。要解决这一问题，国际社会必须加强绿色技术的全球共享和合作，通过技术转让和资金援助，帮助发展中国家加速实现绿色转型。市场机制的滞后性也是绿色技术推广面临的障碍之一。尽管绿色金融和碳市场等机制已经在一些国家和地区得到应用，但全球范围内的绿色经济机制仍然不够成熟。市场机制的滞后性，使得绿色技术的推广成本居高不下，企业和消费者在选择绿色技术和产品时，往往因为价格因素而更加倾向于传统的高污染产品。这种市场需求的滞后性，进一步加剧了绿色技术推广的难度。面对这些资金与政策壁垒，全球绿色技术的推广必须依靠系统性的改革和协同合作。各国政府在推动绿色技术的过程中，应该加大财政投入，尤其是在技术研发和应用阶段，政府可以通过税收减免、财政补贴等方式，减轻企业和科研机构在绿色技术推广中的资金压力。与此同时，绿色金融体系的完善和创新也至关重要，通过绿色债券、环保基金等金融工具，为绿色产业提供更多的资本支持，是未来推动绿色技术应用的关键手段。

国际合作同样不可或缺。发达国家应通过资金援助、技术转让等方式，帮助发展中国家实现绿色转型，缩小全球范围内的绿色技术差距。通过建立更加公平和高效的国际技术共享机制，全球社会可以更好地应对气候变化和环境退化带来的共同挑战。在这种合作框架下，绿色技术的全球推广将有望加速，为全球经济的可持续发展提供新的动力。生态问题对经济发展的影响是多层面的，环境退化对生产力的削弱与资源短缺的危机只是冰山一角。通过克服绿色技术推广中的资金与政策壁垒，全球社会才能够逐步实现绿色转型，并在未来的经济发展中找到可持续的路径。这不仅是环境保护的要求，更是未来经济繁荣与社会福祉的基本保障。①

二、气候变化引发的产业结构调整与经济转型压力

气候变化作为 21 世纪最具挑战性的全球问题之一，正在引发一场深刻的产业结构调整和经济转型压力。随着气候变暖、极端天气频发、海平面上升

① 刘俊杰. 社会主义国家治理［M］. 北京：人民出版社，2018：98.

等现象的加剧，各国经济体系在应对气候风险时遭遇了前所未有的复杂局面。这一局面不仅要求全球经济从高能耗、高排放的传统模式向低碳、绿色转型，同时也倒逼产业结构的深刻变革。气候变化对经济体系的深远影响，不仅涉及能源行业的变革，还波及农业、工业、服务业等广泛领域。如何在应对气候危机的同时实现经济可持续发展，成为当前各国经济政策制定和战略调整的核心议题。

在全球经济体系中，能源产业无疑是气候变化冲击最为明显的领域之一。传统能源产业长期以来依赖于化石燃料的开采和使用，这一模式不仅推动了工业化和城市化进程的加速，也导致了全球范围内温室气体排放的急剧增加。随着气候变化问题的日益严峻，全球能源结构面临着全面调整的压力。化石燃料作为主要能源的时代正在逐步走向终结，而以风能、太阳能等为代表的可再生能源技术正在崛起。然而，能源转型不仅仅是能源供应方式的改变，它关系到整个能源生产、分配、消费链条的重组。能源产业作为全球经济的基石，其变革带来的影响无疑是全方位的。能源生产和使用方式的转变，要求各国政府和企业重新配置资源，调整能源政策，推行清洁能源技术。

在能源领域的结构调整过程中，传统能源行业的巨大资产投入和既得利益使得这一转型充满阻力。化石燃料行业在许多国家，尤其是资源型经济体中占据重要地位，石油、煤炭和天然气等传统能源的生产和出口是这些国家的重要经济支柱。这意味着，能源转型不仅是技术和市场的变革，更是政治和社会的深层次博弈。以石油为主的资源出口国面对全球气候变化和清洁能源政策的推行，正逐渐感受到传统能源需求的下降所带来的经济压力。能源行业的调整意味着，这些国家需要迅速找到替代经济增长点，以避免因能源需求的减少而导致的经济衰退。与传统能源行业遭遇挑战的同时，可再生能源行业迎来了前所未有的发展机遇。随着技术进步和政策支持的不断加强，风能、太阳能和其他清洁能源的成本大幅下降，正逐渐成为替代化石燃料的主要力量。许多国家，尤其是欧盟成员国和中国，已经开始大规模投资可再生能源技术，推动能源结构的绿色转型。通过调整能源产业结构，不仅可以有效减少温室气体排放，还为全球经济注入了新的发展动力。清洁能源行业的崛起带动了相关上下游产业的快速发展，如电池存储技术、智能电网、能源管理等领域，都将发展为未来经济增长的重要驱动力。

然而，能源结构的调整并非一蹴而就，全球范围内的能源转型仍然面临着诸多困难。尽管清洁能源技术的推广正在加速，但其在全球能源供应中的占比依然相对较低。传统能源依赖国家的经济结构调整步伐缓慢，这些国家在面对能源转型的过程中，往往面临资源诅咒的困境，即资源的丰厚反而成为经济转型的绊脚石。此外，清洁能源的间歇性和不稳定性也对能源供应的稳定性构成挑战。尽管储能技术的进步为这一问题提供了解决方案，但大规模储能系统的成本仍然居高不下，阻碍了清洁能源的广泛应用。农业作为高度依赖自然环境的经济部门，亦在气候变化的冲击下面临着前所未有的产业结构调整压力。全球气候变暖引发了极端天气事件的频发，干旱、洪水、热浪等自然灾害频繁侵袭农业生产，严重削弱了粮食产量的稳定性和农产品的供应安全。许多国家的农业生产方式不得不进行深刻调整，以应对气候变化带来的长期影响。气候变化不仅改变了农业的生产模式，还要求农业技术的革新与调整，尤其是在水资源管理、种植结构优化、抗灾技术等方面。全球粮食生产体系正面临重新架构的需求，农业生产从传统的高耗水、高投入模式逐步向节水、抗旱和可持续生产模式转变。

在这种背景下，农业的产业结构调整不仅限于生产环节，还包括了供应链管理和国际贸易体系的再造。全球化背景下，粮食生产与消费的距离被大幅拉长，许多国家依赖全球市场来满足粮食需求。然而，气候变化导致的农业产量波动加剧了粮食市场的不确定性，粮食价格的剧烈波动不仅对消费者产生了直接影响，也使全球供应链面临更多风险。为应对这种局面，各国农业部门正在加强本土化生产和供应的能力，减少对国际市场的依赖，增强粮食安全的自给自足能力。与此同时，国与国之间的农业合作也在不断加强，通过推动技术共享、资金支持和国际农业项目，全球农业产业正逐步适应气候变化带来的结构性调整。①

制造业作为传统经济的支柱产业，面对气候变化引发的环境法规日益严格和消费者需求的绿色化，也在经历深刻的产业结构调整。低碳经济和绿色生产已成为制造业转型的核心动力。各国纷纷出台环保政策，要求企业减少碳排放、降低污染物排放，推动清洁生产技术的应用。对制造业而言，这意味着生产工艺的彻底变革，传统的高能耗、高污染制造模式已不再具备可持续性，企业必须在节能减排、绿色工艺方面加大投资，提升生产效率，以满

---

① 孙儒泳，李博，诸葛阳，等. 普通生态学 [M]. 北京：高等教育出版社，1993：44.

足不断提高的环保标准。

与此同时，全球制造业的供应链正在向更加绿色化的方向转变。消费者对环保产品的需求与日俱增，绿色产品认证、循环经济模式等概念逐渐进入公众视野。制造业企业为了满足市场需求，正在逐步采用环保材料、推行产品生命周期管理，并引入循环利用技术，以降低对资源的消耗和环境的影响。绿色供应链的构建不仅符合消费者的需求，还能够提升企业在全球市场中的竞争力。通过加速向低碳制造模式的转型，制造业正在积极应对气候变化所带来的结构调整压力，并通过技术创新和市场化手段实现经济效益和环境效益的双赢。

服务业领域同样面临着气候变化的深远影响。旅游业作为典型的依赖自然环境的服务业，正因为气候变化引发的自然灾害、气候变异而遭遇前所未有的挑战。许多著名的旅游景点由于气候变化的影响，正面临着生态环境的破坏和游客流量的减少，旅游收入锐减。此外，气候变化还增加了极端天气对交通、住宿等基础设施的破坏风险，使得旅游业的经营成本不断上升。面对这些变化，旅游业不得不进行深度调整，推动可持续旅游模式的兴起，加强旅游景区的环境保护和管理。金融业在应对气候变化的过程中也在进行调整。气候变化带来的经济风险日益增多，各国政府和金融机构开始重视绿色金融的发展。通过发行绿色债券、推动可持续投资等手段，金融业正在积极引导资金流向清洁能源、环保产业等领域。气候变化带来的风险不仅仅局限于经济层面，还包括社会、环境等多重维度。为应对这些复杂的风险，金融机构正在重新评估投资风险，并将气候变化因素纳入投资决策之中。这种新的金融生态体系的构建，将为全球经济应对气候变化提供重要的资金支持和机制保障。

面对气候变化引发的产业结构调整和经济转型压力，各国政府必须制定相应的政策，推动绿色经济发展。通过加强国际合作、推动绿色技术创新、调整经济结构，全球社会能够更好地适应气候变化带来的挑战。在这一过程中，政府的引导和市场的调节作用同样重要。只有通过政府与市场的有效协作，才能够确保全球经济体系的可持续发展，平衡经济增长与环境保护之间的长期矛盾。全球经济的绿色转型不仅是应对气候变化的必然要求，也是推动全球经济创新和产业升级的关键动力。各国应在面对气候变化的同时，积极推动技术进步，优化产业结构，提升经济的绿色化水平。通过这一系列调整和变革，全球社会将在应对气候危机的过程中，找到新的经济增长点，进而实现环境保护与经济繁荣的共赢局面。

三、生态恶化对全球经济稳定与社会福祉的长期威胁

生态恶化正在对全球经济的稳定和社会福祉构成长期威胁，随着环境问题的加剧，这一趋势越发不可忽视。环境的持续退化带来了诸多连锁反应，深刻影响了全球经济的结构与运行，同时对各国的社会安全、公共健康和人类生存条件造成了不可逆转的冲击。生态危机已不再仅仅是环境问题，它对全球经济的持久影响以及对社会福祉的巨大威胁，正在促使各国重新思考发展模式和政策方向。生态系统的健康与全球经济的稳定性紧密相连，生态退化不仅削弱了经济的基础，还为全球社会带来了深远的长期影响。气候变化、资源枯竭和生物多样性丧失是生态恶化对经济的三大核心挑战。这些现象逐渐削弱了全球经济赖以运作的自然资源基础，导致经济增长的可持续性受到严重影响。随着全球气候变暖，极端天气事件频发，全球经济体系中的脆弱性显露无遗。大规模自然灾害不仅直接摧毁了生产设施和基础设施，还扰乱了国际贸易链条，影响了全球商品供应和生产能力。气候变化对农业生产、能源供给以及工业活动的冲击，已经成为许多国家的长期经济困境。无论是洪水、干旱，还是飓风和森林火灾，所有这些极端气候现象都在迫使全球经济体系适应新的风险格局。

随着气候问题的恶化，全球经济的不稳定性也在上升，生态问题与经济问题的交织更加复杂。气候灾害频繁带来的不仅是基础设施的破坏，还包括农业生产的巨大波动。农作物歉收、粮食价格上涨、食品供应短缺等问题，正在全球范围内引发经济与社会的多重危机。粮食供应的不稳定对全球经济体系构成的压力尤为显著。由于气候变化造成的农作物减产，粮食价格剧烈波动，不仅影响了农民的收入，还对低收入国家和地区的粮食安全构成了严峻威胁。更为严重的是，粮食供应问题带来的饥荒和社会动荡，往往会进一步影响到国家的政治和社会稳定，增加全球经济系统的不确定性。除了农业，渔业和其他自然资源密集型行业同样受到生态恶化的威胁。过度捕捞、海洋污染和海洋生态系统的退化，正在削弱渔业的可持续性。海洋生物多样性的减少，不仅直接影响到全球渔业生产，还扰乱了整个海洋生态链，进而影响到相关的海洋经济和全球食物供应。渔业的衰退给依赖海洋资源的国家和地

区带来了巨大的经济损失，也使得渔业从业人员和沿海地区陷入困境。随着全球渔业资源的枯竭，许多国家不得不面对渔业经济崩溃的风险，这不仅影响到经济收入，还会加剧社会的不平等和失业问题。

生态退化还引发了资源竞争加剧和国际冲突的风险。随着全球自然资源的日益枯竭，各国之间围绕资源的争夺和竞争越演越烈。特别是在一些资源丰富但环境脆弱的地区，水资源、矿产、能源等战略性资源的竞争，往往成为国际冲突的导火索。气候变化加剧了这些地区的资源压力，水资源短缺问题日益突出，进一步加剧了区域性冲突和政治不稳定。地缘政治风险的上升不仅威胁到区域安全，也增加了全球经济的不确定性。资源争夺导致的国际紧张局势，可能会打破全球供应链的稳定性，给全球经济带来系统性的冲击。生态恶化不仅对全球经济增长构成长期威胁，它对社会福祉的影响同样不容忽视。环境退化与社会福祉密切相关，生态系统的恶化对人类的生活质量和健康产生了深远的影响。空气污染、水污染、土地退化等环境问题，直接导致了呼吸系统疾病、心血管疾病、传染病等健康问题的上升。环境恶化不仅加剧了公共健康危机，还增加了全球医疗系统的负担，导致社会福祉水平的下降。特别是在发展中国家，生态恶化往往伴随着贫困的恶化，环境与健康的双重危机使得这些国家在追求经济增长的过程中面临着更加严峻的挑战。①

空气污染已成为全球范围内严重的公共健康问题。许多城市的空气质量急剧恶化，细颗粒物、二氧化硫和氮氧化物等有害物质的排放，导致了呼吸系统疾病和心血管疾病的急剧上升。空气污染不仅直接影响人们的健康，还间接影响了劳动力的生产效率，增加了社会的医疗成本和经济负担。研究表明，长期暴露在被污染的空气中的人群，其生产力下降，健康状况恶化，进而导致社会生产率的降低。空气污染对经济的长期影响不可忽视，它通过削弱劳动者的健康，逐渐侵蚀了经济增长的基础。水资源危机同样对社会福祉构成严重威胁。随着全球气候变化加剧，许多地区的水资源供应变得更加不稳定，水污染问题越发严重。无论是饮用水的短缺，还是水资源污染带来的疾病，都在威胁着全球社会的健康和福祉。水资源的恶化对农业、工业和居民生活产生了广泛影响，尤其是在那些高度依赖农业和水资源的国家，水资

---

① 杨学龙.发展的伦理反思：论发展伦理的必要性与可能性［D］.南昌：江西师范大学，2007：112.

源危机直接削弱了社会稳定和经济增长的能力。全球各地的水资源问题，不仅对经济发展构成了限制，还导致了卫生条件的恶化，使得传染病和健康问题更加复杂。

此外，生态退化加剧了全球贫富差距，进一步威胁到社会福祉的稳定。环境问题往往对弱势群体的影响更加深远，贫困人口缺乏应对气候变化和生态恶化的能力，他们更容易受到自然灾害、环境污染和资源短缺的冲击。由于缺乏资源、技术和社会保障，贫困人口在生态危机中面临更高的生存风险，而富裕国家和群体则通过更多的资源和技术手段减轻环境恶化的影响。这种不平等加剧了全球范围内的社会分裂，使得社会福祉的实现更加困难。贫困与环境的恶性循环，使得弱势群体陷入更深的困境，社会动荡的风险进一步上升。

全球环境的恶化还影响了教育和其他社会服务的提供，特别是在生态灾害频发的地区，基础设施的破坏使得学校、医院和其他公共服务设施难以正常运转。这种情况不仅削弱了社会的应急能力，还削弱了下一代的教育和就业机会，使得社会福祉的提升步履维艰。长期的生态退化削弱了国家和地区的社会凝聚力，增加了社会的脆弱性，使得全球社会面临更为严峻的福祉挑战。为应对生态恶化带来的长期威胁，全球社会必须采取更加有效的行动，从政策、技术、经济和社会文化等多个方面进行变革。首先，全球经济需要加速向绿色经济模式的转型，推动低碳经济的发展。通过大力发展可再生能源、绿色技术和循环经济模式，各国可以减少对自然资源的依赖，减轻生态退化对经济的负面影响。能源转型和技术创新是解决生态恶化对经济影响的关键路径，这不仅能够为全球经济提供新的增长动力，还能降低气候变化对经济体系的长期风险。其次，政策制定者需要加强环境保护和社会保障的结合，将生态保护与社会福祉提升纳入国家发展战略。通过健全社会保障体系、加强公共健康服务、推动生态修复项目，各国可以在应对生态问题的同时提升社会的抗风险能力。尤其是对于贫困国家和地区，国际社会应加强技术和资金援助，帮助这些国家更好地应对生态危机，避免社会福祉进一步恶化。最后，全球社会需要通过合作与协调，共同应对生态恶化的挑战。生态问题的全球性和复杂性决定了单一国家无法独自解决这一问题。通过国际组织和多边机制，推动全球范围内的环境治理和经济合作，加强绿色技术的共享与推广，将有助于全球社会实现可持续发展目标。生态恶化对全球经济稳定与社会福祉的长期威胁日益显著。通过加速绿色经济转型、推动技术创新和加强国际合作，全球社会可以在应对生态危机的过程中，为未来的经济繁荣和社会福祉奠定更加坚实的基础。

第三章

生态文明建设的思想渊源

党的十八大以来，以习近平同志为核心的党中央从中华民族永续发展的高度出发，深刻把握生态文明建设在新时代中国特色社会主义事业中的重要地位和战略意义，大力推动生态文明理论创新、实践创新、制度创新，创造性提出一系列新理念新战略，形成了习近平生态文明思想。习近平生态文明思想是习近平新时代中国特色社会主义思想的重要组成部分，是马克思主义基本原理同中国生态文明建设实践相结合、同中华优秀传统生态文化相结合的重大成果，是以习近平同志为核心的党中央治国理政实践创新和理论创新在生态文明建设领域的集中体现，是新时代我国生态文明建设根本遵循和行动指南。生态文明作为当今社会发展的一种新型理念，其背后承载的是对经济增长与环境保护关系的深度思考，也是对人类历史上多种哲学、文化、社会思想的继承与创新。要想真正理解生态文明建设的内在逻辑与其所依赖的实践路径，必须对其深厚的思想渊源进行深入探讨。这一理念并非凭空而生，而是在长久的历史演进中，从古代的生态智慧、马克思主义的生态观到当代生态文化的重建过程中不断积累、完善，并与现代科学技术的进步相结合，逐渐发展为全球共识。这些思想源泉为当代社会提供了深刻的理论借鉴和实践指引，使我们在面对环境危机与经济增长的矛盾时，能够找到更为平衡与可持续的发展之道。

首先，古代文明中蕴含着丰富的生态智慧，这些思想为现代生态文明理念的构建提供了早期启示。中国古代哲学中的"天人合一"思想强调人与自然和谐共生的理念，将人类视作自然界的一部分，主张顺应自然、尊重自然规律。这一思想提醒人类应当谦卑地对待自然，而非盲目追求对自然的征服。在道家哲学中，"道法自然"的观念进一步阐明了人类行为应与自然法则相契合的主张，认为自然界自有其运行的逻辑，人类不可违背这些规律。类似地，儒家"中庸"思想提倡在物质与精神之间、人与自然之间寻找一种和谐的平衡，避免极端的物欲追求。在古希腊哲学中，亚里士多德提出的"自然目的论"同样充满了生态智慧。他认为每个自然物都具有其独特的目的与功能，强调自然界内部的平衡与和谐。亚里士多德的这一理念，为后世的生态思想奠定了理论基础，也启发了人们对自然界复杂性和整体性的认识。这种古代哲学思想中的整体性思维与现代生态学对生态系统复杂性的认识不谋而合，都主张维护自然的自我调节与平衡。此外，印度教和佛教中的"缘起性空"思想则倡导万物互为依存，强调人与自然、人与其他生物之间的共生关系。这些古老的哲学思想呼吁人类放弃征服自然的冲动，倡导一种以尊重和保护为核心的自然观。

这些古代文明中积淀的生态智慧不仅影响了当代的生态哲学，也为现代社会在面对环境危机时提供了宝贵的精神资源。在当今世界，面对生态退化、资源枯竭和气候变化等严峻挑战，古代思想为我们提供了一个超越物质主义、追求与自然和谐共处的深层次价值体系。现代生态文明建设正是基于对这些历史智慧的重新思考，寻求一种更加平衡、更加人性化的社会发展模式。在这一历史脉络中，马克思主义生态观为当代生态文明的理论发展注入了新的动力。虽然马克思的思想更多集中于对社会经济关系的分析，但他对人与自然关系的批判与反思同样为现代生态思想提供了深刻的启示。马克思认为，自然不仅是生产劳动的对象，更是人类社会赖以生存的基础。[①] 人类通过劳动改造自然，将自然资源转化为生产力，但这一过程必须基于自然的承载能力。资本主义的生产方式追求利润最大化，往往导致对自然的过度索取，最终破坏了人与自然的代谢平衡。

马克思提出的"代谢裂缝"理论预见了资本主义生产方式下人与自然关系的异化现象。随着资本主义不断扩张，人类对自然资源的无节制开发加剧了环境危机，使得生态系统的承载力逐渐崩溃。现代社会在追求经济增长的同时，往往忽视了对自然界的保护，形成了人与自然之间的"代谢裂缝"。这一观点为当代生态学提供了批判资本主义经济模式的理论框架，也促使人们思考如何通过制度变革，构建一种与自然和谐共生的社会经济结构。在当前

①　中共中央马克思恩格斯列宁斯大林著作编译局. 马克思恩格斯选集：第 2 卷［M］. 北京：人民出版社，2012：65-67.

全球面临的生态危机背景下，马克思的生态观为现代社会的可持续发展提供了重要的理论依据。要真正实现生态文明建设的目标，不仅需要技术创新和政策调整，更要深刻反思现行的经济体系与生产方式。现代资本主义经济体制的无限扩张与自然资源的有限性之间存在内在矛盾，这一矛盾要求社会从根本上对现有的经济增长模式进行反思与变革。生态文明建设不仅仅是环境保护问题，还是社会经济结构的全面重构。通过减少对自然资源的过度依赖，推动绿色经济和循环经济发展，社会才能够走出这一"代谢裂缝"，实现人与自然的长期共存与繁荣。

在马克思主义生态思想的基础上，当代生态文明理念逐渐发展成为一个全球性的社会变革运动，推动了生态文化的重建。随着工业化和城市化进程的加速，现代社会中人与自然关系的失衡问题日益凸显。全球范围内的生态危机加剧了人们对现代经济发展模式的质疑，当代生态文化的重建成为社会发展的迫切需求。在这种文化转型的背景下，如何重建人与自然的关系，成为当代生态文化的核心命题。当代生态文化的重建必须突破现代性中根深蒂固的人类中心主义思维模式。工业革命以来，现代社会以技术至上、人类至上的思想为基础，认为自然资源是可以无限制开发的对象。然而，随着全球环境问题的日益严峻，人类逐渐意识到，这种支配自然的理念不可持续。重建当代生态文化，需要重新认识人类与自然的关系，将人类视为自然系统中的一部分，而非自然的主宰者。只有摒弃这种人类中心主义，社会才能真正走上人与自然和谐共生的道路。与此同时，当代生态文化的重建还体现在技术创新与社会进步的紧密结合上。绿色科技的快速发展为生态文明建设提供了有力的工具，绿色能源、环保材料、可再生资源等技术的应用，使得经济发展与环境保护之间的平衡得以实现。然而，技术本身并不能完全解决生态问题，生态文化的重建需要全社会的共同参与。教育、文化、艺术和社会运动在推动生态意识觉醒方面起到了至关重要的作用。通过教育提升公众的环保意识，通过文化创作唤醒人们对自然的敬畏与珍视，现代社会才能够形成一种以可持续发展为核心的文化氛围。

全球化时代，生态文明建设不仅是各国的内部事务，更是全球性的合作项目。生态危机的全球性要求世界各国必须共同应对，国际社会在应对气候变化、资源保护等全球性问题上需要达成更多共识与合作。通过技术转让、资金支持、跨国环保项目等方式，全球社会可以共同推进生态文明的建设，

为全人类创造一个更加可持续的未来。总而言之，生态文明建设的思想渊源
源远流长，从古代生态智慧的启示，到马克思主义生态观的批判，再到当代
生态文化的重建，构成了现代社会应对环境与发展双重挑战的理论基础。这
一理念的核心是重新定义人与自然的关系，在尊重自然规律的前提下，寻找
经济发展与生态保护之间的平衡。通过借鉴历史智慧、深化理论研究与推动
文化创新，生态文明建设正逐步发展成为全球社会可持续发展的重要战略。①

第一节　古代生态思想智慧源泉

在古代文明的思想体系中，人与自然的关系一直是哲学、伦理和社会制
度的重要议题。尽管古代社会的生产力远不及现代，但他们在思考人与自然
的互动时，展现出了一种超越时代的智慧。这种智慧不仅体现在对自然规律
的尊重与敬畏中，更体现在人与自然共生共荣的理念中。这一理念超越了单
纯的物质需求，反映了古代社会对自然和谐的深刻理解。无论是中国的"天
人合一"思想，道家的"道法自然"观念，还是更广泛的整体观与万物互联
的哲学，古代的生态思想不仅影响了当时的社会运行模式，也为今天的生态
文明建设提供了宝贵的思想资源。

古代生态智慧不仅是对自然世界表面现象的观察，更是一种深层的宇宙
观与人类观的结合。在中国古代的哲学体系中，"天人合一"的理念居于核心
地位，揭示了人类与天地自然密不可分的关系。这一思想将人与自然视为一
个有机整体，强调人类生活应顺应自然的规律，而非试图凌驾于自然之上。
古人认为，天道与人道应当相通，社会秩序与自然秩序是相互依存的，只有
人类尊重自然并与之和谐相处，社会的繁荣与稳定才得以维持。这种理念不
仅影响了古代中国的农业生产、文化生活和社会伦理，也为现代生态学提供
了一个超越人类中心主义的视角。"天人合一"并不是一个抽象的哲学概念，
而是深刻体现在古代社会的日常实践中。例如，农耕文明中的时令耕作制度
便是这一思想的具体体现。中国古人依据天象、气候变化制定农事活动，充
分尊重自然的周期性。这不仅使得农业生产与自然环境保持动态平衡，也避

---

① 王丹丹. 绿色经济发展责任的伦理支持研究 [D]. 南昌：江西师范大学，2013：60.

免了对土地和资源的过度开发与破坏。在这种背景下，人类社会的发展是与自然和谐共生的，而非对自然的征服或掠夺。

从现代视角来看，"天人合一"的理念为当今社会的可持续发展提供了重要的启示。在面对全球气候变化、资源枯竭等严峻环境问题时，现代社会的反思越来越集中于人类过度追求经济增长、忽视自然承载力的现状。与此对比，古代哲学中的"天人合一"强调自然环境的内在价值以及人与自然之间的和谐互动，这为当代生态文明建设提供了宝贵的思想资源。现代社会可以借鉴这一智慧，在制定经济发展战略时，将自然环境的保护与社会福祉置于同等重要的位置，平衡人类需求与自然界的承载力，进而实现真正意义上的可持续发展。道家的"道法自然"同样是古代生态思想的重要组成部分。这一思想倡导顺应自然法则，强调万事万物自有其运行规律，不应强行干预。庄子在其作品中多次描绘了人与自然和谐共生的理想状态，他认为人类应当学会"无为而治"，即放弃对自然的过度控制，回归简单与自然的生活方式。在道家哲学看来，违背自然法则的行为不仅是对自然的冒犯，最终也会对人类自身带来不可逆的后果。①

"道法自然"的理念与现代生态学中的生态平衡思想存在内在的一致性。现代生态学认为，生态系统是一个高度复杂且相互依存的整体，各个生物和自然因素共同构成了这个系统的平衡状态。当外界干预破坏了这种平衡时，生态系统便会发生不良反应，进而影响生物的生存和繁衍。在这一点上，古代道家思想与现代科学的相通之处十分显著。它提醒我们，在面对环境危机时，单纯依赖科技手段对自然进行干预，并不能解决生态失衡的根本问题。相反，人类应当学会与自然和谐共处，尽量减少对自然系统的破坏性干预。道家的生态伦理不仅局限于人与自然的关系，还涉及人类社会内部的生活态度和价值观。道家提倡的俭朴生活、适度欲望，是其生态观的重要组成部分。这种生活态度鼓励人类减少对物质的贪求，避免对自然资源的过度依赖。在现代社会，资源浪费和环境污染问题日益严重，物质消费主义的泛滥加剧了全球范围内的生态危机。在这样的背景下，重拾道家所倡导的简朴生活方式，减少资源消耗，便显得尤为重要。这种生活方式不仅有助于降低环境压力，

---

① 陶良虎，陈为，卢继传. 美丽乡村：生态乡村建设的理论实践与案例 [M]. 北京：人民出版社，2014：98.

也能帮助人们在精神层面上获得更多的满足。

古代哲学中强调整体观与万物互联的思想，为现代生态学的系统观提供了重要的理论基础。在中国的阴阳五行学说中，万物相互依存，彼此之间通过复杂的关系维持平衡。这种对世界的整体性理解，揭示了自然界内部各个元素之间的相互作用以及它们共同构成的和谐秩序。五行学说中的"相生相克"原理，表达了自然界中的制衡与循环，任何一个元素的过度或不足都会打破这种微妙的平衡，进而引发生态系统的失调。类似的思想在古希腊哲学中也有体现。亚里士多德的"目的论"认为，每个生物与自然现象都有其特定的目的和功能，而这些功能的实现是维持整体自然和谐的关键。柏拉图的宇宙观也强调世界是一个由不同部分构成的整体，每个部分对整体的秩序至关重要。这些哲学思想强调自然的复杂性与多样性，为后世的生态哲学提供了宝贵的启示。现代生态学将这种整体观和系统观应用于对生态系统的研究，认为自然界并不是由孤立的个体组成的，而是一个相互关联的有机整体。各个物种、资源、气候因素之间通过复杂的关系共同维持生态系统的稳定。破坏任何一个环节，都会对整个系统产生深远影响。今天的环境问题，正是人类在追求经济发展时，忽视了自然系统的复杂性与脆弱性所导致的。人类过度开发自然资源，打破了自然界的平衡，导致了气候变化、物种灭绝等一系列生态危机。①

在生态文明建设的过程中，借鉴古代哲学中的整体观与万物互联思想，能够帮助我们重新认识人与自然的关系。生态文明的核心理念便是实现经济发展与环境保护的平衡，而这一目标的实现，离不开对自然系统复杂性和整体性的深入理解。通过加强对自然规律的尊重和保护，推动绿色技术的应用与发展，现代社会可以在解决环境问题的同时，保持经济的可持续增长。综上所述，古代生态思想中的"天人合一""道法自然"以及整体观与万物互联的哲学思想，为现代生态文明建设提供了深厚的思想资源。这些智慧不仅提醒我们要尊重自然的规律，更启示我们在经济发展与环境保护之间找到平衡之道。通过回顾与反思古代的生态智慧，现代社会能够更好地应对当下面临的环境危机，走上人与自然和谐共处的可持续发展道路。

---

① 孔祥利，毛毅. 我国环境规制与经济增长关系的区域差异分析：基于东、中、西部面板数据的实证研究［J］. 南京师大学报（社会科学版），2010（1）：50-60，74.

一、"天人合一"中的和谐自然观

中国古代哲学中的"天人合一"思想蕴含着人与自然关系的深刻智慧，其核心是揭示天地与人类之间的有机联系以及两者共生共荣的理念。不同于现代工业文明常见的二元对立思维，"天人合一"强调的是自然界与人类社会并非互相对立，而是彼此依存、相互作用的整体。这种思想不仅体现了对自然界内在秩序的深刻理解，也昭示出人类社会繁荣与稳定的根基在于与自然和谐共处。这一思想深深植根于古代中国的社会文化中，尤其在农耕文明的实践中得以具体落实，成为指导日常生活与生产活动的基本原则。①

在"天人合一"思想中，天地和人类并非割裂的存在，而是一个有机整体。自然界有其自身的规律与运行法则，人类作为自然的一部分，不应凌驾于自然之上，而应顺应自然的运行逻辑。天道的至高性与独立性意味着自然界的秩序自成一体，任何破坏自然秩序的行为都会对人类社会产生反噬。人类作为自然的组成部分，既依赖自然界的赐予，也承担着维护自然平衡的责任。在古代中国，"天人合一"并不是仅停留在哲学层面的抽象理念，它深刻影响了当时的社会实践，特别是在农耕社会中得到了广泛应用。中国传统的农耕活动基于对自然周期的深刻观察和敬畏，四季耕作、节气生活正是这种思想的生动体现。农民们通过对天时地利的把握，在适当的时机播种、耕作和收割，不仅维持了农业生产的稳定性，还确保了自然资源的合理使用，避免了对生态系统的过度破坏。通过这种与自然和谐共生的生产模式，古代中国的农业体系在相对有限的技术条件下，维持了高度的可持续性。

这种农业生产模式不仅体现了对自然资源的合理利用，更反映了对自然规律的深刻尊重。古人认识到，农业生产不能违背自然的节律，过度开垦或不顾时节的生产活动，可能带来土地贫瘠、水土流失等生态问题，进而影响整个社会的生存与繁荣。因此，他们在日常生活中始终强调节制与平衡，顺应自然变化，保持生态系统的健康运行。由此可见，"天人合一"思想并不仅仅是中国古代的一种哲学观念，它更是一种指导实际生产与生活的生态伦理规范。在现代社会，随着经济的快速发展与工业化进程的加速，人与自然的关系发生了深刻的变化。大规模的工业生产与资源消耗带来了前所未有的经

---

① 刘爱军. 生态文明研究：第二辑［M］. 济南：山东人民出版社，2011：3.

济繁荣，但也付出了环境污染、资源枯竭、气候变化等巨大的生态代价。现代工业社会的经济发展模式很大程度上忽视了自然界的承载力，将自然资源视为可以无尽开采的财富，而忽略了人与自然之间的相互依存关系。面对这一现实，"天人合一"思想为我们提供了一种宝贵的反思视角。①

在当前的环境危机背景下，重新审视人与自然的关系变得至关重要。"天人合一"理念提醒我们，经济增长不能以破坏自然为代价。虽然科技进步和经济扩展在短期内可以提升物质生活水平，但长期来看，忽视自然规律的经济活动必将引发生态失衡，导致社会经济的不可持续发展。当代生态问题的日益严重，正是这种失衡的直接后果。全球范围内的环境恶化、水资源短缺、空气污染以及气候变化等现象，正在警示我们重新审视现代社会的发展模式和价值观。

"天人合一"的核心在于强调自然的自我调节能力，以及人类在自然系统中的责任感。它促使我们思考如何在发展经济的同时，确保自然界的平衡与稳定。当代社会要实现可持续发展，必须放弃以往对自然的单向度开发模式，转向一种更加尊重自然规律的发展理念。这意味着，推动技术进步与经济增长的同时，必须充分考虑自然资源的有限性，保护生态环境的完整性。例如，气候变化问题是当前全球面临的最大挑战之一。全球变暖引发了极端天气、海平面上升、生态系统退化等一系列问题，严重威胁着全球社会的生存与发展。气候变化不仅是环境问题，更是一个经济与社会问题，它深刻影响了农业、工业、能源等多个领域的生产活动。面对这一挑战，"天人合一"思想为我们提供了一种更为平衡的解决方案，即经济发展与环境保护必须并行不悖。通过引导绿色经济、推动清洁能源发展、加强生态保护措施，现代社会可以在确保经济增长的同时，减少对环境的破坏。与此同时，现代科技的进步为实现这一目标提供了前所未有的可能性。绿色技术、低碳经济、循环经济等理念正在逐渐成为主流经济模式，这与"天人合一"思想中强调的生态平衡与资源合理利用不谋而合。通过技术创新，我们可以减少对自然资源的过度依赖，提升资源利用效率，减少污染排放，从而在现代工业社会中实现人与自然的和谐共存。与古代依靠经验与哲学理念进行自然保护相比，今天的社

---

① 卢艳玲. 生态文明建构的当代视野：从技术理性到生态理性［D］. 北京：中共中央党校，2013：78.

会拥有更多科学手段来实现对自然的尊重与保护，这为现代生态文明建设奠定了坚实的技术基础。

不仅如此，"天人合一"还启发我们重新思考现代社会的消费模式与生活方式。现代社会的过度消费加剧了资源浪费与环境污染，人与自然之间的失衡日益严重。古代哲学中的简朴生活观念、节制消费理念，提醒我们在追求物质富足的同时，不应忽视对环境的影响。适度消费、绿色生活方式的倡导，正是对"天人合一"思想的现代延伸。这种生活方式不仅有助于缓解环境压力，还可以为社会的长远发展创造更大的生态空间。生态文明建设的核心在于重新构建人与自然的关系，将人类的经济活动与自然界的生态系统融为一体。现代社会需要通过政策、科技、文化等多层次的手段，将"天人合一"这一古老而深刻的智慧融入当代发展实践中。通过构建绿色经济模式、推动生态文化传播、加强国际环保合作，全球社会可以共同应对日益严峻的环境挑战，为实现可持续发展奠定基础。

总而言之，"天人合一"思想不仅是一种哲学观念，更是一种指导人与自然关系的实践智慧。在现代社会面临严重的环境问题时，这一思想为我们提供了深刻的反思与行动指南。通过重新审视人与自然的关系，尊重自然的规律，推动绿色技术和可持续发展，我们能够在现代文明的框架下，找到人与自然和谐共生的路径。将"天人合一"的智慧融入当代生态文明建设，是解决当今环境危机的关键，也为未来社会的健康与繁荣提供了宝贵的精神指引。

二、道法自然的生态伦理启示

道家的"道法自然"思想，在中国古代哲学中独树一帜，不仅为人类提供了理解自然界运行规律的深邃智慧，也提出了如何在自然秩序中生活的生态伦理。这一思想强调自然界有其固有的法则和自我调节能力，既不以人的意志为转移，也不为人类所控制或征服。庄子在其经典著作《逍遥游》中，用优美的语言和生动的意象描绘出一种对万物生命的敬畏之情，揭示了自然之道的无穷奥妙与深远意义。对道家而言，世界自有其运行法则，不需要人为的过度干预，人类应当在自然的运转中保持谦卑、顺应，而非妄图掌控或改变自然的原有秩序。这一思想对生态伦理具有极强的启示作用。道家的核心理念在于强调对自然的尊重以及对人类自身局限性的清醒认知。庄子提出的"无为而治"，并非鼓励消极怠惰，而是一种对自然秩序的高度敬重，主张人类的行为应顺应天地运行的规律。人类作为自然界的一部分，应当与其他生物、生态系统共同维系这一和谐的平衡，而不应以短视的物质需求破坏自然的秩序。道家将自然视为一个自足且自律的体系，任何人为的干预若不合乎自然的法则，势必引发负面后果。

《道德经》中讲到"人法地，地法天，天法道，道法自然"，这句话深刻揭示了万物相互依存、彼此循规而行的哲学观念。这里的"道"并不是某种超自然力量或形而上的存在，而是自然界万物运行的内在规律。人类的行为必须遵循这套宇宙运行的秩序，才能保证与天地共生的长远利益。无论是农业、工业，还是科技发展，道家的智慧提示我们，过度开发、过度控制自然，将使得这一平衡被打破，带来生态灾难。而这种灾难不仅是自然系统的失调，更可能反作用于人类社会本身，导致其生存环境的恶化和未来发展的受限。在今天的全球环境背景下，工业化的迅猛发展带来了前所未有的物质繁荣，但也伴随着资源的迅速消耗与环境的严重退化。气候变化、空气污染、水资源短缺、生物多样性丧失等一系列问题，正是人类长期以来对自然过度干预的结果。现代科技虽然带来了经济的高效运行和生产力的迅速提升，但人类为此付出的代价同样高昂：自然界的自我调节能力被打破，生态系统被压得不堪重负。生态危机的加剧表明，现代社会的发展模式迫切需要反思和调整。道家的"道法自然"思想为我们提供了重新审视自然与人类关系的重要视角。

绿色技术、可再生能源的广泛应用，低碳经济的发展，都是对道家思想在现代背景下的积极回应。现代社会要摆脱对不可再生资源的依赖，必须依靠科学与技术的进步，但与此同时，我们也需要更加尊重自然的规律。道家认为，自然界的秩序具有高度的智慧和自我调节能力，而科技则应当作为协助人类理解和适应自然的重要工具，而非彻底改造或破坏它。现代绿色技术的发展，特别是在能源领域，正是这种理念的体现。通过风能、太阳能等清洁能源技术，社会可以逐渐摆脱对化石燃料的依赖，减少污染，同时推动经济与生态的双赢。这种技术的进步与"道法自然"提倡的顺应自然的哲学是一脉相承的。

道家所倡导的生态伦理，不仅体现在对自然的敬畏与顺应之中，还强调了一种简朴、和谐的生活态度。道家反对过度追求物质享受，认为奢靡的生活方式只会导致人的迷失与自然的破坏。现代社会的发展常常被消费主义和过度物欲所主导，资源浪费、环境污染成为全球性问题。道家所强调的"无为而治"不仅是对政治治理的一种智慧，也是对日常生活的一种倡导，主张人类在享受物质生活的同时，应保有对自然的敬重，学会适度而满足，避免对自然资源的无休止掠夺。

道家的这种简朴生活理念与现代社会对可持续发展的呼吁不谋而合。在资源日渐稀缺、环境负荷日益增加的当下，人类社会迫切需要从消费主义的陷阱中走出来，转向一种更为理性和可持续的生活模式。通过节约资源、减少浪费、倡导绿色生活，人类能够减轻对自然系统的压力，同时也能在精神层面获得更加充实的满足。现代生态文明建设的目标之一，正是要引导社会摒弃对物质财富的过度追求，回归到一种与自然和谐共生的生活方式。值得注意的是，道家所提倡的"道法自然"，不仅仅是一种对自然界运行法则的哲学思考，还是一种社会治理的智慧。道家认为，真正的治理之道在于尊重事物本身的发展规律，而不是以人为的方式强行干预和改变。对现代社会来说，这种思想同样具有深远的启示意义。全球范围内的环境危机往往是过度人为干预、经济利益至上导致的，而生态系统的脆弱性决定了它无法承受人类对自然的无止境索取。道家思想的生态伦理提醒我们，发展经济的同时，必须充分考虑到自然界的限制与承载力。从这个角度出发，循环经济和低碳经济模式的提出，正是基于对自然规律的尊重与实践。循环经济旨在通过资源的循环利用，减少对自然资源的消耗，从而实现经济与环境的协调发展。道家的"无为而治"不仅指个人生活的简朴与节制，更是在社会经济层面上倡导一种资源的合理使用与再生。通过减少对自然资源的过度依赖，现代社会可以在保证经济繁荣的同时，确保环境的可持续性。

低碳生活也是道家思想在当代的体现。道家的生活方式强调"少欲""清静"，而低碳生活则鼓励人们减少能源消耗、减少碳足迹。这种生活方式不仅有助于降低环境负担，还能提升生活质量，让人们在精神层面获得更多的平和与满足。在生态文明建设的过程中，倡导低碳生活、简化不必要的物质消费，能够有效缓解现代社会面临的环境压力，并帮助我们回归到一种更为本真、自然的生活状态。道家所推崇的这种与自然和谐共处的理念，深刻影响了中国古代社会的治理与日常生活。在今天的全球化背景下，道家"道法自然"的思想不仅具有文化历史的价值，更为现代社会应对复杂的生态危机提供了宝贵的哲学视角。通过重新审视人类的经济活动与自然的关系，运用道家的生态伦理，我们可以推动绿色经济、环保技术、可持续发展理念的深入实践，从而为未来的生态文明建设奠定坚实的基础。

总之，"道法自然"不仅仅是一种古老的哲学思想，它跨越了时间的界限，为当代社会提供了应对环境挑战的智慧。通过尊重自然规律、倡导简朴生活来推动可持续发展，我们可以在科技和经济的进步中找到与自然和谐共生的方式。现代社会应以道家的智慧为基础，进一步推进绿色技术、循环经济和低碳生活的普及，真正实现人与自然的平衡与共生。

三、整体观与万物互联的哲学基础

古代哲学中的整体观与万物互联的思想，贯穿着对世界运行规律的深刻理解，成为现代生态文明建设的重要思想渊源。这些古老的理念通过对自然界复杂性与和谐性的洞见，揭示了人类与自然间密不可分的关系。中国的"天人合一"、阴阳五行学说以及古希腊的自然哲学都展现了世界作为一个有机整体的观念。它们不仅反映了古人对宇宙自然的敬畏与认知，更为今天的生态文明建设提供了宝贵的哲学依据。

在中国传统思想体系中，"天人合一"这一观念明确地将自然界与人类社会的关系定位为一种整体性和谐。这种哲学强调人与自然间的相互依赖，认为自然界中的每一个存在都具有特定的价值和功能，而人类必须遵循自然的秩序。自然界并非人类可以随意改造的客体，而是与人类命运紧密相连的有机整体。在"天人合一"的框架下，人与自然和谐共生是社会繁荣与稳定的前提。这一理念对现代社会的生态危机提供了深刻的反思和警示——人类无法脱离自然独立存在，任何对自然的破坏，最终都会反噬自身。同样地，阴阳五行学说则更为系统化地表达了古代哲学中的整体观。阴阳学说主张世界由对立的两种力量相互作用推动，而五行学说则认为金、木、水、火、土五种基本元素通过相生相克的动态平衡，维持了世界的秩序。五行的相互作用不仅仅局限于自然界的运作，它还渗透进了人类社会的各个层面，包括医药、农业、建筑等领域。这一思想提醒我们，自然系统的每一个部分都有其特定的作用，并且彼此之间是互为条件、相辅相成的。破坏其中任何一个环节，都会引发整个系统的失衡。现代生态学的系统观念与古代五行学说之间存在着显著的共鸣。生态学认为，生态系统是由各种生物和非生物因素构成的一个复杂网络，每个元素都通过食物链、物质循环和能量流动等方式相互联系。如果系统中的某一部分被破坏，它将影响到其他部分，并可能导致整个生态系统的崩溃。比如，气候变化和森林砍伐不仅破坏了自然资源的再生能力，还使得动植物的栖息地丧失，导致了物种的快速灭绝，这种连锁反应直接威胁着全球的生态平衡和人类的生存环境。

在古希腊哲学中，亚里士多德和柏拉图也提出了类似的自然整体观。亚里士多德的"目的论"强调，世界上的每一个生物和现象都有其内在的目的和功能，只有当所有事物实现其自身的功能时，整个自然的和谐才能得以维持。这种观念极大地启发了后来西方的自然哲学和科学思想。它表明，尊重自然界的多样性和各类事物的独特性，能够为整体的稳定和繁荣奠定基础。柏拉图则进一步认为，宇宙是一个有序的整体，每一个部分都具有相互依存的关系和逻辑。在他们的思想中，自然界是一种复杂的系统，各个组成部分的协同作用才能确保其持续运作。这一思想在现代社会的生态建设中具有不可忽视的指导作用。当今的环境危机往往源于人类对自然复杂性的无知以及过度追求短期利益的经济活动。工业革命带来的巨大物质财富在很大程度上依赖于对自然资源的过度开发，忽视了自然界的整体性和系统性。自然资源并不是无穷无尽的，气候系统和生态系统的承载能力也并非无限。大量砍伐森林、过度捕捞以及化石燃料的大规模使用，这些行为破坏了地球上各个生态环节之间的平衡，引发了日益严峻的环境问题，诸如气候变暖、海平面上升、物种大规模灭绝等。这些问题并非孤立存在，而是相互影响、相互作用，形成了全球生态系统的连锁反应。

要应对这些问题，现代社会必须从整体观的角度出发，重视人与自然之间的相互依存关系。生态文明建设不仅仅是一场环境保护运动，它关乎整个社会的系统性转型。经济增长不能脱离生态保护，社会进步不能以牺牲环境为代价。经济、社会和环境这三个维度必须统一考虑，才能实现真正的可持续发展。生态文明建设的核心在于寻求平衡，既要推动经济增长，又要保护生态环境，恢复自然系统的自我调节能力。发展绿色经济是这一理念的重要实践路径。绿色经济强调通过环保技术和可再生能源的应用，减少对自然资源的消耗，同时降低污染物的排放。通过推动低碳经济、节能减排，绿色经济可以在保护环境的同时，推动经济的持续增长。与古代哲学的整体观一致，绿色经济模式将经济活动视为生态系统中的一部分，而不是独立于自然之外。它强调通过合理利用资源，实现人与自然的双赢。另一个重要的实践领域是可持续城市化进程。随着城市化进程的加快，全球范围内的资源压力和环境污染问题日益严重。城市作为经济和人口的中心，既是环境问题的主要来源，也是生态文明建设的关键点。通过加强城市规划，推动绿色建筑和节能技术的普及，减少城市对能源和自然资源的过度依赖，现代社会可以在城市化的同时，保护环境和资源的可持续性。

保护生态系统同样是现代生态文明建设的重要环节。人类的生产活动对自然环境的影响是全方位的，从土地开发到海洋资源的过度使用，从气候变化到生物多样性的丧失，任何一个环节的破坏都可能导致系统性的崩溃。恢复自然生态系统的平衡，保护生物多样性，建立自然保护区，推广生态农业，减少对自然资源的掠夺性开发，是实现生态文明的重要步骤。这些措施不仅有助于保护自然的可持续性，还能为未来的发展留出更多的空间。古代哲学中的整体观提醒我们，任何孤立的经济增长都会破坏自然系统的稳定。今天，气候变化、污染和资源枯竭等问题已不再是某个国家或地区的独立问题，而是全球性挑战。生态文明的实现需要在全球范围内建立起对自然的整体认知和责任感。国际合作是应对生态危机的关键，各国应共同承担起保护地球的责任，通过推动全球环境治理机制，加快绿色技术的普及，促进国际环保协定的执行，携手构建一个可持续发展的全球生态体系。

从古代哲学中汲取智慧，现代生态文明建设不仅可以找到应对环境问题的理论依据，还能够为未来社会的发展模式提供新的启示。中国的"天人合一"思想强调人与自然的和谐共存，道家的"道法自然"倡导尊重自然的规律，而整体观与万物互联的哲学基础则进一步深化了我们对自然系统复杂性的理解。这些思想跨越时间与文化，为今天的生态文明建设提供了深刻的理论支持。它们提醒我们，人与自然不是对立的，而是一个整体中的互相依存部分，只有在尊重自然的基础上，人类社会才能实现长久的繁荣与稳定。

第二节 马克思生态观的应用篇

恩格斯在《自然辩证法》中写到：美索不达米亚、希腊、小亚细亚以及其他各地的居民，为了得到耕地、毁灭了森林，但是他们做梦也想不到，这些地方今天竟因此成为不毛之地，因为他们使这些地方失去了森林，也就失去了水分的积聚中心和贮藏库。阿尔卑斯山的意大利人，当他们在山南坡把那些在山北坡得到精心保护的枞树林坎光用尽时，没有预料到这样一来，他们把本地区的高山畜牧业的根基毁掉了；他们更没有预料到，他们这样做，竟使山泉在一年中的大部分时间内枯竭了，同时在雨季又使得更凶猛的洪水倾泻到平原。马克思生态观的核心思想强调了人与自然之间的辩证统一关系，并指出劳动是人类改造自然、实现自身发展的基本手段。在马克思的理论中，劳动不仅是人类谋生的工具，更是人类与自然相互作用的基础。人类通过劳动将自然资源转化为物质财富，创造出适合自身生存和发展的环境。马克思通过对资本主义生产方式的深刻批判，揭示了现代社会生态危机的根本原因，指出资本主义对自然的掠夺性使用以及对劳动者的剥削是导致生态失衡的主要根源。随着全球环境问题的日益严重，马克思的生态思想在当代显得尤为重要，它为我们深入理解人与自然的关系、资本主义生产方式与生态危机的矛盾，以及寻求解决路径的生态革命提供了重要的理论支持。

在马克思的生态观中，人与自然的关系并非简单的对立，而是通过劳动实现的有机联系。劳动不仅是人类生存的必要条件，更是人类与自然进行物质交换的方式。通过劳动，人类从自然中获取资源，满足自身需求，同时也在改造自然的过程中塑造着自身的存在。马克思指出，劳动的本质在于建立起人与自然之间的物质代谢关系，使得人类能够从自然中汲取力量，转化为推动社会进步的生产力。然而，资本主义生产方式却扭曲了这种正常的代谢关系，使得人与自然的互动关系变得不再和谐。在资本主义社会中，劳动不仅被异化为单纯的生产手段，劳动者也被异化为资本积累的工具。在这种背景下，人与自然之间的关系也变得紧张和对立。资本主义的追求是通过不断扩大生产来获取更高的利润，而这一过程往往以牺牲自然环境和劳动者的利益为代价。为了追逐资本积累的最大化，资本家毫无顾忌地滥用自然资源，超出了自然界的自我修复能力，导致了生态系统的崩溃和自然界的失衡。马克思将这一现象概括为"代谢裂缝"，即人与自然之间的物质代谢关系被资本主义的生产方式所撕裂，生态危机因此应运而生。

在这一过程中，自然不再被视为生命之源，而是资本积累的工具。土地、森林、矿产等自然资源被无节制地开采，造成了严重的环境污染和生态破坏。而与此同时，资本主义对自然的征服与掠夺，不仅仅是对环境的破坏，更是对人类生存根基的瓦解。随着自然资源的耗竭和生态系统的破坏，人类赖以生存的环境正在被资本主义经济的无止境扩张所吞噬。工业化所带来的空气污染、水源枯竭、气候变化等问题，已成为全球范围内共同面对的危机，进一步印证了马克思对资本主义生态失衡的批判。更为深刻的是，资本主义生产方式中的矛盾不仅仅体现在对自然资源的掠夺性开发上，还表现在对劳动力的剥削和对劳动价值的扭曲。劳动者在生产过程中，丧失了对自己劳动成果的控制权，发展为资本主义机器的附属品。资本家通过积累财富，不断榨取工人和自然的价值，而这一过程中，生态系统也同样被过度消耗与压榨。资本主义的扩张逻辑必然带来资源的耗竭和环境的恶化，生态危机与劳动力的剥削相互交织，使得资本主义社会的生态失衡问题越发突出。

面对这样的矛盾，马克思提出了通过社会革命解决资本主义生产方式带来的生态危机的理论。他指出，资本主义的无限扩张与自然资源的有限性之间的矛盾，必然导致生态危机的加剧，只有通过对生产关系的根本变革，才能从根本上解决这一矛盾。马克思认为，必须从社会结构和生产方式的层面进行彻底的改革，改变资本主义以利润为导向的经济模式，重建人与自然之间的和谐关系。这一变革不仅是经济层面的，也包含对社会价值体系的深刻变动。现代社会的生态危机已然超出了任何单一国家或地区的解决能力，这也是资本主义全球扩展的结果。生态问题的全球性表明，人类命运与地球的命运密不可分。资源枯竭、环境污染、气候变化等问题，不仅影响到特定区域的生产与生活，更对全球范围内的生态安全构成了严重威胁。这种全球性危机的形成，正是由于资本主义生产方式对自然资源的掠夺性使用所导致的。而要解决这些问题，必须对全球范围内的经济制度进行根本性变革。

马克思的生态革命思想为当代社会的可持续发展提供了重要的理论依据。可持续发展不仅仅是环境保护的代名词，它更是对现有社会结构和经济模式的全面反思。要实现可持续发展，必须改变对自然资源的利用方式，推动循环经济、绿色技术、低碳产业的发展，构建人与自然和谐共生的社会形态。现代生态文明建设应在马克思生态观的指导下，推动经济发展模式的转型，实现人与自然、经济与环境的平衡发展。在这一过程中，劳动再次成为重塑人与自然关系的重要纽带。可持续发展意味着劳动不再仅仅是为了资本积累而存在，而是为了维持和恢复自然的平衡。通过推行生态友好型生产方式，减少对自然资源的过度开采，推动绿色就业和生态产业的发展，劳动将成为实现生态平衡和社会进步的重要手段。科技进步和社会创新也将在这一过程中发挥重要作用。绿色技术、清洁能源、资源再利用等新兴领域，为劳动与自然关系的重构提供了技术支持，同时也为资本主义生产模式的转型提供了现实路径。同时，生态革命的核心还在于制度的变革。资本主义的私有制和市场化机制，推动了资源的过度集中和生态的不公正分配，而这种分配的不平等进一步加剧了生态危机。通过建立更加公平合理的资源分配制度，实施严格的环境保护政策，推动社会的生态公正，现代社会才能真正实现可持续发展的目标。这需要全球范围内的合作与共识，需要政府、企业和公众的共同参与。①

马克思生态观对我们提出的警示，不仅仅是对生态危机的批判，也是对人类未来发展的深刻反思。现代社会面临的生态问题，不仅是环境治理的技术性挑战，更是社会制度和价值观的根本性问题。要真正解决生态危机，必须跳脱出传统的资本主义经济逻辑，重新定义人与自然的关系，推动全球经济向生态友好型模式的转变。因此，马克思的生态思想为现代社会提供了深刻的洞见与实践路径，帮助我们在应对生态危机时，超越表面现象，深入社会结构和生产方式的根本矛盾中去。通过重新构建人与自然的关系，打破资本主义的生产模式，推动社会的生态革命，现代社会才能在全球范围内实现可持续发展。生态危机的解决并不仅仅依赖技术进步或环境保护措施，而是需要通过马克思生态观的启示，推动一场全球性的社会变革，实现人与自然的真正共生与共存。

一、劳动与自然的关系再构建

在马克思的生态观中，劳动不仅是人类生存的手段，更是人与自然互动的核心桥梁。通过劳动，人类与自然建立了物质代谢的关系，这种关系使得人类能够从自然界获取资源并加以转化为生活和生产所需的产品。因此，劳动不仅仅是经济活动的基础，更是维系人与自然关系的关键。这种代谢关系是人与自然之间的有机联系，既维系了人类社会的持续发展，也确保了自然资源的合理使用与再生能力。然而，随着资本主义生产方式的出现，这种自然与人类之间的有机联系逐渐遭到破坏。资本主义社会以利润最大化为目标，导致了对自然资源的过度开采和利用。在这种体系下，劳动逐渐异化为获取经济利益的手段，而不再是人与自然和谐互动的桥梁。资本积累的无限扩张

---

① 陶国根. 生态环境多元主体协同治理研究 [D]. 南昌：江西财经大学，2024：113.

加剧了资源的过度开采，使得自然界的承载能力不断被削弱，生态系统的平衡遭到破坏。马克思指出，资本主义的生产方式将自然看作取之不尽、用之不竭的财富源泉，而这一观念导致的结果是对自然资源的无节制索取与环境的持续恶化。

在这种经济模式中，劳动者被迫通过工业化生产与自然进行不平等的交换。这种异化劳动不仅使工人失去了对自己劳动成果的控制权，也使得他们被迫参与到对自然的剥削过程中。由于生产活动的组织形式和资本逻辑的驱使，劳动不再是维系人与自然平衡的纽带，而是成为资本家获取利润的工具。这一过程不仅加剧了自然资源的浪费，还导致了生态系统的退化和自然环境的恶化。在资本主义生产模式下，人与自然的代谢关系逐渐裂解，形成了"代谢裂缝"。这种裂缝表现在资源的过度消耗、生态环境的破坏以及劳动者与自然的关系断裂等方面。通过工业化和科技进步，生产效率得以提高，然而这种效率提升往往是以牺牲自然环境和劳动者的权益为代价的。大量的自然资源被开采、使用和消耗，土地退化、水源枯竭、生物多样性减少，这些现象无不反映了代谢裂缝带来的生态危机。正是在这种背景下，马克思对资本主义生产方式的生态批判才逐渐显现出其深刻的现实意义。

为了应对这种生态危机，马克思认为，劳动与自然的关系必须重新构建。生产活动不能再依赖于无限制的资源开采和资本扩张，而是需要尊重自然规律，恢复人与自然之间的物质代谢平衡。只有通过重建这一平衡，才能避免生态危机的进一步恶化。马克思的生态思想不仅是对资本主义经济体系的批判，更是对人与自然关系的深刻反思。劳动应当重新成为人类与自然共生共荣的纽带，而不是资本积累的手段。劳动与自然的重新构建意味着生产方式的转变。现代社会必须转向可持续的生产方式，以确保自然资源的合理利用和生态系统的自我修复能力。可持续生产方式不仅仅强调减少对资源的过度开采，还要求人类在生产过程中充分考虑生态环境的承载能力。通过发展循环经济、绿色科技和环保产业，人类可以在生产活动中逐步恢复与自然的平衡关系。技术的进步应当服务于生态保护，而不是成为掠夺自然资源的工具。更为重要的是，劳动与自然关系的再构建不仅仅停留在经济层面，还涉及社会文化的变革。在资本主义社会中，劳动者被迫卷入资本积累的循环中，导致人与自然关系的进一步疏离。因此，马克思强调，只有通过社会变革，才能真正实现人与自然的和谐共存。社会制度的变革应当以生态文明为目标，推动劳动者在生产活动中不仅仅是追求物质利益，还应当参与到生态保护的实践中。劳动的意义应从异化状态中被解放出来，成为维系生态平衡的重要力量。

在这种新的生产方式中，劳动者的地位不再是资本的附属，而是人与自然和谐关系的建设者。可持续发展不仅仅是经济发展的策略，更是一种新的社会价值观的体现。通过推动绿色就业、发展生态友好型产业，劳动者可以在尊重自然的前提下进行生产活动，确保自然资源的合理使用与再生。劳动者不再是自然的破坏者，而是生态保护的参与者和推动者。马克思的生态思想还强调，劳动与自然的关系不能仅仅依靠市场调节，而需要通过国家政策、法律制度以及社会共识来引导和规范。政府和社会各界应当共同推动环保法律的完善，加强对企业的环保监管，确保生产活动不再对自然环境造成不可逆转的破坏。通过建立严格的环境保护机制，社会能够有效调控资源的使用，促进可持续生产方式的推广。

除此之外，国际合作也在劳动与自然关系的重建中发挥着至关重要的作用。生态危机具有全球性特征，单靠某一国家的努力难以解决。全球范围内的资源开采与环境污染问题要求各国共同协作，建立国际环境保护机制，共同应对气候变化、资源枯竭等全球性挑战。通过推动绿色技术的国际共享和生态保护的全球合作，人类社会才能在全球范围内实现劳动与自然关系的再平衡。在当今全球化背景下，劳动与自然的关系重建不仅关乎个体国家的经济发展模式，还影响着全球的生态未来。马克思的生态思想为我们提供了重要的理论工具，帮助我们理解人与自然之间的复杂关系，并为应对当今的生态危机指明了方向。通过尊重自然规律，重构人与自然的物质代谢关系，劳动与自然的和谐共存将为人类社会的可持续发展奠定基础。

综上所述，马克思的生态观不仅批判了资本主义生产方式对自然的掠夺性使用，还为现代社会如何重建人与自然的关系提供了深刻的启示。劳动是人与自然互动的基础，通过劳动，人类能够从自然中获取生存资源。然而，在资本主义生产模式下，这种关系被异化，导致了生态系统的破坏与人与自然关系的断裂。要解决这一问题，必须通过社会变革，推动劳动与自然的关系再构建。通过发展可持续生产方式，推动绿色技术与生态产业，现代社会能够重建人与自然的和谐，实现真正的生态文明与可持续发展。

二、资本逻辑与生态失衡的矛盾

资本主义的本质是资本的不断积累与扩张，这一模式内在地追求增长的极限，然而，马克思敏锐地指出，资本主义经济逻辑与自然资源的有限性之间存在着不可调和的矛盾。资本逻辑驱动下的经济增长模式不断从自然界掠取资源，同时将生态系统视为可以无偿利用与承受废弃物的无限场所。在这一经济逻辑中，自然界被抽象化为一种无穷无尽的供给来源，资本主义的增长需求将资源的可再生性与环境的承载力抛诸脑后，这种行为导致了自然界与生态系统的严重失衡。

马克思的批判揭示了资本主义生产模式的深刻弊端。资本主义的扩展需求不仅限于社会生产的扩大，它还要求生产资料——包括土地、矿产、能源等自然资源——以最低成本进行无止境的开采和消耗。在这种模式中，自然资源的稀缺性与生态环境的脆弱性往往被忽略或轻视，环境保护被视为资本积累的障碍。在追求利润最大化的过程中，资本主义企业倾向于压低成本，不愿承担相应的环境代价，甚至通过外部化环境成本，将破坏的后果转嫁给社会和自然。自然界被当作廉价的原材料与废物倾倒场，其所承受的负担超出了再生与修复的能力。这种基于资本积累的经济增长逻辑，实际上是一种短视的经济模式。尽管短期内能带来显著的物质财富增长，但长期来看，资本主义生产方式带来的资源过度开发与生态系统破坏将不可避免地导致严重的生态危机。环境的不断恶化，不仅表现在气候变化、物种灭绝和森林退化等宏观层面，还直接威胁到全球社会的生存与发展。空气污染、水资源污染、土地退化等问题日益凸显，尤其是大气中的温室气体含量持续增加，导致全球气温上升，极端天气频发，这些都显示了自然界对人类经济活动的反应与抗拒。

在这一过程中，资本主义的逐利性使得生态问题被一再忽视，直至其影响显得无法回避。资本主义的运作机制决定了企业为了追求更高的利润，往往选择减少环保投资、减少资源消耗中的管理成本。生态问题成为资本外部化的成本之一，未能纳入企业的实际经济核算之中。这种环境成本的外部化机制导致了资源的枯竭、污染的扩散，以及社会矛盾的加剧。与此同时，环境恶化不仅对自然界构成了巨大压力，也直接影响到人类的生活条件，甚至对全球经济的可持续发展产生了深远的负面影响。此外，资本主义生产方式还加剧了社会的不平等。在资本主义体系中，企业以低成本攫取自然资源、剥削劳动者的同时，也将环境成本转嫁给社会中的弱势群体。这种剥削不仅仅是在经济领域发生的，资本积累的过程同样也加剧了生态不公正。经济发达地区或国家通过资本和技术的力量，将污染性生产和生态破坏转移到欠发达地区和国家，造成了全球范围内的生态不平等。这些国家和地区往往承受着更为严重的环境污染、资源枯竭和气候灾害，而受益的却是那些通过资本积累获利的跨国企业和发达国家。①

马克思从资本主义内在逻辑的角度出发，揭示了这种生产方式与生态失衡之间的深刻联系。资本主义经济对自然资源的无限需求与自然资源的有限性之间形成了尖锐的对立，资本的无限扩张势必以生态环境的破坏为代价。资本积累不仅导致了人与自然关系的断裂，也破坏了自然界的自我调节能力，使得生态系统无法恢复到平衡状态。因此，单纯依赖技术手段修复生态系统或采用局部的环境保护措施，无法从根本上解决生态危机。尽管现代科技的进步为环境保护提供了一些可能性，但技术本身并不能改变资本主义生产方式中的核心矛盾。资本主义的增长逻辑注定会反复推动资源的过度使用与环境的破坏，技术修复只不过是对问题的暂时缓解，而不能解决根本问题。真正有效的生态保护，必须从资本逻辑中超脱离出来，对经济生产的基本原则进行全面反思与重构。

为应对这一挑战，人类社会必须从生产模式和社会结构上进行根本性的转变。这需要对资本的无限扩张进行调控，限制其对自然资源的过度消耗和破坏。同时，强化环境法规的实施，要求企业承担环境责任，不仅在经济核算中纳入环境成本，还应通过严格的法律机制约束污染行为与资源浪费。环境保护必须从被动的修复模式转向主动的预防模式，在生产活动的初始阶段就考虑到资源的可持续利用与生态环境的承载能力。经济模式的转型是生态文明建设的关键。资本主义生产方式的局限性已经显现，现代社会需要探索出更为可持续的发展路径。绿色经济、循环经济和低碳经济等新型经济模式，为人类社会提供了摆脱传统资本主义生产方式的可能性。通过这些模式，社会可以逐步实现对自然资源的合理使用，减少对环境的负面影响。绿色技术和可再生能源的发展为这一转型提供了重要的支持，通过技术的创新与推广，

---

① 刘爱军. 生态文明研究：第二辑 [M]. 济南：山东人民出版社，2011：3.

现代经济可以实现从高污染、高资源消耗向低碳、环保、节约型转变。同时，社会价值观的重塑也是必不可少的。长期以来，资本主义推动了消费主义文化，鼓励无限的物质追求和资源浪费，这种文化深深影响了全球范围内的生产与消费模式。社会价值观的转变意味着人类必须重新思考经济增长的真正目标，注重精神生活与物质需求之间的平衡，倡导适度消费与环境责任感。可持续发展不仅仅是经济层面的目标，它还需要建立在生态文化的深层变革之上，通过价值观的更新，引导社会向生态友好型发展模式迈进。

全球合作也是解决生态危机的一个重要方面。环境问题的全球性特质决定了任何单一国家或地区都无法独自解决气候变化、污染控制和资源管理等问题。因此，全球范围内的合作与共识必不可少。各国应通过国际协定、环境条约等方式，加强环保合作，建立全球环境治理机制，推动生态保护的全球化。通过技术转让、环保援助和跨国项目，发达国家和发展中国家可以共同应对全球生态危机，实现全球可持续发展的目标。马克思的生态思想为现代社会的可持续发展提供了重要的理论基础。通过对资本主义生产方式的批判，他揭示了生态危机的根源，指出资本逻辑与自然资源的有限性之间存在着不可调和的矛盾。为了解决这一矛盾，人类社会需要对现有经济模式和价值观进行深刻反思与重构，推动全球经济向可持续方向发展。这不仅是环境保护的需要，更是社会公平、经济稳定和全球共同发展的必然选择。只有通过改变生产方式、调控资本扩张、强化环境法规，并推动全球范围内的合作，现代社会才能真正走上可持续发展的道路，实现人与自然的和谐共存。

三、生态革命与可持续发展道路

在马克思的生态思想中，生态革命是资本主义社会转型的必要前提。马克思认为，只有通过根本的社会变革，才能解决资本主义生产方式所带来的生态危机。生态革命不仅是一场经济和技术的革命，更是一场社会文化的革命，它要求人类在生产方式、生活方式和价值观念上进行全面的转型。通过对生态危机的反思，重新构建人与自然的关系，才能实现真正的可持续发展。生态革命的核心在于转变现有的经济增长模式，从追求利润最大化的资本积累模式，转向注重环境保护与社会公正的可持续发展模式。可持续发展道路的探索必须基于对自然资源的合理利用和生态环境的全面保护。这意味着，经济活动不能再建立在对自然资源的过度消耗之上，而应通过循环经济、绿色技术、可再生能源等手段，实现资源的循环利用与环境的保护。

马克思的生态革命思想还强调，社会制度的变革是实现可持续发展的关键。资本主义生产方式的核心问题在于它以私有制为基础，这导致了资源的过度集中与不公平分配，生态革命要求社会共同体重新思考所有制结构和资源分配模式。通过建立更加公平、公正的社会制度，确保自然资源的可持续管理和分配，社会才能实现真正的生态文明。可持续发展不仅仅是环境问题，它涉及经济、社会和文化的全面协调。马克思的生态思想为这一综合性发展路径提供了理论支持。通过推动生态革命，社会能够在追求经济增长的同时，兼顾生态保护与社会进步。在这一过程中，必须通过制度创新、科技进步和全球合作，共同推动社会的转型与发展。生态革命并不是单一国家或地区的行动，而是全球范围内应对生态危机的必要策略。

综上所述，马克思的生态观为现代社会提供了深刻的理论工具，帮助我们理解人与自然之间的关系、资本主义生产方式与生态失衡的矛盾，并为我们指明了通过生态革命实现可持续发展的道路。在当代环境问题日益突出的背景下，马克思的生态思想显得尤为重要，它为解决全球生态危机提供了新的视角与启示。只有通过社会变革、重建人与自然的和谐，才能真正实现生态文明和可持续发展。

第三节　当代生态文化的重建

随着全球环境问题的加剧，生态文化的重建成为应对当前生态危机的核心课题之一。在过去的几十年中，人类社会在经济快速增长和技术飞速进步的背景下，逐渐意识到自然资源并非无限供给，生态环境的脆弱性日益显现。自然界所面临的挑战不再仅仅是技术层面的难题，它更深入地触及社会结构、文化观念和价值体系。因此，生态文化的重建不仅是对人与自然关系的反思，更是对现代社会发展模式的重新设计。通过生态意识的广泛觉醒、传统生态智慧的现代化重释以及可持续生活方式的全球推广，这一重建过程正在逐步形成，推动人类社会向更加和谐与持久的未来迈进。当代生态危机的根源在于人类与自然关系的断裂，这种断裂源自工业革命以来的经济模式和文化思维。在工业化进程中，经济增长被视为现代社会的核心目标，物质财富的积累成为社会发展的主要衡量标准。自然被视为人类用来满足自身需求的工具和资源库。这种物质至上的观念将人与自然的关系简化为征服与利用，自然环境被逐渐边缘化，生态代价被排除在经济考量之外。尽管这种经济模式创造了前所未有的物质繁荣，但其带来的环境代价也逐步显现：资源枯竭、气候变暖、物种灭绝等问题不断恶化，影响了全球生态系统的稳定与健康。①

生态意识的觉醒标志着人类在思想层面对这种破坏性模式的反思。过去几十年，随着环境问题的日益显著，全球范围内的环保意识逐渐增强，公众、学者、政治家和社会组织纷纷发出警示，呼吁社会回归生态本位。这种意识的觉醒不仅体现在对环境问题的日益关注上，还反映出对人与自然关系的重新理解。生态学家和环境伦理学者的研究为这种觉醒提供了理论支持，他们指出，人与自然并不是对立的存在，而是相互依存的有机整体。只有尊重自然的规律和秩序，人类才能在地球上持续繁荣。这种新的生态意识推动了文化的转型，生态文明的理念逐渐成为全球共识。越来越多的国家和地区开始推动生态文化的建设，提倡绿色发展、循环经济和低碳生活。全球范围内的环保运动、气候行动和生态倡议为这一意识提供了具体的实践平台。通过政策引导、公众教育和媒体宣传，生态意识被广泛传播，成为社会文化的一部分。这一转型的核心在于从根本上改变现代社会对自然的态度，不再将自然视为被征服和开发的对象，而是作为人类赖以生存的基础，值得敬畏和保护。然而，生态文化的重建不仅仅是对当下生态意识的觉醒，更需要从历史和传统中汲取智慧，探索能够适应现代社会的生态价值观。在这方面，古代文明和传统文化中蕴含的生态思想提供了宝贵的资源。古代人类社会在面对自然时，展现出更为谦逊和审慎的态度。中国古代的"天人合一"思想，道家的"道法自然"观念，都体现出人与自然的有机联系。这些古老的思想强调了自然的自足与循环，认为人类应顺应自然的节奏和规律，而非强行改变或破坏它们。这些传统智慧为现代生态文化的重建提供了深厚的思想基础。

随着现代社会面临的环境危机加剧，传统生态思想的现代化再发现发展为重要的文化和学术议题。这不仅是对古代智慧的重新挖掘，更是将其与现代科学技术、环保理念相结合，形成新的生态文化框架。古代哲学中的自然观念与现代可持续发展思想高度契合，它们强调的是自然界的整体性与协调

---

① 剧宇宏. 中国绿色经济发展的机制与制度研究 [D]. 武汉：武汉理工大学，2009：110.

性，而现代科学则进一步揭示了生态系统的复杂性与脆弱性。通过对这些思想的现代化诠释，传统文化中的生态观念重新获得了生命力，为当代生态文化的重建注入了新的活力。例如，古代中国的农业体系强调顺应自然的耕作方式，这与现代的有机农业和生态农业理念相通。传统农业注重土地的长期利用，避免过度开发和掠夺性使用，这种理念为现代可持续农业提供了有益的启示。在西方，古希腊的自然哲学也提出了类似的生态观点，认为自然界是一种有机整体，各个部分之间通过复杂的关系维系着整体的稳定。通过重新发现这些古老的智慧，现代社会能够从中汲取经验，重新思考如何与自然和谐共处。在生态文化重建的过程中，全球范围内的可持续生活方式推广发展为这一进程的核心组成部分。可持续生活方式的理念不仅局限于技术层面的环保措施，它代表了一种新的生活态度和社会实践方式。现代社会的消费主义文化强调对物质的无止境追求，导致资源过度消耗、环境污染和社会不平等的加剧。可持续生活方式的推广则倡导简朴、节约、与自然和谐共生的生活模式。这种生活方式不仅能有效减轻环境负担，还能提升社会的整体幸福感。

全球可持续生活方式的推广依赖于政策引导、技术创新和公众参与的有机结合。在政策层面，政府需要通过立法和制度设计，推动绿色经济和低碳技术的发展。例如，越来越多的国家出台了环保法令，限制高污染行业的生产，鼓励可再生能源的使用和推广。同时，政府也在通过教育和媒体引导，培养公众的环保意识和可持续生活习惯。在技术层面，绿色技术、清洁能源和资源循环利用的创新，为社会转向可持续发展模式提供了技术支撑。通过技术的进步，社会可以减少对化石燃料和其他不可再生资源的依赖，转向更为环保的能源和生产方式。

与此同时，公众在可持续生活方式中的角色至关重要。生态文化的重建离不开个体的参与行动。每个人的生活方式和消费选择都会对环境产生直接的影响，因此，推动绿色消费、减少浪费、倡导低碳出行和简化生活，发展为生态文明建设中的重要实践方式。许多国家和地区通过社区活动、教育项目和环保组织，积极推动公众参与到生态文明建设的过程中。通过这些行动，生态文化不再只是一个宏大的社会目标，而逐渐渗透进人们的日常生活中。全球范围内的可持续生活方式推广，不仅改变了个人的生活方式，还在深刻影响着企业和产业的发展方向。越来越多的企业意识到可持续发展不仅仅是环境责任，更是一种长远的商业策略。绿色供应链、循环经济、零碳排放等理念正在被纳入企业的运营体系。通过推行环保生产、减少废弃物排放、使用清洁能源，企业不仅能够提升自身的市场竞争力，还能够为全球生态文化的重建作出贡献。在这一过程中，国际合作发挥了重要作用。生态问题具有全球性和跨国界的特点，单靠某个国家或地区的努力难以解决气候变化、资源枯竭等问题。因此，各国需要通过国际协议、合作机制和环保组织，共同应对全球性生态挑战。《巴黎协定》就是其中的重要例子，它为全球减少碳排放、遏制气候变暖提供了框架和目标。通过国与国之间的合作与协调，全球社会能够共同推动生态文化的重建，并确保这一进程在全球范围内取得切实的成果。

　　生态文化的重建是一个复杂而深远的过程，它不仅涉及经济模式和社会结构的改变，更关乎人类思想与文化的深刻转型。通过生态意识的觉醒、传统智慧的再发现，以及可持续生活方式的全球推广，现代社会正在逐步迈向一个新的生态文明时代。在这个时代，人与自然的关系将得到重构，社会的发展模式也将更加注重长期的生态平衡和可持续性。这一进程为全球生态问题的解决提供了新的路径，也为未来的人类文明发展提供了崭新的可能性。

一、生态意识的觉醒与文化转型

　　在人类历史的长河中，人与自然的关系随着社会的发展和文化的演变发生了重大变化。从远古时期对自然的依赖与敬畏，到近现代对自然的征服与开发，人类逐渐从自然的伙伴变成了自然的主宰者。然而，工业革命的到来带来了现代社会的物质繁荣，同时也彻底改变了人类与自然的互动方式。自然不再被视为一个有生命的整体，而是发展为资源的无尽宝库，供人类无节制地开采和利用。在资本主义的主导下，生产和消费的无限扩张成为社会的主旋律，自然界的脆弱性被忽视，生态问题被边缘化。然而，随着资源逐渐枯竭、气候急剧变化以及生态系统的持续退化，现代社会被迫重新审视人与自然的关系，这也引发了生态意识的觉醒与反思。这种觉醒不仅仅局限于对环境问题的简单认知，它更代表了人类对自身的重新定位。曾几何时，人类相信通过科技和经济手段可以彻底征服自然，摆脱对环境的依赖。然而，随着气候灾害频发、物种灭绝速度加快以及全球性环境恶化，这种对自然的轻视和掠夺显然带来了严峻的后果。生态意识的觉醒体现了一种深刻的文化转型，要求人类从片面追求经济增长的短视行为中反思自己的角色，认识到自然并非供人类无限索取的对象，而是维持生命的共同家园。

这种意识的觉醒反映了人类与自然关系的深层转型。面对现代社会的生态危机，越来越多的人认识到，继续走资源过度消耗、环境破坏的老路将导致难以挽回的生态灾难。因此，社会需要摆脱经济至上、物质至上的发展模式，转而尊重自然的内在规律，以长远的眼光看待发展。这一生态文化的转型是深层次的，它不仅仅涉及环境保护的政策制定和技术改进，还要求改变根植于社会制度、生活方式和文化价值中的固有观念。人类必须重新构建自己与自然的关系，摒弃以牺牲自然为代价的经济模式，拥抱可持续发展的理念。在这个过程中，自然的角色需要被重新定义。长期以来，自然在现代社会的文化语境中被视为一种利用工具——无论是经济增长的推动力还是人类舒适生活的支撑。然而，生态文化的重建强调，自然不仅仅是资源供给者，还是一个有机的整体，拥有内在的价值和自我平衡的能力。生态意识的觉醒促使人类从物质主义的桎梏中解放出来，逐渐接受这样一种理念：尊重自然、与自然和谐相处，不仅是为了人类自身的生存需要，更是为了确保地球生态系统的健康与平衡。社会的发展不能以环境破坏为代价，自然的承载力必须成为经济活动的基础。

这种文化转型要求现代社会推动深刻的制度变革，改变过去以经济增长为唯一目标的发展模式。对一个以资本积累和物质追求为核心价值观的社会来说，转向以生态平衡和可持续发展为目标的模式，需要强有力的制度支持。政策制定者需要超越短期经济利益，制定长远的环保政策，将生态保护纳入经济发展规划之中。这种政策不仅仅局限于减少碳排放、限制污染企业的活动，它更应致力于改变整个社会的生产和消费模式，推动绿色经济、循环经济和低碳产业的发展。通过对制度层面的改革，社会才能为生态文化的重建提供坚实的保障。

文化转型的成功还需要公众深刻理解生态问题，并积极参与到生态文明建设中。公众的环境责任感是推动这一转型的关键所在。生态文化的重建不仅仅是政府和企业的责任，它要求每一个公民都具备对环境的责任意识，并将其落实到日常生活中。从减少能源消耗、减少资源浪费到支持绿色消费，公众的参与对于实现生态文化转型至关重要。生态意识的觉醒意味着，生态文明建设不再仅仅是少数精英的呼吁，而是全社会的共同事业。

随着全球气候危机的加剧，越来越多的国家和地区已经意识到生态文化转型的重要性，纷纷从政策层面推动生态文明建设。政府通过立法、财政补贴和宣传教育等多种方式，倡导生态友好的生活方式和消费模式。企业也在适应这一潮流，越来越多的公司认识到，只有通过推行可持续的生产方式，才能在未来的市场竞争中保持优势。环保产业的崛起不仅仅反映了生态文化在经济中的地位日益提升，也为社会带来了新的经济增长点。

在全球范围内，环保运动和生态文化的推广也在不断深化。气候变化、物种灭绝、资源耗竭等问题促使全球范围内的政府、组织和个人纷纷行动起来，共同为生态文化的重建而努力。生态文化不再是一个局限于学术或环境组织的小众话题，它已经成为全球治理的核心议题之一。通过国际合作和全球公民意识的提升，生态文化正在逐渐从理念走向行动。全球环保运动的成功也表明，公众参与对于推动生态文明建设至关重要。教育在生态文化的推广中起到了重要的作用。通过生态教育的普及，人们可以更深入地理解生态系统的复杂性和脆弱性，并认识到自己的行为对环境的深远影响。学校、媒体和环保组织通过各类活动和项目，帮助公众提升环境意识，培养绿色生活的习惯。生态文化的重建不仅仅是一代人的任务，它是一场长期的文化演变，关系到每一代人的环境意识与社会责任感。

然而，生态文化的转型并不止步于公众意识的觉醒和制度的改革，它还涉及对文化价值的深层次反思。在工业化和资本主义文化主导的背景下，物质财富的积累被视为人类文明进步的标志，消费主义的文化渗透到了社会的各个层面。然而，这种文化模式显然无法持续。资源的有限性和生态系统的脆弱性提醒我们，物质追求必须受到伦理和生态的约束。人类需要重新定义幸福和发展的概念，将精神满足、社会和谐与生态平衡纳入文明发展的核心目标。通过对人与自然关系的重新认识，现代社会正在逐步走向一种更加可持续的未来。生态文化的重建不仅仅是一场技术和政策的革命，它是一场思想和价值观的变革。只有当社会整体意识到人与自然的不可分割性，才能真正实现人与自然的和谐共生。人类的发展不应以破坏自然为代价，而应与自然共同进步，携手迈向更加绿色和可持续的未来。

总之，生态文化的重建不仅是回应当前生态危机的必要之举，更是对人类社会未来发展的根本思考。通过生态意识的觉醒，现代社会重新审视人与自然的关系，推动文化转型和制度变革，构建起新的价值观和发展模式。这一过程是复杂而漫长的，但它关乎人类文明的未来。只有通过这种深刻的文化重建，人类才能在全球生态危机中找到可持续发展的道路，为子孙后代创造一个更加健康、和谐的地球家园。

二、传统生态智慧的现代价值再发现

在当代生态文化重建的进程中，古代文明和传统文化中的生态智慧逐渐被重新发掘，成为应对当前生态危机的重要思想资源。这些来自不同文明的古老智慧在某种程度上超越了时间与空间，贯穿了对人与自然和谐共生的深刻理解。无论是中国古代哲学中的"天人合一"思想、道家的"道法自然"，还是其他文化传统中的自然哲学，都传递着人与自然相互依存、共同繁荣的理念。这些思想强调对自然规律的尊重，同时也为人类的行为设定了道德与伦理的界限。它们为现代社会应对生态挑战提供了宝贵的思想支撑和文化借鉴，使得古老的智慧焕发出新的时代光彩。中国古代哲学在生态观念方面所展现的价值尤其引人注目。在"天人合一"的哲学框架中，自然与人类并非对立的两个主体，而是一个有机的整体。古人认为，人类的行为如果违背了自然规律，不仅会对自然界造成伤害，也必然会反过来影响人类社会自身的稳定与生存。这种哲学思想深刻揭示了人与自然之间的密切关系，预示着生态失衡所带来的潜在危害。道家所提出的"道法自然"理念则进一步深化了这一思想。道教倡导的"无为而治"，并不是消极避世，而是主张在人类的行为中顺应自然的法则，找到与自然共存的平衡点。通过这样的和谐相处，自然的力量不仅能够得以保持，人类社会也能够在长远的时间尺度上繁荣昌盛。

这些古老的生态思想尽管起源于数千年前，但在当今世界，随着环境问题的日益突出，显得格外具有现实意义。全球范围内的生态危机，如气候变暖、森林退化、物种灭绝等问题，迫使现代社会重新审视人与自然的关系。通过回归传统哲学中的生态智慧，现代社会获得了从全新的角度来反思自身发展方式的契机。今天，社会不再仅仅追求短期的经济增长或技术进步，而是需要在尊重自然规律的前提下，寻求经济与环境、物质与精神的全面平衡。现代社会对这些传统生态思想的重新发现，不仅是在学术和哲学层面进行的思想回归，它更是一种实践中的探索与应用。古代的生态智慧不仅为当代提供了一套有益的伦理观念，还为当今的环境保护与可持续发展提供了实际的行动指导。这些智慧不再是遥远历史中的象牙塔产物，而是被赋予了新的活力，成为解决现代生态危机的重要策略。例如，中国古代农业中的节气耕作

制度，是一种通过顺应自然节奏和规律来进行农业生产的智慧。这种耕作方式不仅保障了土地的长期生产力，也避免了对自然资源的过度开发。古代的农耕理念提倡与自然共生，尊重自然周期，避免以短期高效为目标进行掠夺性开采。这种农业模式实际上与今天的可持续农业理念有着高度的契合性。在当今的全球气候变化与资源短缺背景下，现代社会面临着如何在保持生产效率的同时减少对环境破坏的困境，而传统农业中的智慧恰恰为现代生态农业的发展提供了重要的参考和借鉴。

不仅如此，古代建筑中的生态设计理念同样具有重要的启示意义。传统建筑讲究因地制宜，注重使用当地材料，充分考虑环境条件，并通过与自然的融合作为建筑设计的核心原则。例如，古代中国的四合院设计，不仅注重气候调节，还通过结构设计有效地利用自然光和空气流通，实现了低能耗的生态平衡。这种对环境的尊重与巧妙利用，无形中减少了对资源的消耗，维持了人与自然的和谐。这些建筑理念也为今天的绿色建筑、节能建筑提供了理论依据和设计灵感。同样，传统生态智慧的现代价值并不仅限于农业和建筑领域，它还影响着今天的社会生活方式和个人行为选择。古代哲学中的简朴生活理念主张人类应节制物欲，减少不必要的物质追求，从而实现身心与自然的和谐。道家所倡导的简约、节制和与自然共处的生活态度，为今天提倡的低碳生活方式提供了重要的伦理支持。道教的"无为而治"主张减少人为的干预，顺应自然，这与现代的环保运动中强调的减少人为干扰、保护生态系统的自然平衡的理念如出一辙。现代社会面临的消费主义和物质主义问题，使得这种传统智慧显得尤为珍贵。人类对物质财富的无止境追求，正是导致当今环境危机的重要原因之一。物质的过度消耗不仅带来了资源的枯竭，也对地球的生态系统造成了不可逆转的破坏。在这种背景下，传统生态智慧所提倡的简约生活方式，发展为现代人们重新思考生活价值、降低资源消耗的有力思想工具。通过减少对物质的依赖，人们可以在精神层面找到更高的满足感，从而减少对自然资源的过度索取。①

这种思想不仅仅局限于个人的生活选择，它更成为全球范围内生态文化重建的重要组成部分。古代哲学中提倡的节约、生态平衡理念，已经与当今

---

① 彭一然．中国生态文明建设评价指标体系构建与发展策略研究［D］. 北京：对外经济贸易大学，2016：112.

全球的可持续发展理念深度契合。在全球气候变化和环境压力不断加剧的背景下，传统生态智慧的再发现为当代社会如何实现可持续发展提供了思路。无论是在农业生产、建筑设计，还是在日常生活方式上，这些智慧都为现代社会找到了应对环境挑战的新方法。此外，传统生态智慧还可以为现代生态技术的研发提供灵感。过去的社会无法依赖现代科技解决环境问题，他们通过观察自然、尊重自然规律来寻找生活与发展的平衡点。例如，古代的水利工程充分考虑了自然水系的流动与循环规律，强调维持水体的自然状态，而不是强行改变河道流向。这种与自然共存的工程理念，在现代的水利工程和生态保护项目中得到了应用。通过结合现代科技手段与传统智慧，社会可以在环境保护中找到更加可持续、低干预的解决方案。随着全球范围内生态问题的加剧，现代社会需要的不仅仅是单一的技术解决方案，而是通过文化和理念的转变来应对挑战。传统生态智慧的现代化应用不仅为解决当下的环境问题提供了新的思路，更为未来的社会发展提供了一种新的文明模式。在这个模式中，人类不再是自然的主宰者，而是与自然共同发展的合作伙伴。通过这种合作关系的重建，社会能够更有效地实现人与自然的平衡，避免生态危机的进一步恶化。总之，古代文明中的生态智慧不仅是一种历史遗产，更是现代社会应对生态危机的宝贵资源。无论是"天人合一"的有机整体观，还是"道法自然"的顺应自然理念，传统文化中的生态观念都为今天的生态文化重建提供了重要的思想支持。随着全球生态危机的加剧，现代社会逐渐意识到，只有通过回归这种深刻的生态智慧，才能找到真正解决问题的长期路径。

三、可持续生活方式的全球推广与实践

生态文化的重建在全球范围内日益受到重视，它不仅关乎思想的变革，更需要将这些理念转化为实际行动，落实到日常生活和生产实践中。可持续生活方式的推广正是这一过程中的关键环节，它以减少资源浪费、提倡绿色消费和循环经济为基础，旨在从根本上缓解生态压力，重新调整人与自然的关系。通过多方合作，社会、企业和政府正在为未来的人类文明描绘出一幅可持续发展的图景。

随着环境问题的不断加剧，个人、企业和政府等多层面力量的参与已成为推动生态文明建设的重要动力。对个人而言，可持续生活方式并不只是一

个口号，而是具体的行为选择。在日常生活中，减少能源消耗、减少对塑料制品的依赖、提倡使用公共交通工具，以及尽量避免食物浪费等行动，逐渐成为新的生活规范。这些小范围的行为改变，虽然看似微不足道，但通过广泛传播和长时间积累，能形成巨大的生态效应。这不仅能减轻自然资源的压力，还推动了人们生活方式的深刻转变。

在全球范围内，企业的转型同样是生态文化重建的重要环节。许多企业已经意识到，在经济与环境之间找到平衡点，不仅关乎社会责任，也是其自身长期发展的保障。以往注重追求利润最大化、忽视环境代价的生产模式，逐渐被可持续的生产方式所取代。企业通过推行绿色供应链、采用环保技术、减少废弃物排放以及支持循环经济，不仅减少了对环境的破坏，也为自身赢得了消费者的认可。消费者越来越倾向于选择那些对环境负责、注重社会责任的品牌和产品，这种市场需求的变化反映了生态文化在全球范围内的日益深入渗透。除了消费者的选择，企业的转型也有赖于政府政策的引导和推动。在许多国家和地区，政府通过制定和实施严格的环保法规、提供财政激励、推行税收优惠等手段，鼓励企业向绿色生产和可持续发展转型。这种政府层面的干预和支持，为企业在转型过程中提供了更广阔的空间和更多的动力。同时，政府也在通过多种方式提升公众的环境意识和行动能力，以推动整个社会转向更加可持续的生活方式。国际社会在应对生态问题方面的合作与协调也不容忽视。气候变化、资源枯竭等全球性问题，需要各国政府通过跨国协作和联合行动来应对。例如，《巴黎协定》作为全球应对气候变化的框架协议，促使各国在减少碳排放、推动绿色经济转型等方面达成共识，并付诸行动。通过这种国际层面的协调，全球生态文化的重建得到了进一步的推动，各国开始逐步认识到，只有通过联合行动，才能共同应对全球生态危机，为未来的地球生态系统提供可持续的解决方案。①

教育和宣传在推动可持续生活方式的全球推广过程中也扮演着不可或缺的角色。生态文化的普及，离不开广泛的环境教育和文化引导。学校、社区、媒体等机构在这一过程中发挥了重要作用，通过多种形式的环保教育和宣传活动，公众逐渐形成了对可持续发展的共识。环境教育不仅限于知识的传递，它还强调培养学生和公众的环保意识和行动能力，从小到大推动一种新的生

---

① 方发龙. 生态文明建设新视野下区域经济发展研究［D］. 成都：四川大学，2008：131.

活方式，帮助人们认识到日常生活中的每一个选择都能对环境产生深远的影响。教育机构、政府和非政府组织通过开展丰富多彩的环保活动，营造出良好的社会氛围，让更多的人意识到个人行为与全球生态系统之间的联系。在这样的环境中成长起来的一代人，将更容易接受并践行可持续生活方式，成为推动生态文化重建的中坚力量。全球范围内的环保组织和媒体也通过讲述关于气候变化、环境保护、资源利用等方面的故事，吸引更多公众参与到生态文化的实践中，形成全民参与的文化氛围。可持续生活方式的推广和实践，不仅改变了个体的生活方式，还从根本上影响着生产模式和社会结构的变革。在全球推广绿色能源、减少对化石燃料的依赖以及大力发展循环经济的过程中，社会逐步走向了更加环保、更加高效的资源管理模式。循环经济理念的推广为社会提供了一种新的生产和消费逻辑，强调产品的生命周期管理、资源的重复利用以及废弃物的再生转化。在这种模式下，资源不再是一次性消耗品，而是可以循环利用的资本，从而减少了对自然资源的过度依赖，缓解了环境压力。

不仅是循环经济，绿色经济作为现代经济转型的另一个重要方向，也在推动可持续生活方式的全球推广中发挥着重要作用。绿色经济注重环保、节能减排和低碳发展，通过技术创新和制度变革，推动经济增长与环境保护之间的和谐发展。各国在推动绿色经济的过程中，通过政策激励和国际合作，不仅推动了国内产业的绿色转型，也为全球经济的可持续发展提供了更为广阔的前景。与此同时，全球经济的转型与环境保护的结合，也为许多国家带来了新的发展机遇。发展绿色技术和环保产业，不仅为经济提供了新的增长点，还创造了大量的就业机会。绿色能源、环保产品、清洁技术等领域的蓬勃发展，显示了可持续生活方式在经济发展中的巨大潜力。这些新的经济模式，不仅有效应对了环境问题，也为社会发展提供了更加持久和健康的动力。

在全球经济和社会体系转型的同时，推动生态文化的重建不仅需要科技和经济层面的努力，更离不开社会文化层面的深刻变革。传统的消费主义和物质主义文化，鼓励人们追求过度消费、享乐至上，这种文化模式在过去为经济发展提供了动力，却同时造成了资源的浪费和环境的破坏。可持续生活方式的全球推广意味着，社会需要摆脱这一以物质消费为核心的文化观念，转而倡导简朴生活、节约资源、尊重自然的文化价值。这种文化观念的转变不仅是一种经济需求的结果，更是一种深层次的思想革命。可持续生活方式提倡回归自然、重视精神层面的满足，提醒人们在现代科技和物质繁荣的背后，生态平衡和环境保护的重要性。这种文化转型需要通过长时间的教育、引导和实践，才能真正融入社会的价值体系中，成为人们日常生活中的行为准则。

生态文化的重建，是一个复杂而持久的过程，它不仅是应对当前环境危机的紧急措施，更是为未来文明发展所做出的长远规划。通过推动可持续生活方式的全球推广，现代社会正在重新思考人与自然的关系，调整传统的发展路径，并为实现人与自然的和谐共处奠定基础。可持续生活方式的推广，是生态文化重建的重要途径，也是推动社会向生态文明迈进的关键。通过政策、技术、教育和社会文化的共同努力，生态文化逐渐融入全球各个层面的行动中。这不仅为当前的环境危机提供了应对之道，也为未来的社会进步与文明发展提供了新的方向。人类正在逐步摆脱对资源的无节制依赖，走向一个与自然和谐共生的新时代。这一生态文化的重建，将为未来的文明奠定坚实的基础，并为人类与自然的共同繁荣创造更为广阔的空间。

第四章

生态文明与经济转型之策

2015年习近平总书记在中共十八届五中全会第二次全体会议上指出："在三十多年持续快速发展中，我国农产品、工业品、服务产品的生产能力迅速扩大，但提供优质生态产品的能力却在减弱，一些地方生态环境还在恶化，这就要求我们尽力补上生态文明建设这块短板，切实把生态文明的理念、原则、目标融入经济社会发展各方面，贯彻落实到各级给类规划和各项工作中。"① 在全球生态危机日益加剧的时代背景下，生态文明的建设和经济转型无疑将发展为当前社会发展的核心议题。生态文明不仅仅是简单的环境保护或资源节约措施，更是涉及经济、社会、文化等多个层面的深刻变革。这种变革不仅要求重新审视人与自然的关系，更需要重塑整个社会的生产和生活方式。因此，在现代社会，如何协调生态与经济的发展、构建健全的制度体系以确保可持续发展的推进，以及推动过程中需要的激励机制，已经成为生态文明建设的关键任务。在这一进程中，生态文明的理念与经济转型之间的紧密联系越发明显。传统的高污染、高消耗经济模式已经暴露出明显的弊端，资源的不可持续开发导致环境问题越发严重，全球范围内的气候变化、自然灾害、物种灭绝等现象日益威胁着人类的生存环境。与此同时，经济增长所依赖的传统模式也正在面临越来越大的瓶颈。生态文明与经济转型的双重任务要求我们从根本上转变对经济发展的理解方式，不再将短期的物质积累作为唯一的目标，而是将人与自然的和谐共处作为可持续发展的核心。②

在这一背景下，政策制定者的任务变得尤为重要。生态文明的建设需要明确的政策指引，以推动社会各个层面的协同发展。通过政策的引导，政府

---

① 习近平. 论坚持人与自然和谐共生［M］. 北京：中央文献出版社，2022：109.

② 陶良虎，陈为，卢继传. 美丽乡村：生态乡村建设的理论实践与案例［M］. 北京：人民出版社，2014：98.

可以为企业和公众提供清晰的发展方向，确保经济增长与生态保护能够同步推进。这种政策的构建，不应仅仅停留在环境法规的完善上，而应涵盖从经济结构调整、产业升级到社会文化变革的方方面面。协同发展的关键在于政策的全面性和系统性。通过一系列绿色政策，政府能够引导社会各个领域向可持续发展靠拢。例如，推动清洁能源的普及、鼓励可再生资源的利用、对绿色技术的研发提供支持等措施，都可以有效促进经济活动的绿色化。同时，在产业政策上，政府也应制定长期战略，引导资源密集型、污染严重的传统行业进行绿色转型，推动高附加值、低污染的生态产业的兴起。

然而，政策的引导只是经济转型的一个方面，确保这一转型能够顺利进行还需要健全的制度保障。制度作为社会运行的基本框架，不仅是生态文明建设的基础，也是其得以持续和深化的关键。通过构建一套科学合理的制度体系，社会可以有效避免政策的短期性和随意性，为生态文明建设提供长期的稳定性和可预见性。健全的制度保障可以为生态经济的建设提供明确的规则和激励。例如，环境法律的健全与严格执行，是生态文明得以实现的重要保障。通过制定并实施严格的环境保护法律，政府可以有效约束企业和公众的行为，确保经济活动在环境可承受范围内进行。同时，法律的强制性还可以确保那些企图逃避环保责任的行为受到惩罚，营造一种人人遵守环保规则的社会氛围。同时，制度建设还应体现在经济激励机制的设计上。推动生态文明的建设不仅仅依靠法律的强制手段，还需要通过经济手段激励企业和个人积极参与绿色发展。通过财政支持、税收优惠、绿色金融等手段，政府可以为绿色经济的发展提供资金支持，减少生态企业的成本压力，鼓励企业加大对绿色技术和可持续发展模式的投资。例如，绿色金融的快速发展为生态经济注入了强大的资金动力，政府应积极鼓励金融机构开发更多的绿色金融产品，以推动社会资金流向环保、可持续的领域。

在经济激励机制的设计中，市场化手段的应用显得尤为重要。通过市场机制来调节生态经济的发展，可以有效避免政策和制度的僵化，提升经济活动的灵活性和可持续性。例如，碳交易市场的建立为企业提供了一个灵活的工具，使企业可以根据自身的碳排放状况进行配额交易。这种机制不仅有助于减少碳排放，还能为企业带来经济效益，使其在环保过程中获得经济回报。制度建设的另一个重要方面是国际合作。生态问题具有全球性特征，各国的经济活动相互交织，任何一个国家的污染行为都会对全球环境产生影响。因此，国际合作在全球范围内的生态文明建设中显得尤为重要。通过国际层面的合作与协调，各国可以共同制定全球环境保护的行动框架，共享环保技术和资源，并通过国际协议推动全球范围内的生态转型。

制度和政策的完善，为生态文明与经济转型提供了坚实的基础。然而，转型过程中最为重要的推动力仍然是激励机制的设计和落实。经济转型的成功与否，取决于能否在过程中充分激发企业、公众和社会各界的参与热情。有效的激励机制不仅能够引导经济活动朝着绿色、可持续的方向发展，还能在转型过程中提供足够的动力，使社会各方在转型过程中实现利益共赢。对企业而言，经济转型的核心在于生产方式和产业结构的调整。传统的高污染、高耗能产业模式已经不再适应现代社会的需求，企业需要通过技术创新和管理变革，向更加绿色、节能的生产方式过渡。在这一过程中，政府可以通过减免税收、提供技术支持、设立专项资金等方式，为企业的绿色转型提供激励。同时，企业本身也应通过加强对绿色技术的研发与应用，提升自身的市场竞争力。与此同时，公众的参与也在经济转型中发挥着至关重要的作用。作为消费主体，公众的消费选择直接影响着企业的生产决策和市场走向。因此，推动绿色消费、培养公众的环保意识，是经济转型中的关键一步。通过广泛的环境教育和宣传活动，政府可以增强公众的环保意识，推动绿色消费习惯的形成。公众的消费习惯一旦发生转变，企业的生产模式将不得不随之调整，从而推动整个社会经济向可持续发展方向转型。①

除了市场激励，技术创新也是推动经济转型的重要力量。绿色技术的研发与应用，不仅能够提高资源的利用效率，还能大幅减少对环境的负面影响。在全球范围内，技术创新的推动力正在逐步显现，新能源、清洁生产、智能制造等绿色技术正在成为经济发展的新引擎。通过技术进步，社会可以在保持经济增长的同时，实现节约资源和保护环境的目标。在这一过程中，国际合作也将继续发挥至关重要的作用。全球经济一体化意味着各国在推动生态文明建设和经济转型时，面临着许多共同的挑战。通过跨国合作，各国可以共享技术创新的成果，形成全球范围内的协同发展框架。国际组织和跨国协议在推动全球经济绿色转型中发挥着重要作用，如《巴黎协定》等国际协议已经为全球生态文明建设设定了明确的目标和路径。综上所述，生态文明的

---

① 剧宇宏.中国绿色经济发展的机制与制度研究［D］.武汉：武汉理工大学，2009：110.

建设与经济转型之间的关系是密不可分的。通过政策的引导、制度的保障和激励机制的推动，现代社会有机会走上可持续发展的道路。生态文明建设不仅是一个国家内部的任务，它更需要全球范围内的合作与协调。随着技术的进步、市场的转型以及公众意识的提高，人类社会正在逐步摆脱传统的高污染、高消耗模式，迈向一个人与自然和谐共生的未来。

第一节　生态经济协同政策的指引

　　生态经济作为一种崭新的发展模式，旨在协调经济增长与生态环境保护之间的关系，实现二者的共生共荣。在全球环境危机日益加剧的背景下，各国逐渐认识到，传统的高消耗、高污染的经济发展方式不仅无法长期持续，反而成为全球生态危机的重要根源。因此，推动生态经济的建设，建立有效的政策协同机制，已经成为国际社会达成的共识。在这一发展过程中，绿色经济战略的政策规划、跨部门协作机制的构建以及国际合作的深化，成为推动生态经济发展的核心因素。这些因素的相互作用为全球可持续发展提供了指引，也为世界各国在应对生态挑战的进程中提供了切实的战略选择。绿色经济战略的规划和实施是推动生态经济的首要任务。面对全球范围内资源短缺、环境污染等问题，经济发展与生态保护的对立局面日益凸显。许多国家意识到，必须通过政策调整，重新构建绿色发展路径，从根本上改变经济结构。绿色经济的目标不仅在于减少污染、节约资源，更在于通过技术创新和制度改革，探索出一条生态保护与经济繁荣并行不悖的道路。

　　绿色经济战略的制定不仅是为了应对当前的环境危机，也是为未来社会的可持续发展奠定基础。在经济转型的进程中，各国需要根据自身的资源禀赋和发展特点，制定符合本国国情的绿色发展政策。对于资源丰富的国家，重点应放在资源的高效利用和循环经济的发展上；而对于依赖工业化发展中国家，推动清洁能源技术的研发和产业结构的优化则显得尤为重要。无论国家或地区处于何种发展阶段，绿色经济的政策规划都应在能源利用效率、环境友好技术应用和资源节约型产业培育等方面做出系统性调整。在全球能源结构的调整中，绿色能源的崛起扮演了重要角色。太阳能、风能、生物质能等可再生能源的广泛应用，正在改变传统以化石燃料为主的能源供给格局。

各国政府通过政策引导、财政激励等措施，推动绿色能源技术的发展，并不断优化能源结构，以减少对石油、煤炭等高碳能源的依赖。这种转变不仅能够有效减少温室气体的排放，还可以大幅降低大气污染，改善人类的生活环境。绿色经济战略的规划与实施，将资源节约、环境保护和经济增长有机融合在一起，为实现生态文明奠定了坚实的基础。

在绿色经济战略的实施过程中，跨部门的协同合作成为关键要素。生态经济的发展并不是单一领域的任务，而是需要多个部门的共同努力。不同的政府机构、行业部门以及社会各界必须通力协作，以实现经济、环境和社会效益的最大化。只有通过跨部门的紧密协作，才能有效协调各个方面的利益，形成推动生态经济的整体合力。在实践中，生态经济的发展往往涉及环境保护、经济规划、科技创新、农业发展等多个领域，因此，各相关部门的协同合作显得尤为重要。环境保护部门负责制定环境标准和污染控制政策，确保经济活动在不损害生态系统的前提下进行；经济发展部门则需要在经济规划中融入绿色发展的理念，推动产业结构优化，鼓励绿色技术和清洁生产模式的应用。同时，科技创新部门的支持为生态经济提供了强大的技术驱动，通过技术创新和科研成果的应用，能够推动各行业的绿色转型。

跨部门协同合作的另一个重要层面，是在政策实施中的统筹协调。各个部门之间需要建立有效的沟通机制，确保在政策制定和执行过程中能够及时解决出现的矛盾和问题。一个典型的例子是在推动低碳经济时，能源部门需要与环境保护部门紧密合作，平衡能源供应与环境保护的需求，确保在发展清洁能源的同时，减少传统能源对环境的破坏。只有通过这种多部门间的协调与合作，生态经济的发展才能得到有效的推动。跨部门的协作不仅体现在政府内部，还应当延伸到与社会各界的互动与合作中。企业、社会组织、科研机构以及公众在生态经济的发展中同样扮演着不可或缺的角色。通过推动社会多方参与，政府能够吸引更多的资源和力量投向生态经济的建设。例如，企业可以通过绿色技术的研发和应用，提升资源利用效率，减少对环境的负面影响。非政府组织可以通过推动环保项目和倡导可持续消费，激发公众的环保意识，形成社会合力。

除了国内政策和跨部门协同合作，国际合作的深化也在推动全球生态经济发展中发挥着关键作用。全球生态问题本质上具有跨国界的特性，各国的环境保护行动不仅仅是为了自身利益，更是为了全球生态系统的稳定与健康。

因此，生态经济的发展离不开全球层面的协调与合作。通过国际合作，各国可以共享技术、经验和资源，在应对气候变化、推动绿色技术创新、治理污染等方面形成共同的解决方案。国际合作的深化体现在多个层面。首先，国际组织和多边机制为全球生态经济治理提供了重要平台。联合国环境规划署、世界银行、全球绿色增长研究所等国际机构，通过组织国际会议、制定全球行动计划等方式，推动各国在生态经济领域的合作与共识。《巴黎协定》是全球气候治理的里程碑，其核心在于推动各国承诺减少温室气体排放，限制全球气温升高。这一全球性协议的达成，标志着各国在应对气候变化和推动绿色经济发展方面达成了高度共识。在全球生态经济治理中，技术转让和资金支持是确保合作效果的关键要素。许多发展中国家由于技术水平和资金短缺，难以快速实现绿色经济转型。发达国家通过提供技术支持、资金援助，帮助发展中国家发展绿色能源、治理污染等项目，不仅有助于缩小全球发展的不平衡，也增强了全球生态系统的稳定性。国际金融机构在这一过程中发挥了重要作用，通过提供绿色金融工具、发展项目融资等方式，推动全球范围内的绿色经济发展。

全球贸易政策的调整也是推动生态经济发展不可忽视的力量。绿色贸易政策旨在减少国际贸易对环境的负面影响，推动可持续产品和绿色技术的全球流通。通过贸易政策的调整，各国可以在国际市场中推广绿色产品，提升绿色经济的全球影响力。此外，绿色贸易政策还为发展中国家提供了更多机会，通过参与绿色经济的全球产业链，提升自身的竞争力和发展水平。国际合作的深化不仅仅体现在经济和技术层面，还包括文化与理念的传播与交流。生态经济的核心理念是人与自然的和谐共存，这一理念的推广需要在全球范围内进行价值观的重塑。通过跨文化交流，各国可以相互借鉴，形成全球范围内的生态共识。生态文明的建设离不开文化的支持和认同，全球社会需要通过教育、宣传等方式，推动可持续发展理念深入人心。

总的来说，生态经济作为全球可持续发展的重要路径，已经成为各国应对环境危机、推动经济转型的共同选择。在这一过程中，绿色经济战略的政策规划提供了发展的方向，跨部门的协同合作为生态经济的发展提供了内部动力，而国际合作的深化则推动了全球生态治理的进程。通过多方合作与共同努力，生态经济的发展将为全球经济增长注入新的活力，也将为全球生态文明的建设奠定坚实的基础。

一、绿色经济战略的政策规划与实施

绿色经济作为生态经济的核心组成部分，通过优化资源配置、减少污染排放，力求在追求经济繁荣的同时实现生态环境的可持续发展。其背后蕴含着一种全新的经济理念，即将经济活动置于自然环境的承载能力之内，注重长远利益而非短期效益。绿色经济战略的政策规划为各国提供了具体的方向与目标，它不仅指引着新兴绿色产业的发展，还为传统产业的转型升级指明了出路。政府在推动绿色经济政策的过程中，必须充分考虑经济发展的复杂性与多样性，结合能源、制造业、农业等领域的实际需求，因地制宜地制定政策。绿色经济的核心在于通过政策引导，实现资源利用的高效化和环境负荷的最小化，从而为未来的发展积累更多的生态资本。通过多领域的政策协调，绿色经济不仅是环境问题的解决方案，也成为促进机会公平和全球竞争力的提升途径。

首先，在能源领域，绿色经济的转型关乎整个经济发展的根基。能源结构的优化与改革，不仅影响着经济的运行模式，还深刻影响着生态环境的健康。当前，化石燃料在全球能源供应中占据了绝对的主导地位，但其高碳排放已被公认为全球气候变化的主要推手。为了应对这一挑战，各国政府正在通过多种措施减少对化石能源的依赖，逐步过渡到可再生能源主导的能源结构。通过长期稳定的政策支持，如补贴、税收优惠、基础设施建设等手段，政府可以激励风能、太阳能、生物质能等可再生能源的开发，促进能源结构的绿色转型。

与此同时，推动能源利用效率的提升同样至关重要。绿色技术的创新与推广，可以在保证能源供应的同时大幅降低碳排放和能源消耗。比如，政府在制定能源政策时，可以通过标准和法规促进智能电网、储能技术的发展，这不仅提高了能源的利用效率，还为推动绿色经济提供了强大的技术支持。此外，政策的创新应着眼于未来，考虑如何在能源领域实现更为深度的技术变革，从而在全球能源竞争中占据主动。

其次，在制造业领域，绿色转型不仅是必要的经济手段，更是一场革命性的变革。传统的制造业模式过度依赖原材料和能源的消耗，生产方式粗放，导致了大量的资源浪费和环境污染。随着资源的日益紧张以及环保压力的加大，制造业绿色转型迫在眉睫。技术创新是推动这一转型的重要驱动因素，

通过对生产工艺的改进和技术升级，制造业能够在提高生产效率的同时减少资源浪费和环境负荷。在这一过程中，循环经济的理念为制造业提供了重要的指导方向。循环经济主张在生产、消费、废弃物处理等环节实现资源的循环利用，最大限度地减少资源消耗和废物排放。这一理念打破了传统的"生产—消费—废弃"的线性经济模式，构建了一种资源闭环利用的体系。通过政府政策的引导与激励，制造业可以逐步转向循环经济模式，从废弃物中挖掘新的经济价值，同时大幅减少对环境的破坏。政策制定者应重视这一理念，支持企业在废物回收、资源再利用等方面的技术创新，并推动循环经济从小范围的试点逐步扩展至全社会。

在农业领域，绿色经济的实现尤为重要。农业作为资源依赖型产业，其生产活动对土壤、空气、水资源等自然资源的依赖性极高。传统的农业发展模式过度使用化学肥料和农药，不仅破坏了生态系统的稳定，还对农业的可持续发展构成了严重威胁。因此，农业领域的绿色转型需要从根本上改变农业生产方式，减少对化学品的依赖，转而采用更加生态友好的生产模式。在这方面，有机农业和生态农业为未来农业的发展指明了方向。通过有机肥料的使用、生态系统的综合管理，农业可以在提高生产效益的同时减少对环境的污染。与此同时，绿色经济政策的制定需要为农业的绿色转型提供技术和资金支持。政府应当通过技术推广、培训、补贴等手段，帮助农民掌握绿色农业技术，推动农业从高耗能、高污染的传统模式转型为低碳、环保的现代农业体系。此外，农产品供应链的优化与绿色农业生产的结合，也将有助于推动绿色农业的发展。

绿色经济政策的核心不仅在于推动生产领域的转型，还需要引导社会消费模式的转变。消费作为经济活动的重要组成部分，对资源的消耗和环境的影响不容忽视。传统的消费模式以物质消费为导向，过度追求经济增长往往导致资源浪费与环境污染。因此，绿色经济战略中的消费转型必须通过政策引导消费者转向可持续消费和低碳生活方式。公共政策在这一过程中扮演着引导者的角色，政府可以通过绿色消费标准的建立、节能产品的推广、税收优惠等措施，引导消费者选择更加环保的产品和服务。为了实现消费的绿色转型，政策设计需要兼顾公平性和激励性。经济转型过程中可能产生的不平等问题需要在政策层面得到合理解决。例如，绿色经济转型可能会带来短期内某些传统行业的萎缩，进而影响到相关从业人员的收入和生活水平。为了确保经济转型的可持续性，政府在推动绿色消费的同时，也应通过再培训、社会保障等手段，帮助受影响的群体实现就业转型，确保经济发展成果惠及更多社会成员。

此外，公共教育和宣传在推动绿色消费方面也起到了至关重要的作用。绿色经济的实现离不开公众环保意识的提高，政策的执行不仅依赖于法律的强制性，更需要通过文化层面的引导，使绿色消费成为一种社会共识。学校、媒体、社区组织等机构应积极参与到绿色消费理念的推广中，通过各种形式的宣传教育活动，使公众充分认识到绿色消费对于生态环境的重要性，从而自发地参与到绿色经济的发展中。绿色经济不仅是实现环境可持续的途径，它还可以在社会和经济层面带来更多的机遇。通过绿色技术的创新、循环经济的发展，绿色经济为全球经济增长开辟了新的动力源。各国政府应当在政策规划和实施中，将生态保护与经济繁荣有机结合起来，在实现环境保护目标的同时，创造更多的就业机会和经济效益。

绿色经济的实现并非一朝一夕的事情，政府的政策规划需要具有前瞻性和灵活性。随着全球环境问题的日益复杂化，绿色经济政策的制定和调整也必须适应不断变化的形势。通过灵活的政策调控机制，各国可以在全球经济转型的过程中，逐步实现环境保护与经济增长的双重目标。总之，绿色经济战略的政策规划是实现生态经济的重要一环，它为国家经济的绿色转型提供了坚实的政策支持。通过推动能源、制造业、农业等领域的绿色转型，政府不仅能够在国内实现可持续发展，还可以在全球经济竞争中占据优势。同时，通过引导公众的绿色消费行为，绿色经济的理念将更加深入人心，成为社会发展的核心驱动力。

二、跨部门协同推进生态经济的全面发展

生态经济的全面发展不仅是一个经济议题，更是一个系统工程，涉及多个领域和部门的深度合作。要推动这一新的发展模式，各级政府部门的协调与协作成为核心力量，社会各界的广泛参与则是实现这一目标的关键。跨部门协同合作的意义在于构建起一个更具弹性和长期稳定性的治理机制，确保生态经济政策能够顺利实施并取得成效。只有各方携手合作，才能在保持经济发展的同时有效保护环境，进而实现人与自然的和谐共生。在传统经济模式下，环境保护和经济增长往往被视为彼此对立的概念。经济发展的推动力

通常依赖于资源的过度开发与消耗，而环境保护的要求则被认为阻碍经济发展的因素。然而，随着生态经济理念的普及，绿色发展被重新定义为一种新的经济增长引擎，这不仅推动了传统观念的转变，也使得不同部门之间的协同合作发展成为发展进程中的必然选择。通过这些合作，可以在促进经济增长的同时，实现生态保护的目标，建立起一种双赢的局面。

在这一过程中，各部门之间的沟通与协作尤为重要。环境保护部门与经济发展部门的合作，能够确保生态经济政策的制定与实施能够更好地平衡环境与经济之间的关系。环境保护部门在制定政策时，能够根据经济发展的实际需求，设定合理的环境标准，并通过一系列的污染控制机制，保证经济活动不会对生态环境造成过度损害。与此同时，经济发展部门在推动经济增长的过程中，也需要充分考虑环境保护的需求，避免短期利益的追逐导致长远的生态损害。

在这种跨部门协作的框架下，环境保护部门发挥着重要的调控作用。通过设定排放标准、建立环境监测体系以及推广环保技术，环境保护部门为经济活动设定了生态底线。这种底线不仅能够防止生态环境的恶化，还为企业和个人的经济活动提供了明确的行为准则。此外，环境保护部门还通过与其他部门的密切合作，推动绿色技术的研发与应用，为经济增长提供技术支持。这样，不仅可以减少传统经济活动对环境的负面影响，还能够通过技术创新开辟出新的经济增长点。

而在推动生态经济的进程中，科技创新部门的作用不容忽视。绿色经济的成功很大程度上依赖于技术进步，尤其是在能源转换、节能减排、资源循环利用等领域。技术创新为绿色经济的构建提供了强大的驱动力，它不仅推动了传统产业的升级，还催生了许多新的产业形态。例如，新能源的开发、智能制造的推广、绿色建筑的普及等，都是技术创新与生态经济发展相结合的结果。这些技术突破不仅提高了经济活动的效率，也大大减少了对环境的破坏，从而为绿色经济的持续发展提供了源源不断的动力。科技创新的推进需要与多部门合作，才能确保绿色技术在各个领域的广泛应用。例如，能源领域的创新，尤其是可再生能源的开发与推广，需要政策引导、技术支持和经济激励的多方配合。科技创新部门与能源部门的紧密协作，不仅可以推动风能、太阳能等清洁能源的普及，还能加速储能技术的发展，提高能源利用的效率。此外，科技创新部门与工业制造部门的合作，也能够通过技术革新大幅降低资源消耗和环境污染，从而实现制造业的绿色转型。

除了政府内部的跨部门合作，社会各界的广泛参与也是生态经济发展的关键动力。企业、科研机构、非政府组织等社会主体在推动绿色经济中扮演着至关重要的角色。企业作为经济活动的主体，具有巨大的环境影响力。推动企业积极参与到生态经济的发展中，既可以有效减少经济活动对环境的负面影响，又能够提高企业的社会责任感和市场竞争力。为了实现这一目标，政府需要通过绿色采购、绿色金融等政策工具引导市场资源向环保领域流动。绿色采购是推动生态经济的一项重要政策工具。政府作为最大的采购方之一，通过优先购买环保产品和服务，可以对企业产生巨大的示范效应，鼓励更多企业生产和推广绿色产品。这种政策不仅能够减少经济活动对环境的损害，还能有效推动环保产业的快速发展，促进绿色经济的崛起。与此同时，绿色金融作为支持生态经济的另一重要手段，能够通过资金流向的调整，推动企业向更加可持续的方向转型。金融机构可以通过发行绿色债券、提供绿色贷款等方式，为环保企业提供资金支持，推动企业在绿色技术研发、节能减排项目等方面的投资。

非政府组织和科研机构在推动绿色经济的进程中同样扮演着积极的角色。科研机构通过开展前沿的绿色技术研究，为生态经济的发展提供了科学依据和技术支撑。而非政府组织则通过宣传、教育和倡导，推动公众对绿色经济理念的认同和支持。这些组织在生态保护、社会责任方面拥有广泛的影响力，它们通过监督和推动政策的执行，促进社会各界对环境保护的关注，从而形成推动生态经济的广泛社会共识。社会参与的积极性和深度决定了生态经济的实际成效。在公众方面，个人消费行为和社会价值观的转变将对生态经济的发展产生直接影响。为了推动公众参与到生态经济的建设中，政府需要通过教育、宣传和政策引导，使公众充分认识到环保与可持续发展的重要性。公众作为消费主体，其消费选择不仅影响着市场导向，也决定了企业的生产决策。因此，绿色消费理念的推广，对于推动生态经济具有重要意义。

在推动生态经济的过程中，国际合作同样是不可忽视的力量。全球范围内的生态问题，需要通过国与国之间的合作与协调，才能找到解决之道。全球气候变化、生物多样性丧失、资源枯竭等问题，都需要各国通过共同努力来应对。通过国际合作，各国可以共享先进的绿色技术和管理经验，推动全球范围内的生态经济发展。国际组织在推动生态经济方面发挥着重要的桥梁作用。例如，联合国环境规划署等国际机构，通过组织各国的合作，制定全球环保标准，推动各国在能源转型、污染治理等领域达成共识。此外，国际金融机构也可以通过绿色金融项目，为发展中国家提供资金和技术支持，帮助它们实现绿色转型。这种跨国的协作与支持，为全球范围内的生态经济发展创造了条件，也为实现全球生态文明提供了可能。

总之，生态经济的发展需要多方合作才能取得真正的成功。政府各级部门之间的协同合作，确保了政策的制定与实施能够有效协调环境保护与经济增长的关系。科技创新为绿色经济的推进提供了强有力的技术支撑，推动了传统经济向可持续发展模式的转型。而社会各界的广泛参与，不仅激发了市场活力，也为生态经济的构建提供了广泛的社会基础。在全球化背景下，国际合作将进一步推动生态经济在全球范围内的扩展与深化，共同应对全球生态问题，实现经济与生态的共赢。

三、国际合作与全球生态经济治理

生态问题的全球性特质使其成为整个世界共同面临的严峻挑战，其影响不仅限于某个国家或地区，而是对全球经济、社会及自然环境产生了深远的影响。因此，推动生态经济的发展，要求全球范围内的协同努力。任何单一国家的行动都无法独立应对这一庞大复杂的问题，唯有通过跨国合作、共同治理，才能在全局上实现生态经济的长足发展。国际合作和全球生态经济治理的深化，不仅是各国共同的责任，更是未来世界发展的关键所在。全球生态经济治理的核心在于建立一个稳定、长效的多边合作机制，确保各国能够在共同的框架下有效协作。国际组织如联合国、世界银行等在这一过程中扮演着举足轻重的角色。通过组织国际会议、推动合作协议的签署和执行，这些机构为全球生态经济治理提供了平台。它们不仅协调各国之间的利益关系，还通过设定共同的发展目标与标准，引导全球经济向可持续方向转型。

习近平总书记在气候变化巴黎大会上开幕式上指出："应对气候变化是人类共同的事业，世界的目光正聚焦与巴黎。让我们携手努力，为推动建立公平有效的全球应对气候变化机制、实现更高水平全球可持续发展、构建合作共赢的国际关系作出贡献"。《巴黎协定》作为全球气候治理的重要里程碑，深刻影响了世界各国应对气候变化的政策制定和行动方向。该协议不仅仅是各国在减少温室气体排放方面的一种承诺，它更为全球生态经济的发展奠定了系统框架。协定的精神在于推动低碳经济的转型，使得全球经济逐步摆脱对化石能源的过度依赖，走向更加清洁、可持续的未来。各国的承诺和实际行动，将在一定程度上缓解全球气候危机，并促进绿色经济模式的加速落地。国际合作不仅是各国在应对气候变化问题上协调行动的手段，更是一种机制，通过这一机制，全球生态经济发展得到了方向上的统一与推动。在此背景下，绿色经济政策得以跨越国界，从而为世界各国提供了一个共同的愿景，即将温室气体减排与经济增长并驾齐驱。各国通过合作，不仅提升了全球应对气候变化的行动一致性，还为全球生态经济发展提供了坚实的理论和实践依据。除了宏观的政策框架与全球共识的达成，技术转让与资金支持是推动生态经济发展的另一重要驱动力。在全球的生态经济转型进程中，许多发展中国家面临的挑战尤为突出。这些国家由于技术水平和资金资源的短缺，在绿色转型过程中常常遭遇瓶颈。通过国际合作，发达国家能够提供必要的技术转让与资金援助，帮助发展中国家克服技术障碍，实现绿色转型。这种协同合作不仅有助于维持全球经济发展的平衡，还进一步推动全球范围内的环境保护和可持续发展。

技术转让是全球合作的重要内容。发达国家积累了丰富的绿色技术与经验，通过这些技术的输出，发展中国家能够以更高效的方式实现能源转型、资源循环利用以及绿色生产。资金支持则在很大程度上缓解了发展中国家在发展绿色经济时面临的经济压力。世界银行、国际货币基金组织等金融机构，通过多边合作的框架，为生态项目提供了充足的资金保障。这些措施不仅帮助发展中国家提高了可持续发展的能力，也促进了全球生态经济的协同发展。随着全球化进程的推进，国际贸易与生态经济的关系也变得日益紧密。绿色经济的核心在于推动资源的高效利用和低碳发展，而贸易则在全球经济体系中扮演着资源配置的角色。通过绿色贸易政策的实施，国与国之间可以实现资源的跨国流通，并推动环保技术与可持续产品的广泛传播。绿色贸易不仅推动了环境友好型产业的发展，还通过规范国际贸易的行为，减少了全球范围内的环境负荷。与此同时，绿色贸易的兴起为生态经济的全球推广提供了强有力的动力，为各国的经济增长注入了可持续的活力。绿色贸易政策的设计旨在消除国际贸易对环境的负面影响。传统的贸易模式通常忽视了生产和流通过程中的环境成本，而绿色贸易则将环境因素纳入考量范畴，鼓励可持续产品和技术在国际市场中的流通与推广。各国通过推动绿色贸易，既可以在全球市场中分享环保技术的收益，也能在全球范围内共同承担起环境保护的责任。这种绿色贸易模式，不仅使全球经济更加可持续，还增强了世界各国在环保领域的协作与互信。

全球生态经济治理的另一个重要方面是包容性。发展中国家在全球生态经济体系中的话语权和参与度必须得到保障，才能确保全球范围内的生态经济合作真正实现共赢。发展中国家面临的资源困境和生态压力尤为突出，因此，发达国家在生态经济合作中的责任更加重大。通过技术与资金的支持，发达国家不仅能帮助发展中国家实现生态经济的可持续发展目标，还可以通过这种合作提升全球经济的整体可持续性。确保发展中国家在全球生态经济治理中的参与和权益，是全球可持续发展进程中不可或缺的一部分。与此同时，全球生态经济治理必须体现责任与利益的平衡。发达国家在全球经济体系中享有较大的经济和技术优势，它们在推动生态经济转型时应承担更多的责任。通过推动更高标准的环保政策、履行国际承诺、为发展中国家提供技术与资金支持，发达国家可以在全球合作中起到领导作用，携手其他国家共同实现可持续发展目标。

全球生态经济治理不仅仅是一种应对当下生态危机的解决方案，它还关乎未来世界的发展方向。通过国与国之间的协调与合作，各国可以共同应对气候变化、环境污染、资源短缺等全球性问题。这种合作不仅使全球经济更加可持续，还能够通过生态经济的发展推动全球社会的稳定与繁荣。全球生态经济治理不仅有助于提升全球经济的韧性和可持续性，还为未来的全球经济增长开辟了新的增长点。

通过国际组织的协调、多边协议的实施以及国与国之间的技术与资金支持，生态经济的全球化进程不断加快。这一进程不仅改变了全球经济发展的模式，还推动了全球经济体系从以消耗资源为主导的模式向可持续发展的模式转型。绿色技术的广泛应用、绿色贸易的兴起以及全球范围内的生态经济合作，正在逐步塑造出一个更加环保、更加公平的全球经济新秩序。

全球生态经济治理的成功取决于政策的指引、各方的协调合作以及国际社会的共同努力。通过推动全球生态经济的全面发展，世界将迎来一个更具韧性、更具包容性和可持续性的未来。在这一过程中，生态经济不仅仅是环境保护的工具，它还将成为全球经济增长的新动力源泉，为全球经济的未来注入全新的活力与机遇。综上所述，全球生态经济的治理需要多方力量的参与与合作。国际组织、国与国之间的协作以及技术与资金的支持，共同推动了这一进程的发展。随着全球生态经济合作的深化，未来的经济增长将更加注重环境保护与资源的可持续利用，而这一新的经济模式将为全球经济带来更加美好的前景。

第二节　生态经济发展的制度保障

推动生态经济的可持续发展，依赖于一套完善且稳定的制度保障体系。这样的制度设计不仅是为经济活动设定了框架和规则，更是为社会向绿色转型提供了强有力的支持与动力。生态经济的本质在于协调经济增长与环境保护之间的关系，确保经济活动在不破坏生态系统的前提下持续进行。因此，健全的法律法规、合理的市场机制和灵活的金融工具共同构成了这一体系的基石。它们不仅规范着各个经济行为主体的活动，还引导资本与资源向环保领域倾斜，从而助推绿色经济的健康发展。面对全球生态危机日益加剧的挑战，构建一个有力且系统化的制度保障体系，已经成为各国实现可持续发展目标的首要任务。在全球范围内，生态经济的发展需要依靠一系列互相协调的制度手段，而这些手段必须在不同层面相互作用。首先，法律法规的建设在很大程度上决定了生态经济发展的进程。它不仅对企业、政府和个人的行为进行规范，还为各类经济活动设立了明确的生态红线。通过强制性规范手段，法律制度能够有效遏制环境破坏的行为，并推动企业在合法的框架内探索更为绿色的经济模式。

从这个角度来看，法律不仅是约束性的工具，更是绿色转型的重要驱动力。一个全面的环境法律体系，应涵盖各个领域，从污染防治、资源保护到生态修复，都应有明确的法律依据。通过法律条文的明确规定，政府可以设立环境保护的底线，确保企业的生产和运营不会对生态系统造成无法修复的损害。同时，法律还可以通过奖励与惩罚机制，推动企业积极参与绿色技术的研发和推广，确保资源的可持续利用与生态系统的稳定。然而，单靠法律框架还远远不够。有效的市场机制也是推动生态经济发展的关键所在。在现代经济中，市场机制不仅能调节资源的流动，还能够引导资本和劳动力向更加符合可持续发展要求的行业和项目倾斜。通过建立绿色市场机制，可以激励企业和投资者将目光聚焦于那些对环境友好、对资源使用更高效的产业上。比如，通过引入碳交易机制，企业在市场化的环境中主动减少碳排放，同时获取经济利益。这样的市场机制通过经济激励促使各方自觉承担起生态责任，而不仅仅依赖于强制性约束。

市场化的机制不仅具有经济激励的功能，也能够通过价格信号传递出资源稀缺性与环境成本的信息。通过将环境成本内化于经济活动之中，市场机制可以有效约束那些试图通过过度消耗资源、忽视环境保护的企业行为。企业在追求经济利益的同时，也会更加注重其生态影响，从而形成一种自发的绿色经济运作模式。由此，市场的作用不仅仅在于调节供求关系，还在于将生态与经济发展紧密结合，形成长期的、可持续的经济增长路径。与此同时，金融体系在推动生态经济转型中起到了至关重要的支撑作用。绿色金融作为一种新兴的金融模式，不仅通过融资手段为环保项目提供资金支持，还能够有效引导社会资本向生态产业倾斜，推动绿色产业的崛起与发展。在这一体系中，金融机构通过发行绿色债券、提供绿色贷款等形式，为企业的绿色转型提供充足的资金来源。这种金融工具的运用，不仅缓解了企业在绿色技术研发和推广中的资金压力，也为整个社会的经济结构调整提供了更加灵活的资金支持。

绿色金融的真正价值在于，它不仅是一种金融创新，还通过资本流动引发了深层次的经济结构调整。金融机构在绿色经济中的角色，已经超越了传统的资本中介功能，它们通过引导资金流向，深刻影响着整个经济的运行逻辑。通过金融工具的创新，企业、政府和个人都可以获得更多的资本支持，在绿色经济领域进行长期投资。这不仅增强了社会整体的环境保护意识，也推动了环保技术的创新性发展。在金融体系的支持下，绿色产业不仅能够获得更快的发展速度，还能够通过资源配置的优化，推动经济从以资源消耗为基础的模式转向以技术创新和环保为核心的新模式。而这种转型，最终将带动整个社会的经济结构发生根本性变化，使绿色经济成为未来发展的核心驱动力。

当然，制度保障体系的建设并不仅仅局限于法律、市场和金融体系。政策激励机制也是推动绿色转型的重要组成部分。通过合理的政策设计，政府可以有效激励企业、投资者和消费者在绿色经济中发挥积极作用。比如，政府可以通过税收减免、财政补贴等手段，降低企业进入绿色产业的门槛，鼓励其加大对环保技术的研发和应用。此外，通过推广绿色消费，政府可以引导消费者选择更加环保的产品和服务，从而推动整个市场的绿色转型。政策激励不仅是推动绿色经济的手段，它也是政府调控市场的重要工具。通过政策设计，政府可以在保护环境与促进经济增长之间取得平衡。尤其是在经济转型初期，企业在绿色转型过程中往往面临较大的成本压力。而通过政策激励，政府能够帮助企业缓解这些压力，并为其提供更多的资金和技术支持。最终，政策激励机制将推动企业和社会整体朝着更加可持续的方向发展。

在制度保障的体系中，国际合作也发挥着至关重要的作用。生态问题的全球化特性使得任何国家都无法独自应对气候变化、资源枯竭和环境恶化的挑战。因此，各国通过国际合作机制，分享技术、经验和资金，是推动全球生态经济发展的必然选择。国际社会的共同努力，能够为各国提供更加广阔的技术支持和资金援助，帮助那些资源匮乏的国家实现绿色转型。总体而言，生态经济发展的制度保障体系，必须从法律、市场、金融和政策等多个维度着手，构建起一个系统化且稳定的框架。健全的法律法规为绿色经济的发展奠定了基础，通过明确的行为规范和生态红线，确保经济活动在可持续的轨道上运行。市场机制的引入，使资源流动与资本配置更加高效，通过市场化的手段，生态经济得以在市场的推动下实现长期发展。而绿色金融作为现代金融体系中的重要支柱，不仅为绿色项目提供了充足的资金支持，还推动了整个经济结构的绿色转型。最后，政策激励与国际合作的有机结合，确保了绿色转型能够平稳推进，实现经济与生态的协调发展。在这多重制度保障的共同作用下，生态经济不仅成为解决环境危机的路径，也成为全球经济增长的全新动力源泉。

一、健全的法律体系与环境监管机制

法律体系的建设无疑是推动生态经济发展的基石，为各类经济活动提供明确的行为边界与制度约束。通过设立一套严密的环境法律框架，政府能够有效规范企业、个人以及社会各界在经济活动中的行为，使其朝着可持续发展的方向迈进。生态经济的核心理念强调经济增长不应以牺牲环境为代价，而法律体系的健全正是确保这一理念得以付诸实践的关键环节。只有通过明确立法为环保标准提供法律依据，才能防止自然资源的无序开发和过度使用，确保经济活动符合生态环境的承载能力。环境法律体系不仅规范经济行为，更为长期的环境保护和资源管理提供了稳定的制度保障。全面而完善的环境法律体系必须涵盖多个维度，从污染防治、资源管理到生态修复，每一个环节都需要法律的明确规定与引导。通过设定清晰的标准，法律可以为各类经济活动设立"红线"，避免企业为了短期利益而进行高污染、高耗能的生产。以明确的污染物排放标准为例，法律能够通过限制工业和农业生产中的污染排放，保护空气、水体以及土壤等自然资源的质量。在此框架下，法律为环境保护设定了严格的底线，要求所有经济活动必须在环境可承受的范围内进行。

这一套严密的法律框架不仅在环保领域发挥作用，还将生态修复纳入其范围内。对受到污染和破坏的生态系统进行恢复，是生态经济发展的一个重要组成部分。通过明确修复责任和具体措施，法律能够推动受损地区的生态恢复，确保这些区域能够重新具备生态和经济的双重价值。在这一过程中，法律不仅为生态修复提供了制度支持，还为生态技术的应用与发展提供了更多空间。然而，法律的存在并不意味着问题的自动解决。一个有效的环境法律体系必须辅之以强有力的监管机制，否则再健全的法律条文也难以落到实处。环境监管机构在这一过程中承担着重要责任，它们必须具备充足的权力和资源，能够及时发现并处理环境违法行为。通过建立强大的环境监管机制，政府能够确保环保政策不再停留在纸面上，而是得到有效执行。

环境监管机制的核心在于其高效性与透明度。现代科技的发展为环境监控提供了更加精准的工具和手段，利用卫星遥感、大数据分析等技术，监管机构可以对污染源进行实时监控，快速掌握生态环境的变化情况。这种技术的应用不仅提高了监管的精准度，也大大提高了监管效率。监控技术的提升使得违法行为能够及时被发现和制止，从而防止环境污染和生态破坏进一步扩散。

除了技术层面的进步，环境监管的有效性还依赖于管理层面的透明度。政府应当建立公开、透明的环保信息发布机制，让公众及时了解环境政策的执行情况和环境质量的变化。这种透明度能够提高社会对环境治理的信心，也为监管机构的工作提供了更广泛的监督。通过提高政策执行的透明度，公众和社会组织能够更好地理解并支持政府的环境保护措施，从而增强环境政策的公信力与执行力。

值得一提的是，环境法律的执行不仅仅是监管机构的责任，社会各界的广泛参与同样是确保环境治理成功的必要条件。公众和非政府组织在这一过程中扮演着重要的监督角色。作为利益相关者，公众对周围环境的变化往往有着最直接的感知，因此公众参与环境监督，能够为环境保护提供强有力的支持。通过参与环境监测、提供政策反馈以及举报环境违法行为，公众可以帮助政府发现问题并及时采取应对措施。这种社会监督不仅扩大了环境保护的覆盖面，还提升了环保政策的执行效率。非政府组织在推动环境法律实施中也起到了至关重要的作用。这些组织通常具备专业的知识和丰富的实践经验，能够通过独立的环境监测与研究，提供可靠的政策建议和实施方案。此外，非政府组织还能够通过媒体宣传、公众教育等方式，增强社会的环保意识，激发公众积极参与环境保护的热情。这种从基层发起的环保行动，不仅能够增强公众对环境问题的敏感度，还为环境法律的落实提供了更广泛的社会基础。

法律体系与监管机制的结合为生态经济的发展提供了长效的法律保障。这种法律与监管的双重约束机制，不仅能够有效防止经济活动对环境的破坏，还能够推动企业和社会各界自觉遵守环保标准，促进社会经济的绿色转型。在这种制度保障下，企业和个人都必须在法律规定的范围内进行经济活动，这不仅有助于保护环境，也为长期可持续发展奠定了坚实的基础。除了法律和监管体系，全球环境治理中的合作机制也应成为环境法律体系的一个重要维度。面对全球性环境问题，各国需要在国际法律框架下进行合作，制定统一的环境标准和政策。通过签订国际条约和协议，各国可以共同应对气候变化、跨国污染以及生态退化等全球性挑战。这些国际协议不仅为各国提供了应对环境危机的行动指南，还促进了环保技术与经验的国际交流与传播，从而推动全球生态经济的协同发展。

总体来看，推动生态经济的关键在于构建一个稳定、健全且可持续的法律和监管体系。法律不仅为各类经济活动设定了明确的行为边界，还通过立法为资源保护和生态修复提供了强有力的支持。环境监管机制的建立则确保了法律能够真正落地实施，并通过技术手段与社会监督，增强了环境政策执行的有效性与透明度。同时，公众和非政府组织的参与，不仅拓展了环境保护的社会基础，还为环境法律的落实提供了重要的推动力。通过这种多层次、多主体的法律与监管保障，生态经济发展将能够在制度层面获得持久的支持，进而实现经济增长与环境保护的和谐共生。

二、绿色金融体系的构建与推广

推动生态经济发展过程中，金融体系的作用尤为重要。绿色金融作为一种将环境保护纳入核心考虑的金融创新工具，正在成为引领经济转型的强大推动力。它通过引导资本流向环保产业和绿色技术，促进经济活动与生态保护的协调统一。绿色金融不仅是优化资源配置的关键方式，更是提高金融体系稳定性的重要手段。在构建绿色金融体系时，必须在多个层面进行创新与制度设计，确保这一体系能够有效支持生态经济的转型。政府在这一过程中扮演着重要的角色，其政策设计直接影响金融机构的投资方向与市场行为。而金融机构作为资金的中介者，通过金融工具的运用，将资本合理流向可再生能源、节能技术和生态修复等领域，确保资源得到高效配置。正是在政策引导和市场驱动的共同作用下，绿色金融才能真正发挥推动生态经济发展的作用。

绿色金融政策的制定需要深刻理解金融与环境保护之间的内在关联。通过政策引导，金融市场的资源分配机制可以更好地服务于环境保护和经济增长的双重目标。金融机构不仅可以通过传统的贷款和投资支持企业发展，还可以根据项目的生态效益，提供专门针对环保项目的资金支持。这种政策引导要求金融机构在为项目提供资金时，不仅要考虑经济收益，还必须将环境效益作为重要的评估标准。只有这样，才能确保资金真正流向那些对生态环境友好的项目和产业，助力绿色经济的全面发展。在这个体系中，绿色债券作为一种重要的金融工具，逐渐成为政府和企业筹集环保资金的有效途径。绿色债券不同于传统债券，它不仅提供了长期的资金支持，还通过资本市场的力量推动了经济的绿色转型。通过绿色债券，政府和企业可以为一系列环境保护项目，包括可再生能源开发、生态修复、污染治理等，提供充足的资金来源。这种金融产品的推出，标志着金融市场对绿色经济需求的积极响应，也为全球可持续发展目标的实现提供了有力的资金保障。除了绿色债券，绿色贷款和绿色基金等多种金融工具的引入，使得绿色金融体系更具多样性和灵活性。绿色贷款为企业在实施节能减排、开发绿色技术等方面提供资金支持，而绿色基金则通过股权投资和资本运作，将更多的私人资本引入环保产业中。这些金融工具不仅推动了绿色技术的应用与推广，还通过市场化手段，促进了更多资金在绿色经济领域中的流动。

　　然而，绿色金融体系要想发挥其最大效能，不仅需要丰富的金融工具，更需要透明的金融市场和信息披露机制。金融市场的透明度在这一体系中具有至关重要的地位。企业在申请绿色金融产品时，必须明确项目的环境影响和生态效益，确保投资者能够准确评估其可行性与潜在收益。提高信息披露的透明度，不仅能够降低投资者的风险，还能确保金融市场的公平与效率。这一透明度的提升不仅对金融机构和企业具有约束力，对公众和监管机构也同样重要。通过透明的信息披露，公众可以更好地了解绿色项目的执行情况，而监管机构也能够及时介入，确保绿色金融工具的使用过程符合预期目标。这种透明的市场机制，能够增强绿色金融体系的稳定性，并进一步推动更多社会资本流向生态经济领域。绿色金融体系的推广还依赖于金融市场的健康发展和市场机制的优化。在市场机制的调节下，金融机构、企业和投资者能够在绿色经济转型中获得丰厚的经济回报。通过运用市场的力量，绿色金融可以激发资本的流动性，推动绿色项目的实施与发展。市场的活力在这个过程中至关重要，它不仅提高了资金的使用效率，还为金融体系注入了创新动力，推动绿色金融不断向前发展。

　　市场机制的优化并非意味着单纯依赖市场调节，政府在其中的作用仍不可忽视。绿色金融的健康发展，既依赖于市场力量的推动，也需要政府的政策引导和支持。政府通过制定相应的激励机制，推动金融机构积极参与绿色项目的投资与融资活动。通过提供财政补贴、税收优惠等政策工具，政府能够有效降低金融机构在绿色项目上的投资风险，确保更多的资金流向环保产业。这种政策引导与市场调节的结合，使得绿色金融体系更具活力和可持续性。随着绿色金融体系的不断发展，它不仅成为推动绿色经济的重要手段，还在优化资源配置方面发挥着越来越突出的作用。绿色金融通过推动资金流向可再生能源、节能技术、环保产业等领域，使得资源配置更加高效合理。资本的流动不仅为绿色经济提供了必要的资金支持，也为整个金融体系的稳定性和创新性注入了新的活力。

　　这种资金的有效流动使得金融市场能够在环保产业中获得巨大的投资回报。资本市场的活跃促使更多资金进入环保领域，而环保产业的发展则为金融机构和投资者提供了更为广阔的市场机遇。这种双向互动的关系推动了绿色经济和金融体系的共同繁荣，为未来经济增长和生态环境保护提供了坚实的基础。不仅如此，绿色金融的推广也促使企业逐渐意识到其社会责任。通过金融市场的推动，企业必须在经济活动中更加注重环境保护，才能获得资金支持。环保项目和绿色技术的推广不仅能够提升企业的市场竞争力，还能增加企业的社会公信力。企业与金融市场之间的良性互动，进一步推动了整个社会的生态意识觉醒，使得绿色经济成为市场主流。

绿色金融体系的构建不仅关乎生态经济的发展，还关乎金融市场的稳定与创新。通过推动绿色金融工具的广泛应用，金融市场在服务环境保护和经济发展方面找到了新的平衡点。绿色金融不仅推动了生态经济的全面发展，还通过优化资源配置，为全球经济的长期稳定奠定了基础。在全球经济日益一体化的今天，绿色金融的发展也为国际社会的合作提供了更多契机。通过跨国界的绿色金融合作，发达国家可以帮助发展中国家获得更多的资金和技术支持，实现可持续发展目标。这种全球范围内的金融合作，不仅推动了各国的绿色经济发展，还促进了全球生态保护和经济繁荣的共赢。①

总的来说，绿色金融体系的构建与推广，是推动生态经济转型的重要动力。它通过资金的有效配置、市场机制的优化、政策激励的推动以及国际合作的深化，为绿色经济的健康发展提供了坚实的支撑。绿色金融不仅是经济发展与生态保护的桥梁，也是全球经济体系中不可或缺的创新工具。通过进一步优化绿色金融体系，全球将迈向一个更加可持续、更加繁荣的未来。

三、政策激励与市场导向的有机结合

推动生态经济的发展，单靠法律和金融工具不足以实现全面的经济转型。要真正推动生态经济走向深入，政策激励机制与市场导向的有机结合，才能提供持久的动力。政策的激励效应不仅可以有效引导企业和个人自发参与到绿色经济的建设中，还能够推动社会各个层面达成共识，形成更广泛的社会合力，为生态经济提供内生发展动力。政策的制定不仅关乎政府的战略规划，还深刻影响着企业的创新方向和市场行为。通过设计和实施一系列政策激励措施，政府可以有效推动绿色技术的开发与应用。新能源、绿色建筑、节能减排等领域都可以通过税收减免、财政补贴等措施，得到更多的资源支持。这样的激励机制不仅减少了企业在创新和转型过程中面临的财务负担，还能

---

① 李玉梅，代和平，桂峰．生态文明建设促进农村经济发展格局优化的措施［J］．现代农业科技，2018（8）：256，258.

在竞争压力下激发企业的技术进步和市场活力。政策激励不仅是单向的资金支持，它带来的长期影响更为深远——在环保技术的不断进步中，市场竞争力也得以提升，绿色产业获得了长远发展的动力。

通过精心设计的政策框架，绿色技术的研发和推广能够更为迅速而高效地展开。政策激励将技术创新视为解决环境问题和促进经济增长的关键力量，鼓励企业大胆投入环保技术的研发，并推动这些技术快速进入市场。从绿色能源技术的应用到绿色建筑的普及，再到节能减排措施的推广，每一个领域都能够通过政策激励获得长足发展。这样的政策不仅促进了绿色经济的蓬勃发展，也使得整个市场更具适应性和竞争力。在推动绿色经济发展的过程中，市场机制的作用不可或缺。市场本身是资源配置的重要手段，具有自我调节的能力。政府通过有效的政策设计，可以将市场导向和政策激励机制相结合，使得经济活动更具可持续性。以碳交易市场为例，市场机制可以通过碳配额的买卖，调节企业的碳排放行为。在这一框架下，企业根据自身的排放量和市场需求，通过碳配额交易实现资源的最优配置。这一机制不仅对碳排放量进行了有效管理，还为企业提供了经济激励，使其在减少排放的同时获得市场回报。

碳交易市场的引入为推动绿色经济提供了实际的激励措施。通过市场化的手段控制污染物排放，企业的行为不再仅仅是被动的政策遵守，而是转化为主动追求市场收益的过程。企业通过减少自身排放获得更多的碳配额，或者通过市场购买碳配额来弥补自身的过量排放。这种灵活的市场机制，不仅有效降低了政策执行的成本，还大大提高了政策的执行效率，使环保行为与经济效益紧密结合。政策激励与市场导向的有机结合还体现在绿色消费引导上。消费者的需求对市场结构具有决定性影响，通过政策引导消费行为转向绿色环保方向，能够间接推动整个生产领域的转型。政府通过制定绿色消费标准，推广低碳产品、鼓励绿色生活方式等措施，可以促使消费者选择更加环保的产品与服务。消费者的选择一旦发生变化，市场需求结构便会随之调整，从而带动生产端的绿色转型。在这一过程中，市场导向与政策激励共同作用，为绿色经济的发展提供了强大的推动力。

通过这种自下而上的市场需求引导，绿色产品和服务的供应将逐渐成为市场主流。生产者在迎合消费者需求的过程中，不仅要提高产品质量，还必须兼顾环境影响。这一趋势使得绿色竞争力成为企业的重要标杆。环保不再仅仅是政府的要求，消费者的需求促使企业主动进行环保创新，市场竞争因此变得更加健康和可持续。政策激励的引导作用，不仅体现在对企业的技术创新推动上，还通过市场的反馈促进绿色经济的进一步扩展。在一个政策引导、市场导向的经济环境中，企业竞争力不仅依赖于产品和服务的质量，还体现在其环保能力和社会责任感上。通过实施合理的激励机制，政府为绿色经济的发展提供了广阔的空间，使企业在满足市场需求的同时，积极推动绿色技术的研发和推广，促使整个社会逐步实现绿色转型。

这种政策激励与市场导向的结合，为生态经济提供了长效驱动机制。它使得绿色经济不再仅仅依赖政府的顶层设计，而是在市场自发力量的推动下，形成了自我发展的能力。企业在政策激励下进行创新，而市场需求又反过来驱动企业进一步提升竞争力。在这一良性循环中，绿色经济不仅实现了稳定的增长，还能够应对未来更加复杂的环境挑战。

在这种政策与市场双重作用下，绿色经济的发展得以深入推进，生产和消费行为逐渐向更加环保和可持续的方向转变。企业之间不再只拼产品和服务的传统指标，而是逐步将环保能力作为企业竞争力的一部分。企业越是在环保方面表现突出，越能赢得市场的青睐。这种竞争力的转变，将推动整个产业链向绿色方向转化，从而为生态经济的发展提供更加广阔的市场空间。

因此，推动生态经济发展的制度保障体系必须从多个层面着手，构建一套全方位的框架。健全的法律体系和环境监管机制是根基，它们为经济活动设立了明确的行为规范，确保生态经济在合法有序的框架下运行。绿色金融的推动则通过资本的流动，使得经济活动在资源配置方面更加绿色化与高效化。而政策激励与市场导向的有机结合，则确保了生态经济的长期可持续性，使得经济转型不仅是自上而下的政策推动，更是自下而上的市场创新和消费者选择。通过这些相互协调的制度设计，生态经济得以在多个领域持续发展，并在整个社会中得到广泛的支持。社会各界，包括政府、企业、投资者以及消费者，都能够在这一制度框架中找到自己的位置，并在各自领域中发挥积极作用。正是这种多方力量的共同参与，使得生态经济的未来充满了发展潜力，并最终实现经济增长与环境保护的双重胜利。从这一角度来看，生态经济的发展不仅仅是一个政策问题或经济现象，它已经成为全球可持续发展大潮中的一个重要组成部分。通过精心设计的制度保障体系，生态经济的发展将具备长期的稳定性和广泛的社会支持，促使绿色转型从一个愿景变为现实，为未来的经济发展注入强劲动力。

第三节 经济转型中的激励与对策

在全球绿色转型的趋势下，推动经济转型已成为各国政策设计中的重要议题。经济转型不仅是简单的产业升级，它还反映了社会、技术和产业的全面变革。要实现这一转型过程，不仅需要调整经济结构和生产方式，还需要重新思考人与自然的关系。政策制定者在推动绿色转型的过程中，必须构建一套全方位的激励体系，涵盖技术创新、产业结构调整以及社会广泛参与。只有这样，才能确保这一复杂的过程得到顺利推进，并为未来的经济可持续增长提供持续动力。推动经济转型的关键在于激发技术创新的潜能。技术进步不仅是经济发展的推动力，更是应对全球环境挑战的重要手段。在绿色转型的背景下，技术创新的重点不仅仅是提高生产效率，还需要通过新技术减少对自然资源的消耗并降低污染排放。为实现这一目标，政府和企业必须在技术研发上投入更多资源，同时鼓励跨领域合作，以确保创新技术能够快速应用于实践。激励技术创新的政策机制需要有长远的战略视野。通过一系列政策激励，政府可以促进绿色技术的研发与推广。例如，在新能源领域，政府可以通过设立专门的研发基金，支持企业和研究机构开发具有高效性和低环境影响的能源技术。这种政策不仅能推动技术进步，还能够带动相关产业链的升级，形成良性的经济发展循环。

技术创新还需要依赖于开放的创新环境。各国可以通过建立绿色技术创新平台，推动跨国技术合作，分享绿色技术的最新成果。通过技术创新网络，企业、科研机构和政府能够更加紧密合作，共同解决转型过程中遇到的技术难题。这种开放的创新环境不仅有助于推动技术进步，还能加速绿色经济的全球化进程。

除了技术创新，产业结构的调整也是经济转型的重要组成部分。传统的高污染、高能耗产业不再适应现代社会的可持续发展需求，经济增长的重点应逐步从资源密集型行业转向知识密集型和绿色技术密集型产业。为了实现这一目标，政策必须明确引导资本和资源向绿色产业转移，同时通过有效的市场机制促使企业主动进行绿色转型。

引导产业结构调整的政策工具种类繁多，其中包括财政政策、税收优惠以及市场激励措施。通过降低绿色企业的税负，提供财政补贴和技术支持，政府可以有效引导资金和人才流向环保领域。此外，推动高污染企业进行绿色技术改造、淘汰落后产能也是产业结构优化的关键步骤。通过政策引导，政府不仅推动了产业链条的升级，还能够促进整个经济结构更加符合可持续发展的要求。在这一过程中，市场的力量不能被忽视。市场机制在资源配置中的重要性体现在其对资金和技术流向的有效调控。通过碳交易市场、绿色债券等金融工具，市场可以通过价格机制促使企业加快绿色转型。例如，碳交易市场通过为碳排放设定价格，迫使企业减少碳排放并引入清洁技术。这种市场导向的激励机制，不仅为企业提供了经济回报，还推动了环保技术的快速推广。经济转型的顺利实现还需要广泛的社会参与。社会力量的积极介入能够推动转型目标的快速达成。公众作为消费的主体，其消费模式的改变能够直接影响市场行为。通过政策引导，公众可以逐步形成绿色消费理念，选择更加环保的产品和服务。消费者行为的转变，不仅能够推动企业绿色化，还可以通过需求拉动，促使整个市场结构发生变化。

鼓励社会广泛参与的关键在于提升公众的环保意识并引导其进行实际行动。教育与宣传在这一过程中扮演着不可替代的角色。政府和社会组织可以通过环保教育、公众宣传以及社区活动，提升公众对可持续消费的认识。例如，政府可以推动环保产品的认证与标识制度，使消费者能够更加方便地选择绿色产品。这样的政策引导，能够帮助公众认识到自己的消费选择对环境的影响，从而自觉转向可持续消费模式。此外，绿色消费的推广还需要配套的政策支持。政府可以通过制定绿色消费补贴政策，鼓励公众购买环保产品。例如，针对电动汽车、节能家电等绿色产品的购买，政府可以提供财政补贴和税收优惠。这不仅能够帮助消费者降低绿色消费的成本，还能进一步推动绿色产品的普及与市场发展。随着公众对绿色产品的需求日益增加，企业也将更加积极地参与到绿色生产中来，从而进一步加快经济转型的进程。

社会的广泛参与不仅推动了消费领域的变革，还促进了生产环节的绿色化。随着消费者的需求转向环保产品，企业需要更加注重其生产过程中的环境影响。这种自下而上的压力，促使企业加快技术革新与产业结构调整，推动绿色生产模式的广泛应用。由此，社会的广泛参与成为经济转型的有力推动力，为绿色经济的建设提供了广泛的社会基础。推动绿色转型的综合激励体系不仅需要从技术、产业和社会三个层面展开，还必须确保这些政策和机制能够有效联动，形成协同作用。政策设计者需要深入理解市场机制和社会行为的复杂性，设计出能够充分发挥各方力量的激励政策。通过在技术创新领域给予充足支持，鼓励企业在绿色技术上进行长期投资；在产业结构调整中，通过资本引导和政策扶持，推动绿色产业崛起，淘汰高污染行业；在社会参与上，通过政策宣传和消费激励，引导公众转向绿色生活方式。这种多层次、多角度的激励体系，将确保经济转型能够得到充分的政策支持和市场反馈，从而推动绿色经济的健康发展。各国通过政策设计，不仅能够引导本国经济转型，还能够在全球绿色经济的浪潮中占据战略优势。通过积极推动绿色技术的研发与推广，产业结构的调整以及社会的广泛参与，未来的经济模式将不再依赖于资源的过度消耗，而是建立在可持续发展与技术创新的基础上，确保全球经济和生态环境的双重平衡。

从全球视角来看，经济转型不仅仅是个别国家的需求，它是全球合作的必然要求。气候变化、环境污染等问题具有全球性，因此推动绿色经济的转型必须依赖国际合作。各国可以通过共享绿色技术、推进绿色投资与贸易合作，共同应对全球生态挑战。与此同时，跨国政策的协调也能够为全球绿色经济创造更加有利的市场环境，推动各国在绿色经济领域的长期发展。总的来看，推动经济转型的关键在于构建一套全面、协调的激励体系。技术创新、产业结构优化和社会参与这三大要素相辅相成，共同推动经济转型的顺利进行。通过政策激励与市场导向的有机结合，绿色技术将加快突破，绿色产业将蓬勃发展，公众的绿色消费理念也将逐步确立。各国在全球绿色转型的过程中，既是经济模式的创新者，也是全球环境保护的推动者。通过这一全方位的激励体系，未来的经济将更加可持续，全球的生态环境也将更具韧性。

一、创新驱动与技术升级的激励机制

技术创新是经济转型中不可或缺的驱动力，尤其是在面对全球环境挑战和资源紧张的背景下，绿色技术的研发与应用发展成为推动可持续发展的关键途径。这一过程不仅在减少对自然资源依赖的同时为经济注入新动力，还为未来经济增长开辟了更加广阔的路径。政府在推动这一转型过程中，需要构建一套完善的激励机制，从多方面推动技术的创新和升级，确保经济扩展的同时，不增加资源的消耗，突破传统增长模式的瓶颈。技术创新并不仅仅局限于研发过程的支持，更需要从政策设计、资金投入、市场引导和技术生态构建等多角度发力。通过各类激励措施，政府能够有效刺激企业和科研机构的创新动力，鼓励他们开发出符合绿色转型要求的新技术、新工艺和新模式。为了实现技术升级和创新的顺利开展，政府不仅应提供研发资金，还应从税收优惠、政策引导等多个方面提供支持，确保技术的突破能够真正应用于市场，产生经济效益。

在推动技术创新的过程中，资金支持始终是最为核心的要素之一。绿色技术的开发往往需要大量的前期投资，无论是新能源的开发、节能减排技术的应用，还是生态修复技术的推广，背后都需要巨大的资金投入。对此，政府可以通过设立专门的绿色技术基金，定向支持那些致力于绿色技术开发的企业和科研机构。通过这种资金支持机制，技术开发者能够有效分担前期投资的风险，减轻资金压力，从而使创新活动更加稳定、持续地进行。除此之外，税收政策也可以成为激励创新的有力工具。对于那些投入大量资源开发绿色技术的企业，政府可以给予税收减免或税收优惠的政策，进一步降低企业的运营成本。通过这一举措，企业不仅能够增强自身的市场竞争力，还能够为整个产业链注入更多创新动力。在这样的激励政策下，企业在绿色技术领域的投资将变得更为大胆和积极，技术升级也将更加迅速和广泛地展开。

技术创新的推动不仅依赖于资金和税收支持，政策的引导和创新生态的建设同样至关重要。政府在推动技术升级时，除了为企业和科研机构提供资金支持，还需要为其打造一个有利于创新的政策环境。在这一背景下，技术合作和资源共享成为推动绿色技术创新的关键要素之一。通过建立技术创新平台，政府可以有效促进科研机构、企业、金融机构以及相关部门的协同合作，推动不同领域的技术力量融合，形成更为高效的创新生态。例如，在新能源领域，政府可以搭建技术创新的孵化器，为企业和科研人员提供一个自由交流和合作的空间。通过这一平台，不同企业之间能够共享资源、技术和市场需求，进一步提升技术创新的效率。与此同时，金融机构也可以借此平台为创新活动提供资金支持，确保技术研发的资金流动更加顺畅。这样的合作不仅能够打破技术壁垒，还能够使绿色技术更加紧密地与市场需求对接，确保创新活动能够真正落地，推动市场结构的绿色化转型。技术创新平台的搭建并非局限于国内，跨国合作同样是绿色技术创新的一个重要路径。通过引入国际领先的绿色技术和研发经验，各国可以加速自身的技术进步。同时，跨国合作也能够推动全球范围内的绿色技术推广，促进全球经济向可持续发展的方向迈进。通过构建全球绿色技术合作网络，不同国家和地区能够更加高效地分享彼此的创新成果，并共同应对全球性环境挑战。

技术创新的成功不仅在于研发环节，还体现在其如何应用于产业结构的调整和经济模式的转型中。通过技术升级，传统产业能够实现绿色转型，摆脱对高污染、高能耗模式的依赖，走向更加环保和高效的发展路径。例如，制造业可以通过引入智能化、绿色化的生产工艺，大幅减少资源的浪费和污染物的排放，从而提升整体的生产效率。对于能源、交通等高排放行业，技术的应用则能够推动其快速向低碳化方向发展，从而大幅降低碳排放总量。绿色技术的推广和应用，不仅是推动产业升级的关键手段，还为经济的长期可持续发展提供了坚实的技术基础。通过技术的不断进步，社会能够在经济扩展的同时，更好地应对气候变化、环境污染等问题，实现经济与环境的双赢局面。随着技术创新的不断推进，绿色经济不仅将成为未来发展的重要趋势，还将为全球可持续发展目标的实现提供强有力的支撑。与此同时，技术创新也推动了社会整体生态意识的提升。随着绿色技术的推广，人们的生产和生活方式发生了深刻变化。从能源使用、交通出行到日常消费，绿色技术在各个方面的应用促使社会在更大范围内形成环保共识。技术进步带来的不仅仅是经济模式的转变，更是社会生活方式的全面升级。因此，政府在推动技术创新的过程中，必须从经济、社会、文化多个维度协同推进，以确保技术创新的成果能够真正惠及社会全体。

政策激励的多维度设计不仅推动了技术创新，还为整个经济体系带来了深远的影响。在技术驱动的背景下，绿色经济逐渐从小众行业向主流领域扩展，绿色技术逐步成为各行各业的必然选择。通过政策的引导，市场开始逐渐转向更加绿色化、智能化的方向发展，而企业也在创新激励的推动下，积极开展绿色技术的研发与应用。政策与市场的结合，确保了技术创新不仅是学术和科研的成果，更是经济转型的重要驱动力。最后，推动绿色技术创新不仅关乎经济层面的发展，还涉及全球环境保护和社会福祉的提升。技术创新推动了全球范围内的资源再利用和污染防控，通过技术手段减少对自然资源的消耗和环境的破坏。随着绿色技术逐渐成为主流，全球碳排放量将得到有效控制，而空气污染、水污染等环境问题也将大幅缓解。这不仅为未来的经济增长创造了更加稳定的环境基础，也为下一代提供了更加宜居的生活空间。①

总之，技术创新作为经济转型的核心驱动力，在绿色经济发展中占据了重要位置。通过构建全面的激励机制，政府可以有效推动企业和科研机构的创新活动，并确保绿色技术能够顺利应用于市场。无论是通过资金支持、税收优惠，还是通过创新平台的搭建和政策引导，技术创新的激励机制都能够为经济的可持续发展注入强劲动力。未来，随着绿色技术的进一步突破和推广，全球经济将逐步向更加绿色、低碳和智能化的方向发展，为实现可持续发展目标奠定坚实基础。

二、产业结构优化与绿色投资的政策导向

产业结构优化是推动经济转型的关键要素之一。传统的高污染、高能耗产业模式在当今全球追求可持续发展的背景下，已不再适应社会的长期发展需求。经济发展与生态保护之间的平衡成为各国政策制定者必须面对的现实挑战。为此，绿色经济的发展不仅要求对现有产业进行深度改造和优化，还需要通过政策设计和市场引导推动资源向绿色领域的流动。政策的引导和绿色投资的推动作用在这一过程中尤为重要，它们不仅帮助构建新的经济增长模式，还为生态文明的建设提供了基础保障。绿色投资作为一种长期战略，通过财政政策、税收激励、金融工具的综合运用，能够有效引导资本流向环保产业，推动新兴绿色技术和产业的崛起。这种投资不仅促进了绿色技术的广泛应用，还能带动全社会对环保产业的重视，使得绿色产业成为未来经济增长的主流动力。通过建立绿色债券、绿色贷款等金融产品，企业在推广环保技术的同时，可以获得长期资金支持，确保绿色项目在资金供给方面的稳定性。

例如，绿色债券作为一种专门用于环保项目的金融工具，能够为企业和政府提供长期的资本来源，用于开发可再生能源、节能减排以及生态修复等项目。这种债券不仅为企业提供了资金支持，还通过资本市场的力量，推动整个社会对绿色产业的关注和参与。绿色贷款的设计也可以根据企业的具体需求，为不同规模的环保项目提供灵活的资金支持，推动资本流向符合生态

---

① 陈璋. 绿色发展责任担当问题探究［D］. 南昌：江西师范大学，2011：79.

经济发展方向的行业。与此同时，政府通过设立环保基金，进一步强化了对绿色产业的资金保障作用，确保绿色技术的研发和推广能够在整个产业链中得到持续的支持。

政策的引导作用不仅体现在资金支持层面，更深远的意义在于其对产业结构的重塑和优化。通过有效的政策激励，政府能够推动高污染产业的逐步退出，为新兴绿色产业的发展腾出空间。产业结构的优化并不意味着简单地淘汰传统产业，而是通过绿色技术的引入和创新，推动这些产业向更加环保和高效的方向转型。例如，制造业可以通过引入智能化、绿色化的生产工艺，不仅大幅降低了资源的浪费，还能够显著提升生产效率和市场竞争力。这样的产业转型使得传统行业在绿色经济的背景下，焕发出新的活力。以制造业为例，长期以来，制造业一直是资源消耗和污染排放的主要来源。然而，通过绿色技术的应用，这些行业可以在保留核心竞争力的同时，减少对自然环境的破坏。智能制造技术、清洁生产工艺、循环经济模式的引入，使得高耗能的制造业得以实现从"高耗高污"到"低耗低污"的转变。这种转型不仅对企业自身的经济效益产生了积极影响，也为社会的绿色转型创造了重要条件。在政府的政策激励下，企业通过技术改造获得了新的经济增长点，缓解了资源紧缺和环境压力之间的矛盾。

此外，绿色投资的政策引导也不应局限于单个行业或产业。产业链的全面优化与绿色化同样是绿色经济发展的核心要求。通过政府政策的引导，绿色产业链的延伸与升级可以实现，从原材料生产到最终产品消费环节都得以绿色化。例如，在农业领域，政策的支持可以推动生态农业的发展，使得农业生产更加符合环保和可持续的要求。生态农业不仅能够有效减少农业生产对土壤和水资源的破坏，还能够通过生态循环系统的建立，减少对化肥和农药的依赖，从而保障粮食安全，同时推动碳减排目标的实现。这种产业链优化不仅仅停留在生产端，它更关乎整个产业生态的重构。通过绿色技术和环保理念的嵌入，绿色经济的逻辑贯穿于从生产到消费的各个环节。例如，在绿色农业的推广过程中，消费者的需求也逐渐由传统的高产量向高质量和环保方向转移。政府可以通过政策扶持，促进生态农业产品的流通，鼓励市场更广泛地接受绿色食品，推动整个农业链条的绿色转型。这样一种全产业链的优化和绿色化，不仅推动了单一行业的绿色转型，也为整个经济体系的可持续发展提供了基础支持。

除了国内政策的引导，产业结构的优化还需要具备全球视野。全球化背景下，绿色投资合作成为推动全球产业绿色转型的重要力量。发展中国家在技术和资金方面往往存在较大缺口，绿色转型过程中面临诸多困难。而发达国家在绿色技术和资金支持方面的相对优势，能够通过跨国合作和技术转让，帮助发展中国家加快绿色转型步伐，实现全球范围内的可持续发展目标。通过国际合作，发展中国家不仅能够获得发达国家的技术支持，还可以通过全球市场参与绿色产业链的建设，实现绿色经济的全球化布局。绿色投资的全球化不仅促进了不同国家之间的合作与共赢，还为发达国家在全球绿色经济中占据主导地位创造了机会。通过技术转移和资本输出，发达国家不仅推动了全球绿色产业的发展，还为自身在未来全球经济中的竞争优势打下了基础。与此同时，发展中国家通过引进先进的绿色技术，提升了自身在全球市场中的竞争力，实现了经济增长与生态保护的双重目标。全球视野下的绿色投资合作不仅限于国家层面，跨国企业、国际组织和金融机构也在推动全球绿色经济发展中扮演着重要角色。国际合作机构通过资金援助、技术转让和项目合作，推动了全球范围内的绿色产业链建设。而跨国企业在这一过程中，不仅通过绿色技术的应用实现了自身的可持续发展，还通过全球供应链的优化，推动了整个产业链的绿色化。①

由此可见，绿色投资的引导和政策支持，不仅是推动产业结构优化的核心手段，更是推动全球经济向绿色化、可持续化方向发展的重要力量。通过有效的政策设计，政府能够引导资本流向环保产业，推动产业链的全面绿色化，并在全球范围内促进绿色技术和产业的共同发展。绿色经济的转型不仅是国内经济结构调整的结果，也需要通过国际合作，推动全球绿色产业链的构建与完善。

总而言之，推动绿色经济发展的关键在于对传统产业结构的优化和重构。通过政策引导和绿色投资，政府能够推动产业链条的全面绿色化，推动资源向符合可持续发展要求的领域流动。绿色债券、绿色贷款等金融工具的广泛运用，为产业结构的调整提供了资金支持，确保绿色技术和环保产业能够快速崛起。而通过推动产业链的全面优化，从生产到消费的各个环节都实现绿

---

① 李玉梅，代和平，桂峰. 生态文明建设促进农村经济发展格局优化的措施［J］. 现代农业科技，2018（8）：256，258.

色化转型，经济结构将逐步从传统的高污染、高消耗模式过渡到可持续发展的绿色经济模式。在这一过程中，全球视野下的绿色投资合作也将进一步推动全球绿色产业链的建设与完善，使得绿色经济成为全球经济增长的新引擎。

三、社会参与可持续消费模式的推广

经济转型是一个复杂的过程，它不仅依赖于政府和企业之间的合作，也需要社会各界的广泛参与，尤其是消费者的主动性和环保意识。消费者的行为和选择是经济活动中的重要变量，直接影响市场供需的变化。社会在经济转型中的广泛参与，能够通过绿色消费模式的普及，推动整个经济体系逐步向可持续发展方向过渡。通过政策引导和公众教育，社会各个阶层的参与将为经济转型提供强有力的支撑。推动公众参与绿色消费，首先要改变人们的消费理念。传统的消费模式过分强调物质享受和即时满足，忽视了长期的生态影响。而在绿色经济的框架下，消费不仅关乎产品的价格和质量，也必须将环境影响作为重要的决策因素之一。消费者需要学会如何在众多产品中选择那些对环境影响最小的绿色产品，从而在日常消费行为中践行可持续发展的理念。

为了推动绿色消费理念的转变，政府必须制定相应的政策，明确对环保产品的支持和认证制度。在现代市场中，消费者往往缺乏关于绿色产品的足够信息，难以辨别哪些产品真正符合环保标准。因此，政府可以通过绿色产品认证机制，帮助消费者更方便地识别环保产品。通过这些认证制度，市场中符合生态标准的产品将变得更易获得，消费者的选择成本也将大大降低。与此同时，企业也会更加倾向于生产环保产品，因为绿色认证不仅能增强市场竞争力，还能够吸引更多关注环保的消费者。

同时，推动绿色消费不仅仅是政府的责任，社会组织和媒体在这一过程中同样起着不可替代的作用。非政府组织、社区团体和各类环保机构通过持续的教育和宣传，能够显著提升公众的环保意识。在这个过程中，媒体可以通过新闻报道、纪录片、宣传片等多种形式，向公众传递绿色消费和环保生活的重要性。绿色消费不仅关乎个体行为的改变，它还能通过这些社会力量，逐步在全社会范围内形成一种绿色文化认同。社会组织和媒体在其中的作用，不仅是推广绿色生活方式，更是激发公众参与到环保行动中的积极性。这一过程中，公众的环保意识不应仅仅停留在理论层面，而应当通过实际的行动转化为生活方式的改变。低碳生活方式的推广，是环保教育和政策引导的实

际成果。比如，节约用电、减少塑料制品的使用、优先选择公共交通工具等，都能够显著减少个人的碳足迹。在生活的每一个环节，绿色理念的践行使得每个消费者都能够为绿色经济的转型贡献力量。通过这样的具体行为指导，公众不仅在消费上践行环保，还在整个生活方式中贯彻可持续发展的理念。

随着绿色消费模式的普及，其对市场的影响也逐步显现。消费行为的转变带来了市场结构的变化，企业作为市场中的供给方，必须顺应这一趋势，提供更加环保的产品和服务。当绿色消费逐渐成为主流，企业如果不进行生产工艺和技术上的改进，将很难在竞争中生存。因此，绿色消费不仅推动了市场需求的转变，也在很大程度上推动了企业的绿色生产转型。在这一过程中，消费者的选择起到了"倒逼"市场转型的作用，促使企业在环保产品的研发和生产上投入更多资源。社会广泛参与的意义不仅在于推动消费端的变化，它还能影响生产端的转型。消费者对绿色产品的需求，直接影响着企业的生产决策。当市场的需求趋向环保时，企业为了适应市场变化，将更加注重技术创新和绿色生产模式的应用。生产者在面对市场需求的变化时，不仅需要提高产品的质量，还要在生产环节中遵循环保标准。企业在生产过程中减少能源消耗和污染物排放，是对消费者绿色需求的积极回应。通过绿色消费与绿色生产的相互促进，社会经济体系将逐渐走向可持续发展的道路。在推动绿色消费的过程中，政策激励同样不可忽视。政府可以通过财政手段，如税收优惠、补贴等方式，进一步鼓励公众选择环保产品。例如，在电动汽车领域，政府可以为购车者提供财政补贴，减轻购车成本，这不仅有助于推广新能源汽车，还能显著降低汽车行业的碳排放。同样地，针对家用节能设备、绿色建筑材料等产品，政府也可以通过补贴和税收减免，鼓励公众更多选择此类产品。通过这种政策激励，消费者能够更快适应并接受绿色消费模式，同时，绿色产品的市场占有率也会逐渐提高，最终形成良性的市场循环。鼓励公众参与绿色经济，还需要通过具体的政策措施推动市场结构的优化。例如，政府可以引入绿色公共采购政策，即优先购买经过环保认证的产品和服务。这一政策不仅能够带动绿色产品的市场需求，还能引导社会各界共同向绿色经济靠拢。公共采购行为的变化，将为市场树立绿色标准，进而带动整个社会的绿色消费和绿色生产转型。

社会参与不仅影响消费模式的改变，还为经济结构的深度调整提供了基础。通过政策的引导，社会逐步从传统消费模式转向绿色消费模式，形成了一股自下而上的转型力量。这一力量推动了企业和市场的绿色化发展，并最终影响了政府的政策方向。因此，绿色经济的建设不仅依赖于政府的顶层设计和企业的技术创新，更依赖于社会的广泛参与和共识的形成。通过全社会的共同努力，经济转型将得到更广泛的支持与保障，推动绿色经济成为社会经济体系中的主流。这一过程中，政策激励、市场引导与社会参与的相互配合，是推动绿色经济发展的关键。技术创新和产业结构优化固然是经济转型中的核心要素，但没有社会的广泛参与，绿色经济的转型将失去重要的动力来源。社会的广泛参与，使得绿色消费逐渐成为公众的主流选择，并通过消费行为的改变，推动生产端的绿色化进程。与此同时，市场机制的灵活性与政策激励的持续性共同作用，使得社会的每一个成员都能够在绿色转型中找到自己的角色，并为生态文明的建设贡献力量。

因此，推动经济转型不仅要依靠政府与企业的合作，还必须依赖社会各界的积极参与。通过构建全面的激励机制和市场导向，技术创新、产业结构优化与绿色消费模式将相辅相成，成为推动经济转型的核心动力源泉。绿色经济的转型不再是单一的政策驱动，而是通过社会、企业与政府的共同努力，实现自下而上的结构性变革。最终，通过这一综合性的激励体系，经济转型将更加稳健地推进，为全球的可持续发展提供坚实基础。

第五章

低碳经济与生态文明共建

2021 年 3 月 15 日，习近平总书记在中央财经委员会第九次会议上指出："实现碳达峰、碳中和是一场广泛而深刻的经济社会系统性变革，要把碳达峰、碳中和纳入生态文明建设整体布局，拿出抓铁有痕的劲头，如期实现 2030 年前碳达峰、2060 年前碳中和的目标。"[①] 随着全球气候变化的加剧，能源短缺和环境退化问题越发严峻，低碳经济已成为全球各国追求可持续发展的重要方向。低碳经济的核心在于通过减少碳排放和能源消耗来推动经济发展，以期实现社会与自然的平衡。这一理念与生态文明建设的目标高度契合，低碳经济不仅是一种全新的经济发展模式，更是人与自然关系的深度重构，指引社会走向更加高效、环保的未来。在这一全球化的背景下，低碳经济与生态文明的共建不仅体现在经济增长与环境保护的和谐统一上，还包括通过创新驱动的生态转型以及体制机制的有效保障。低碳经济的发展正在加速推动全球向生态文明时代迈进。

低碳经济与生态文明共建之间的深度融合为全球经济的可持续发展提供了新的路径。低碳经济旨在减少碳排放、降低能耗，而生态文明则追求人与自然的和谐共生，超越了传统经济模式中人类对自然无节制索取的局限。通过低碳经济的推动，社会经济结构正逐步转向绿色化和可持续化，带来了产业结构的深层次转变。传统的高污染、高能耗产业已经无法适应新时期的要求，绿色技术、清洁能源和生态产业发展成为新的增长点。低碳经济的兴起为生态文明建设提供了坚实的物质基础，反过来，生态文明的理念为低碳经济的深入发展提供了理论支持和价值引导。低碳经济与生态文明的协同发展首先体现在能源结构的调整上。传统的化石能源是造成全球碳排放的重要源

---

① 习近平. 论坚持人与自然和谐共生［M］. 北京：中央文献出版社，2022：99.

头，推动低碳经济的发展离不开能源结构的绿色转型。通过大力发展可再生能源，如风能、太阳能、水力发电等，全球范围内的能源结构正逐步由以化石能源为主导向绿色能源过渡。可再生能源的广泛应用不仅大幅降低了碳排放，还减少了对有限自然资源的过度依赖，推动了全球能源供应的多样化和安全性。这一能源结构的优化，不仅为经济持续发展提供了清洁能源保障，也在环境保护和生态修复上发挥了重要作用。

低碳经济推动的能源转型不仅体现在能源生产上，也贯穿于能源消费的各个领域。交通运输是全球碳排放的重要来源之一，而通过低碳技术的应用，交通领域正在经历一场深刻的绿色变革。电动汽车、氢燃料汽车等低碳交通工具正逐渐取代传统燃油车，显著减少了交通领域的碳排放。与此同时，智慧交通系统的引入优化了城市交通的管理，大大减少了拥堵带来的能源浪费。这种绿色交通模式的推广，不仅改善了城市空气质量，还推动了整个交通运输体系向低碳化方向发展，为生态文明建设提供了现实的解决方案。低碳经济与生态文明的共建还反映在产业结构的调整和转型中。工业生产中的高能耗和高排放问题，一直是碳排放的主要来源之一。随着低碳经济的深入推进，传统高污染、高能耗的工业生产模式正逐步被绿色生产工艺和智能制造技术所取代。在低碳经济的推动下，绿色技术得到了广泛应用，生产过程中的碳排放和能源消耗得以大幅减少。例如，智能制造技术的引入使得工业生产更加高效、节能，企业通过技术革新实现了对资源的高效利用和对环境影响的最小化。这一绿色转型不仅推动了工业部门的现代化升级，还为低碳经济的全面发展奠定了基础。

低碳技术创新是推动生态文明转型的重要驱动力。技术创新的本质在于通过更为先进的技术手段，减少碳排放、提高资源利用效率，从而实现经济和环境的双赢局面。绿色技术的广泛应用不仅能够推动传统产业的绿色转型，还能为新兴产业的发展提供技术支持。在能源领域，风能、太阳能等技术的飞速发展，为低碳经济提供了稳定的能源保障。工业领域的低碳技术改造，大幅减少了碳排放和污染物的产生，提高了生产效率，推动了整个生产链条的绿色化转型。而交通领域的技术革新，则通过电动化、智能化交通工具的推广，极大改善了交通运输系统的环保水平。低碳经济与生态文明共建的成功推进离不开体制机制的有效保障。在低碳经济的发展过程中，政府的政策引导起着至关重要的作用。通过政策工具的运用，政府能够为企业和社会提供清晰的低碳发展方向和激励措施，从而促进低碳技术的创新和应用。碳交易制度的引入是其中的重要一环，通过设定碳排放上限和配额交易，企业在市场化的机制下能够自发减少碳排放。这一制度不仅能够有效控制碳排放总量，还为低碳经济的健康发展提供了制度保障，推动企业在绿色生产方面的积极性。

除了碳交易制度，绿色金融体系的建设同样是推动低碳经济与生态文明共建的重要手段。绿色金融通过金融工具引导资金流向环保项目和低碳技术，帮助企业在转型过程中获得充足的资金支持。绿色债券、绿色贷款等金融产品为低碳技术创新提供了长期资金保障，鼓励企业加大在绿色技术和环保产业上的投资力度，进一步推动了产业结构的绿色转型。绿色金融不仅能够有效配置资源，还能够通过市场机制推动绿色产业的崛起，为生态文明建设提供坚实的经济基础。社会的广泛参与同样是低碳经济与生态文明共建的重要因素。在现代经济体系中，消费者的行为对市场具有巨大的导向作用。随着低碳经济和生态文明理念的普及，公众的环保意识逐渐提高，绿色消费理念深入人心。消费者越来越倾向于选择低能耗、低污染的产品，推动市场需求向绿色方向转变。与此同时，企业在面对这一市场变化时，也加快了绿色产品的开发和绿色技术的应用，以满足日益增长的绿色需求。社会的广泛参与不仅推动了市场的绿色化转型，还在推动低碳经济与生态文明的过程中形成了强大的社会合力。

总的来看，低碳经济与生态文明的共建不仅仅是一种经济模式的调整，更是一种社会价值观的深刻变革。在这一过程中，低碳经济通过技术创新、产业结构调整和政策引导，为全球经济的可持续发展提供了新的动力源泉。而生态文明通过其对人与自然关系的再定义，为低碳经济的持续发展提供了价值导向和理论支持。两者相互融合、相互促进，推动全球向更加绿色、低碳的方向发展。在未来的经济发展中，低碳经济与生态文明共建将成为全球应对环境挑战、实现可持续发展的必然选择。通过这一进程，全球经济不仅能够实现新的增长，还能够在更高层次上实现人与自然的和谐共存。

第一节　低碳经济与生态共成链

在全球气候变化的日益加剧和环境危机日趋严重的背景下，低碳经济与生态文明的紧密联动已经成为全球推动可持续发展战略的关键途径。低碳经济所强调的核心理念是通过减少碳排放、提高资源利用效率，促使经济增长与生态环境保护达到平衡，实现双赢。与此同时，生态文明则超越了经济领域的范畴，深入探讨人与自然的关系，倡导在人类社会发展过程中尊重自然规律，形成可持续的生态系统。二者的互动不仅是对现代经济模式的修正，也是对未来社会发展模式的全新诠释。这种互动逐渐形成了一条相辅相成的链条，驱动全球向更高层次的生态文明迈进。在低碳经济与生态文明的共建过程中，绿色能源的转型发展成为其中的关键环节。以往依赖化石能源的发展路径导致了大量的碳排放，进一步加剧了全球气候问题。而随着全球对气候变化的深刻认识，绿色能源的开发和利用被提升至战略高度。清洁能源，如太阳能、风能和水能的利用，提供了替代化石能源的有效途径，不仅减少了温室气体的排放，还通过减少对有限自然资源的过度依赖，恢复了生态系统的自我调节能力。

绿色能源的发展不仅是技术上的突破，更是经济模式和社会运行方式的深刻变革。随着清洁能源技术的成熟，越来越多的国家和地区开始将绿色能源纳入长期发展规划中。绿色能源的大规模推广使得能源结构得到优化，不仅为经济增长提供了可持续的动力，也为全球生态环境的保护开辟了新的空间。随着绿色能源的应用日益普及，全球的能源格局正从以化石能源为主向以清洁能源为核心的方向转变。这种转型为生态系统的恢复提供了机会，也为未来社会在能源资源利用上的可持续发展奠定了基础。低碳经济与生态文明共建的另一重要体现是产业结构的绿色转型。在全球经济发展过程中，传统的高能耗、高污染的产业模式已逐渐难以为继，产业结构的绿色化转型成为必然选择。传统工业的发展虽然在推动经济增长方面发挥了重要作用，但其带来的环境代价也越发凸显。过度的资源消耗、工业废弃物的排放以及对环境的破坏，迫使人们开始重新思考如何在发展中融入环境保护的理念。

在这一背景下，绿色技术的迅速发展为产业结构的调整提供了强大动力。

通过引入更加节能环保的生产工艺和智能化管理模式，许多高污染产业得以在保持竞争力的同时降低对环境的负面影响。例如，在制造业领域，智能制造技术的应用大大减少了资源浪费和能源消耗，提高了生产效率，同时减少了污染物的排放。绿色技术的应用不仅改变了企业的生产方式，还推动了整个产业链的绿色升级。产业的绿色转型并不仅仅限于工业领域，还涵盖了农业、建筑业和交通运输等多个行业。绿色建筑的推广通过使用环保材料和节能技术，减少了建筑过程中对资源的消耗和环境的污染，同时改善了人们的居住环境。交通运输领域则通过推广低碳交通工具，如电动汽车、氢燃料汽车等，逐步替代传统的燃油车，减少了交通运输领域的碳排放。这些行业的绿色转型不仅为低碳经济的发展注入了新的活力，也进一步推动了生态文明的建设。

在低碳经济与生态文明共建的过程中，循环经济的引入和推广是不可忽视的重要部分。传统的线性经济模式，即资源的开采、生产、消费和废弃，造成了大量资源的浪费和环境的污染。而循环经济模式则强调通过资源的循环利用，减少资源消耗和废物排放，推动经济和生态的良性互动。在循环经济中，废弃物被视为资源的一部分，通过再利用、再制造等手段，可以实现资源的高效利用，减少对环境的破坏。循环经济的推广不仅是在资源有限的前提下寻找新的经济发展模式，还能够通过推动企业和消费者的行为变革，促进绿色经济的加速发展。以制造业为例，废旧材料和资源的再利用，不仅能够有效减少资源的浪费，还能降低生产过程中的能耗。循环经济还推动了绿色产品的设计和生产，延长了产品生命周期，减少了资源的过度消耗。在农业领域，通过有机农业和生态农业的推广，农业生产过程中的废弃物可以作为肥料重新回到生产中，减少了对土壤和水资源的污染。循环经济的实施为全球资源的可持续利用提供了强有力的支持。

低碳经济与生态文明共建的链条不仅体现在能源和产业的转型上，还体现在经济发展过程中公众的广泛参与。社会的广泛参与是推动低碳经济和生态文明共建的重要力量。在现代社会中，消费者的行为对市场的走向有着直接的影响。随着低碳经济理念的普及和生态文明意识的提升，公众的消费观念正在发生转变。越来越多的消费者开始关注产品的环保性，优先选择低碳、绿色的产品。这一行为转变不仅推动了市场需求的绿色化，还促使企业在生产中更加注重环保和可持续性。绿色消费理念的兴起，不仅是个人行为的改变，更推动了整个社会在经济活动中的转型。消费者的选择直接影响市场的需求，企业在这一过程中被迫进行绿色技术的应用和绿色产品的开发，以满足市场对环保产品的需求。通过绿色消费的推动，市场结构逐步调整，企业也在绿色技术的研发和应用中获得了更多的创新机会。随着公众环保意识的提高和绿色消费习惯的形成，社会经济的低碳化发展将会进一步加速，为生态文明的共建提供更加坚实的基础。

政府在推动低碳经济与生态文明共建中的角色同样至关重要。政策的引导、法律的保障以及金融工具的运用，构成了推动低碳经济发展的重要制度基础。通过政策工具，政府可以为企业提供明确的方向和激励机制，引导资本和资源向绿色领域流动。例如，通过实施碳排放配额制度和碳交易机制，政府能够有效控制碳排放总量，推动企业进行绿色技术的应用和转型升级。碳交易市场不仅能够为企业提供减排的经济激励，还能够通过市场化手段实现碳排放的有效控制，推动社会向低碳经济转型。与此同时，绿色金融体系的构建为低碳经济的发展提供了强有力的资金保障。通过发行绿色债券、推广绿色贷款等金融工具，政府能够有效引导社会资本流向低碳技术和环保项目，为企业的转型升级提供资金支持。绿色金融的广泛应用，不仅推动了低碳经济的稳步发展，也为生态文明的建设提供了长期的资金支持。金融市场通过引导资金向低碳领域流动，推动绿色技术的研发和推广，进一步推动了社会经济的低碳化转型。总之，低碳经济与生态文明的共建不仅是经济发展模式的创新，更是对社会运行逻辑和价值观念的深刻变革。在这一过程中，低碳经济通过能源结构的绿色转型、产业结构的调整和循环经济的推广，构建了一个从生产到消费的绿色链条，为未来的可持续发展提供了现实路径。而生态文明的理念则为这一过程提供了长远的目标和价值引导。二者的共建不仅推动了全球应对气候变化和环境危机的进程，还为未来社会在人与自然的和谐共生中实现持续繁荣奠定了基础。

一、绿色能源转型推动生态系统复苏

在全球应对气候变化和资源危机的关键时刻，能源结构的转型被视为实现低碳经济和推动生态文明共建的核心途径。化石能源如煤炭、石油、天然气等的广泛使用，不仅是全球碳排放的主要来源，也是生态系统遭受严重破坏的根源之一。长期以来，化石燃料的大规模开采和使用，不仅加剧了气候变化，还对生物多样性和自然环境造成了不可逆的损害。为了应对日益紧迫的环境挑战，全球的能源结构转型成为当务之急，而绿色能源的开发与大规模推广，正在成为推动生态系统复苏的核心力量。

随着绿色能源技术的快速进步，低碳经济逐步减少了对传统化石能源的高度依赖。在这一过程中，可再生能源的应用，尤其是风能、太阳能、生物质能等新型能源技术的迅速普及，为能源转型提供了强有力的支撑。这不仅减少了碳排放，还显著缓解了传统能源开发所带来的环境压力。与化石能源不同，可再生能源依托于自然循环过程，不会造成大规模的生态破坏，也不会通过燃烧释放大量的温室气体。以太阳能发电为例，这一技术能够在不依赖传统燃料的情况下，源源不断地为经济活动提供清洁的电力，同时减少对空气、水资源的污染。通过将绿色能源技术广泛应用于发电领域，社会整体的碳足迹得以大幅削减，全球气候治理得到了有力支持。绿色能源不仅有助于缓解气候危机，还对生态环境的修复具有重要意义。随着风能、太阳能等绿色能源在全球范围内的应用，传统高污染的发电方式逐渐被淘汰，减少了对空气、水体和土壤的污染。发电过程中的排放问题，尤其是煤炭燃烧产生的二氧化硫、氮氧化物以及悬浮颗粒物等对环境和人类健康构成了重大威胁。随着绿色能源替代传统化石能源的进程加快，这些污染源得到了有效控制。能源结构的绿色化转型，不仅改善了环境质量，还为生态系统的自我修复提供了更多的空间。与此同时，绿色能源的发展还缓解了由于化石燃料过度开采导致的生态破坏。化石能源的开发往往伴随着对自然资源的巨大消耗，采矿、钻探、管道建设等活动，直接导致了土地退化、森林砍伐、水资源污染等生态问题。而这些环境破坏进一步加剧了生物栖息地的消失和物种多样性的下降，威胁到了生态系统的长期健康。在绿色能源的推广下，化石燃料的开采需求逐步下降，自然资源的保护得到了更好的保障。这一能源转型为减轻资源压力、减少人为干预生态环境带来了深远的影响，为全球生物多样性的保护提供了重要的契机。

绿色能源技术的创新和推广，不仅为环境带来了好处，还对全球经济产生了积极影响。随着技术的不断进步，绿色能源的成本大幅下降，逐渐在全球能源市场中占据了更加重要的地位。风能和太阳能发电的成本已经大幅降低，使其与传统化石燃料发电的竞争力日益增强。随着越来越多的国家和地区将可再生能源作为能源政策的重点，全球能源结构正在发生深刻的转变。

绿色能源技术的推广，除了推动能源行业的绿色化，还带动了相关产业的发展，为经济增长提供了新的动能。新兴的绿色产业不仅创造了大量就业机会，还推动了技术进步，促进了绿色经济的全面发展。能源结构的绿色化转型，不仅仅局限于发电行业，还广泛渗透到交通、建筑、工业等多个领域。绿色能源在交通领域的应用，特别是电动汽车和氢能交通工具的广泛推广，正在彻底改变传统高污染的交通模式。随着电动汽车技术的进步和充电基础设施的完善，全球交通运输系统正逐步从依赖燃油的高碳模式转向低碳、清洁的方向发展。绿色能源的应用不仅减少了碳排放，还大大降低了由燃料燃烧带来的空气污染问题，为城市空气质量的改善作出了巨大贡献。

在建筑领域，绿色能源的广泛应用推动了绿色建筑的迅速发展。太阳能、地热能等可再生能源逐渐应用于建筑物的设计和运营，通过使用清洁能源进行供电、供热，建筑行业的能源消耗和碳排放显著减少。绿色建筑的普及不仅推动了能源效率的提升，还改善了人们的生活环境。节能技术与绿色能源的结合，极大提高了建筑物的可持续性，为全球的低碳经济转型提供了重要的示范效应。此外，绿色能源技术的推广也在推动工业领域的低碳化进程。在传统工业生产中，大量依赖化石能源作为动力来源，导致了能源消耗过高、碳排放严重等问题。通过引入清洁能源技术，许多工业部门得以减少碳排放，并提升了生产效率。智能制造、绿色工业等新兴模式正在逐步取代传统的高碳生产模式，为工业部门的绿色化转型提供了新思路。这一过程中，能源的绿色化不仅使工业企业在减少环境影响的同时提升了经济效益，也为全球应对气候危机提供了重要的工业解决方案。

随着绿色能源技术的不断发展，全球能源格局正在发生前所未有的转型。越来越多的国家通过政策引导、技术支持和资金投入，加快了向低碳经济的过渡。绿色能源的广泛应用不仅带动了技术创新，还推动了全球能源体系的重塑，促进了各国能源自主性的提升。通过大力发展可再生能源，全球正在逐步减少对化石能源的依赖，实现了能源供应多样化的同时，也增强了能源安全。在全球范围内，绿色能源的推广已经显示出其巨大的潜力和积极影响。能源结构的转型，不仅推动了全球碳排放的显著下降，也为环境的改善和生态系统的复苏提供了重要支持。通过减少对传统化石燃料的依赖，低碳经济为全球的可持续发展指明了方向。在未来，随着绿色能源技术的进一步成熟和推广，全球将进一步加速迈向生态文明的新时代，实现人与自然的和谐共处。

这一能源转型不仅仅关乎技术的进步，更是一种经济、社会、文化全方位的变革。通过推动低碳经济与生态文明共建，全球经济增长不再依赖于高能耗和高污染的发展模式，而是向着更加环保、高效、可持续的未来迈进。这种绿色经济的发展模式，为全球应对气候危机、资源短缺等问题提供了长远的解决方案，也为生态文明的实现奠定了坚实的基础。

二、产业绿色升级加速低碳发展进程

低碳经济与生态文明的共建进程中，产业结构的绿色转型已成为全球发展的必然路径。传统产业，特别是制造业等高污染、高能耗的行业，长期以来一直是碳排放和环境污染的主要来源。在全球面临气候变化和资源紧缺的背景下，推动这些传统产业走向绿色化、低碳化，已成为各国实现可持续发展目标的核心战略。这一转型不仅关系到经济的健康发展，还直接影响着环境保护和资源利用的有效性。在各国和地区，许多行业正朝着更加绿色、环保的方向进行深层次的转型。通过引入节能环保技术和创新的生产工艺，企业不仅能够大幅减少生产过程中的碳排放，还能显著提高资源的利用效率。比如，制造业正在通过智能化制造技术和流程优化，显著减少资源的浪费和能源的消耗。智能制造能够通过精细化的流程管理，降低材料和能源的使用量，从而不仅提升了生产效率，还减少了工业活动对环境的负面影响。现代制造企业正逐渐从依赖传统能源的高碳模式向以绿色能源为基础的低碳模式转型，这种转型标志着产业的可持续发展进入了新阶段。在这一过程中，清洁生产技术的应用显得尤为关键。通过减少污染物的排放，企业不仅提升了自身的环境管理水平，还为生态文明建设贡献了力量。清洁生产强调从生产源头减少废弃物和污染物的产生，减少对空气、水体和土壤的污染负担。这种生产方式不仅能够确保经济效益的持续增长，还能在环境保护和可持续发展方面取得显著成效。工业领域的绿色转型，实质上是通过生产模式的变革实现经济效益与环境保护的同步提升。

绿色转型的影响不仅限于制造业，还广泛覆盖农业、建筑业和交通运输等领域。例如，在农业领域，绿色农业技术和生态农业模式的推广，极大减少了化肥和农药的使用。生态农业不仅保护了土壤和水资源，还提升了农业生产的可持续性。通过更加环保的生产方式，农民能够在保证产量的同时减少对环境的破坏，这为农村地区的绿色发展带来了新的机遇。建筑业的绿色转型则主要体现在绿色建筑的快速推广上。绿色建筑不仅通过使用节能材料减少了建筑过程中对资源的浪费，还通过智能化管理系统优化了建筑物的能源使用和环境控制。通过使用可再生能源和高效的能源管理技术，现代绿色建筑能够有效降低运行成本，同时提升居住和工作环境的舒适度。这一绿色转型的推广，促进了城市可持续发展的进程，为应对城市化带来的环境压力提供了切实可行的解决方案。在交通运输领域，绿色交通工具的推广和应用，正逐步取代传统高排放的燃油交通工具。电动汽车、氢能车辆等低碳交通技术的普及，显著减少了交通领域的碳排放。与传统燃油汽车相比，电动汽车不仅具有更低的能耗和碳排放，还能够通过结合智能交通系统，提高交通效率，减少交通拥堵。绿色交通技术的应用，不仅改善了城市空气质量，还为整个交通系统的可持续发展提供了重要支撑。

这种全产业链的绿色转型，不仅推动了经济模式的深刻变革，还为生态文明的建设注入了强大的新动能。绿色经济的发展已经从单一的技术改造扩展到了全产业链的生态优化，这一趋势在全球范围内逐渐显现出巨大的社会和经济效益。产业的绿色转型标志着全球经济模式从以资源密集型、环境污染型发展向以创新驱动、绿色可持续发展方向的转变。绿色经济的推动，使得低碳技术和可持续发展理念深入经济运行的各个方面，推动了整个经济体系的转型升级。

在这一过程中，技术创新是推动绿色升级的核心力量。绿色技术的研发和推广，为各行业的绿色化提供了强大的技术支撑。政府和企业对绿色技术的持续投入，促进了低碳技术的快速发展。比如，新能源技术的创新大幅提升了风能、太阳能等可再生能源的利用效率，为能源结构的绿色转型提供了技术保障。同时，清洁生产技术、环保材料的广泛应用，也极大减少了工业生产中的资源消耗和环境污染。这些技术的创新应用，不仅使企业在保持市场竞争力的同时实现了环保目标，还推动了全球低碳经济的发展进程。在政策层面，政府为推动产业绿色升级提供了重要的支持。通过制定绿色经济激励政策，政府能够引导企业加大对绿色技术的研发和应用力度。例如，财政补贴、税收减免、绿色债券等金融工具，都是推动企业向绿色经济转型的重要手段。政府的政策支持，不仅为企业提供了绿色转型的动力，还通过建立明确的环境标准，促进了全行业的绿色转型。政府和企业的密切合作，使得绿色技术得以迅速推广，绿色经济的产业链逐步形成。

与此同时，绿色升级的成功还依赖于社会各界的广泛参与。通过绿色技术的普及和推广，消费者也逐渐认识到绿色消费的重要性，越来越多的人愿意选择低碳、环保的产品和服务。这一趋势不仅推动了市场的绿色化，还促使企业不断提高产品的环保性能，满足消费者的需求。随着绿色经济模式的普及，企业与消费者之间形成了一个良性循环，推动了全社会向绿色、可持续方向的共同迈进。全球产业绿色转型的过程中，国际合作也是不可或缺的一部分。低碳经济和绿色技术的发展需要全球范围内的技术共享和资金支持。发达国家通过技术转让、资金援助等手段，能够帮助发展中国家实现产业结构的绿色升级。国与国之间的合作，不仅能够缩小不同国家之间的技术差距，还能够增强全球应对气候变化的能力。通过国际合作，各国在推动产业结构绿色化的过程中，可以共享经验和技术成果，加速全球绿色经济的发展进程。

总的来说，低碳经济与生态文明共建的关键在于全产业链的绿色转型。通过技术创新、政策支持和国际合作，传统产业得以走向绿色化、低碳化，从而为全球的可持续发展提供了强有力的支撑。绿色经济的发展不仅推动了各行业的转型升级，还促进了全社会的环保意识提升和生态责任感的增强。通过全产业链的协同发展，低碳经济将逐步成为全球经济增长的新引擎，生态文明的建设也将因此获得更加坚实的基础。在未来，绿色经济的发展模式必将引领全球经济走向更具可持续性的未来，为全球气候危机的解决提供创新性的路径。

三、循环经济助力生态资源高效利用

在全球生态危机日益加剧的背景下，循环经济的推广逐渐成为实现低碳经济与生态文明共建的关键策略。与传统线性经济模式不同，循环经济强调资源的高效利用和废弃物的再生，将资源从"开采—生产—消费—废弃"的一次性流动转变为"再利用—再制造—再生"的循环系统。这种经济模式不仅从根本上减少了资源的浪费和环境污染，还推动了可持续发展目标的实现。传统的线性经济模式依赖于大量的资源开采与能源消耗，导致自然资源的迅速枯竭和生态系统的破坏。而循环经济通过打破资源和能源的线性使用方式，主张资源的重复利用与循环使用。这一理念在生产、消费和废弃物管理的全过程中，强调减少新资源的开采和能源消耗，并通过延长产品的生命周期和

废弃物的再生，最大限度地减少对自然资源的依赖。通过这种模式，不仅减少了资源浪费，还显著降低了环境污染对生态系统的负面影响。

在工业制造领域，循环经济的应用显得尤为重要。制造业作为资源密集型行业，长期以来依赖于大规模的资源开采和高能耗的生产模式，导致了严重的环境问题。通过实施循环经济，制造企业能够显著减少对矿产资源的依赖。例如，废旧金属的回收再利用，不仅减少了对新矿产资源的开采压力，还有效降低了生产过程中所需的能源消耗和碳排放。这种资源的循环利用模式，不仅提升了企业的经济效益，还减轻了环境负担，使得制造业在绿色转型过程中焕发出新的生命力。此外，循环经济还在推动绿色生产链条的构建中发挥着至关重要的作用。通过推广生态设计和绿色制造，企业能够在产品设计阶段就充分考虑到资源节约与废弃物处理的需求，从而在生产环节减少资源的使用，并在产品的全生命周期内提高其可循环性。这种绿色生产链条不仅推动了生产模式的转变，还在更大范围内促进了低碳经济的发展，为全球的可持续发展提供了强有力的支持。

在农业领域，循环经济的实施同样取得了显著成效。传统农业模式依赖于化学肥料和农药的广泛使用，导致了土壤退化、水资源污染等一系列生态问题。而生态农业的推广，强调农业生产过程中的废弃物，如秸秆、农作物残留物等，作为有机肥料重新投入生产，从而减少化学肥料的使用。这不仅保护了土壤的健康，还显著提升了水资源的质量。同时，生态农业模式通过减少对外部资源的依赖，提升了农业的可持续性，使得农业生产与自然环境达到了更加和谐的平衡。水资源的循环利用是推动生态文明建设的另一个重要方面。全球范围内，淡水资源的短缺问题日益突出，许多地区面临着严重的水资源压力。在这一背景下，循环经济模式通过水资源的回收与重复利用，大幅提升了水资源的使用效率。先进的水处理技术使得城市和工业废水能够得到有效净化并重新利用，极大减少了对淡水资源的需求。此外，通过推动污水回收技术，循环经济还减少了废水排放对环境的污染，保护了水体生态系统的健康。这种资源的循环利用方式，不仅缓解了水资源的压力，还为城市和工业的可持续发展提供了重要支持。

循环经济的广泛应用不仅体现在生产领域，还通过推动绿色消费理念的普及影响了消费者的行为选择。传统的消费模式鼓励快速消费和一次性使用，导致了资源的过度消耗和大量的废弃物产生。而在循环经济理念的引导下，消费者逐渐认识到延长产品使用寿命、减少资源浪费的重要性。越来越多的消费者开始选择那些具有更长生命周期、易于维护和修复的绿色产品，从而推动了市场对绿色产品的需求增长。这种消费理念的转变不仅促进了企业向循环经济模式的过渡，也提升了全社会对节约资源和保护环境的意识。企业在这一过程中也开始积极响应绿色消费的需求，逐步将循环经济的理念融入产品设计、制造和销售的各个环节。企业通过生态设计，不仅延长了产品的使用寿命，还提高了产品的可维修性和可再生性，使得消费者在产品的使用过程中能够更加环保。同时，越来越多的企业开始推广共享经济和产品回收计划，以减少资源的浪费并延长产品的生命周期。例如，电子产品制造商通过推出旧产品的回收计划，将废弃的电子设备重新投入生产链中，通过拆解和再制造的方式，减少了对新材料的依赖。共享经济模式的推广，如共享交通工具、共享办公空间等，也有效减少了资源的浪费，并通过资源的高效利用推动了社会的可持续发展。循环经济不仅为企业和消费者提供了新的经济模式，还推动了社会全链条的绿色转型。从生产、消费到资源的再生与循环利用，循环经济模式的实施构建了一个更加高效、环保的经济体系。它不仅减少了资源的消耗，还推动了全社会在经济活动中更加注重资源的可持续利用与环境保护。随着循环经济理念的普及，越来越多的企业和消费者开始认识到绿色经济的长期利益，并自发推动这一模式的广泛应用。

值得注意的是，循环经济的成功推广离不开政府的政策支持和制度保障。通过制定相关法律法规，政府能够为循环经济的发展提供明确的框架和标准，确保资源的再生与循环利用能够在全社会得到有效执行。同时，政府还可以通过财政激励措施，推动企业加大对绿色技术的研发和应用力度，确保绿色经济的长远发展。综上所述，在低碳经济与生态文明共建的框架下，循环经济的推广为资源的高效利用和生态系统的可持续发展提供了切实可行的路径。通过从生产到消费再到资源回收的全链条绿色转型，循环经济不仅减少了碳排放和环境污染，还为全球可持续发展提供了强有力的支持。在低碳经济的推动下，全球正在迈向一个更加绿色、和谐的未来，低碳发展和生态文明的融合共建将成为实现这一目标的重要途径。

第二节 低碳创新驱动生态转变

低碳创新已经成为全球应对气候变化和实现可持续发展的关键动力。在这个过程中，清洁技术、智能化管理以及绿色材料的研发发挥了重要作用，推动着全球经济结构的转型和生态系统的重建。低碳创新不仅改变了能源生产和消费的方式，也引导着城市、产业向更加环保的方向发展。通过创新驱动，低碳经济的核心理念逐渐渗透到社会的方方面面，推动了全球向生态文明迈进的步伐。在全球向低碳经济转型的背景下，清洁技术的革新成为推动能源革命的主要力量。传统的能源生产模式，尤其是依赖化石能源的发电方式，导致了大量的碳排放和生态破坏。清洁技术的创新通过引入风能、太阳能、水能和生物质能等可再生能源，不仅为能源系统的绿色转型提供了技术支持，还带动了整个能源行业的革命。太阳能光伏技术的快速进步，使得太阳能发电的成本不断下降，越来越多的国家和地区将太阳能纳入其能源政策的核心战略中。与此同时，风能技术的成熟与应用，使得风力发电在全球范围内实现了快速扩展。

清洁能源技术的推广不仅降低了碳排放，还为全球应对气候变化提供了新的解决方案。这些技术的应用，不仅缓解了传统能源生产对生态系统的巨大压力，还为各国实现能源安全、减少对化石燃料依赖提供了可能。清洁技术的发展还推动了储能技术的进步，如电池技术的发展使得新能源的间歇性问题得到解决，进一步提升了新能源的稳定性与可靠性。通过清洁技术的革新，能源系统正从以化石能源为基础的高碳模式向低碳、零碳模式快速转型，为生态系统的修复和保护提供了坚实的技术基础。随着全球城市化进程的加速，低碳城市建设成为实现可持续发展目标的重要路径。在这一过程中，智能化管理技术的应用是推动低碳城市转型的关键手段。现代城市的发展面临着资源短缺、环境污染、交通拥堵等一系列问题，而通过智能化管理技术的应用，这些问题可以得到有效缓解。智能化管理不仅提升了城市的运行效率，还极大降低了城市的能源消耗与碳排放。

智能化管理技术在低碳城市中的应用主要体现在多个方面。智能电网的建设使得城市的电力供应更加高效，并能够根据需求变化实时调节供电，减少能源浪费。智能交通系统通过数据分析和自动化调度，优化了交通流量，减少了交通拥堵和车辆排放。在建筑领域，智能化管理系统被广泛应用于绿色建筑的设计与运营，通过智能温控、照明和能源管理系统，建筑物的能源消耗得以显著降低。这些智能化管理技术不仅提高了城市生活的舒适度，还为城市的低碳转型提供了技术支持，推动了城市的可持续发展。低碳城市的建设不仅是技术上的进步，也是社会运行模式的深刻变革。通过智能化技术的引入，城市治理变得更加精准和高效，城市资源的管理和利用得到了显著优化。智能化管理不仅仅局限于能源和交通领域，还逐渐扩展到废弃物处理、水资源管理等多个方面，推动城市的全方位绿色转型。这种技术与管理的结合，使得城市能够在提升居民生活质量的同时，降低对自然资源的消耗，减少对环境的负面影响，为生态文明建设注入了新动能。产业的低碳化转型离不开绿色材料的研发与应用。绿色材料的研发为传统高耗能、高污染产业提供了全新的解决方案，推动了产业的生态化进程。传统材料的生产和使用，尤其是在建筑业、制造业等行业中，往往伴随着巨大的资源消耗和环境污染。而绿色材料的应用，不仅大幅降低了资源的消耗，还减少了生产过程中的污染物排放，为产业结构的绿色转型提供了可能。绿色材料的应用范围广泛，包括建筑材料、包装材料、制造业中的原材料等。以建筑业为例，传统的建筑材料，如水泥、钢铁的生产过程消耗了大量的能源，并释放出大量的二氧化碳。而通过使用绿色建筑材料，如环保混凝土、可再生木材、隔热节能材料，建筑行业能够在减少能源消耗的同时，提高建筑物的环保性能。绿色材料的使用不仅在生产过程中减少了碳排放，还通过提高材料的耐久性和可再生性，延长了建筑物的使用寿命，减少了材料的浪费。在制造业中，绿色材料的应用同样具有重要意义。通过研发轻质、高强度且可回收的材料，制造企业能够减少原材料的使用，并降低能源消耗。例如，新能源汽车的车身材料逐渐由传统钢铁向碳纤维复合材料转变，不仅减轻了车辆的重量，还提升了能源效率。这种材料的创新，不仅推动了制造业的绿色转型，还为低碳经济的发展提供了强有力的支持。绿色材料的研发与应用还推动了循环经济的发展。通过将可再生材料引入生产过程中，企业能够实现资源的循环利用，减少废弃物的产生和资源的浪费。这种模式不仅推动了产业的可持续发展，还为实现全社会的低碳转型提供了更加完善的解决方案。低碳创新在推动生态文明建设中发挥了至关重要的作用。清洁技术的革新为能源革命提供了坚实的技术支撑，智能化管理提升了城市的运行效率并降低了资源消耗，绿色材料的研发促进了产业结构的绿色化转型。通过这些创新驱动，低碳经济不仅实现了能源、城市、产业的全面升级，还为全球生态系统的修复和长期健康发展提供了新的动力。在低碳创新的引领下，社会正逐步从高耗能、高污染的传统模式转向以生态文明为核心的可持续发展模式。

一、清洁技术革新推动能源革命

清洁技术革新推动的能源革命已成为应对全球气候变化、资源枯竭以及环境危机的必由路径。这场革命不仅是对传统能源结构的彻底改造，更是全球社会走向低碳经济和可持续发展的重要推动力。在这一过程中，清洁技术以其创新性和颠覆性，深刻改变了能源生产与消费的方式，为能源系统的转型注入了新的动能。从太阳能、风能等可再生能源技术的飞速发展，到储能技术的进步，再到清洁能源的广泛应用，能源革命的步伐正在加速迈进。而这种基于清洁技术的变革，不仅仅是技术层面的进步，它深刻重塑了全球经济、环境和社会的方方面面。能源革命的核心在于清洁技术的持续创新。传统能源系统过于依赖化石燃料，如煤炭、石油和天然气，这种依赖导致了大规模的碳排放，并造成了严重的环境污染。煤炭燃烧产生的二氧化硫、氮氧化物等气体，导致了空气污染、水体污染以及全球气候变化。而石油和天然气的开采与运输，还对自然环境造成破坏，增加了环境脆弱性。面对这些挑战，全球各国开始转向清洁能源技术，以实现能源生产的绿色转型，减少对化石能源的依赖。清洁技术的发展首先表现为可再生能源的崛起。作为清洁能源的典型代表，太阳能和风能在过去几十年里取得了巨大进展。太阳能光伏发电技术的进步，使得太阳能在全球能源结构中的比重迅速上升。现代光伏技术通过更高效的电池板材料与智能控制系统，大幅提高了太阳能发电的效率，降低了成本，使得太阳能发电在全球范围内得以广泛应用。大量的太阳能发电项目涌现，许多国家已经开始将太阳能作为其能源政策的核心组成部分。与此同时，风能技术的发展也不容忽视。风力发电机的设计与制造技术不断进步，风电的效率和稳定性得到显著提升。陆上风电场和海上风电场的建设，标志着风能成为继太阳能之后的又一重要清洁能源。

这些清洁技术的广泛应用，推动了能源结构从高碳模式向低碳、零碳模式的快速转型。全球范围内，越来越多的国家正在通过政策和市场的双重推动,加速清洁能源技术的开发与部署。以欧盟为例,其推出的"绿色新政"明确提出到 2050 年实现碳中和的目标,全面推广太阳能、风能等可再生能源技术。同时,亚洲、北美等地区也相继加大对清洁能源的投资,通过大规模可再生能源项目的建设,逐步实现能源系统的绿色转型。这场能源革命正在重新定义能源行业的未来格局,并为全球的可持续发展提供强有力的支持。在清洁能源技术快速发展的背景下,储能技术的进步也成为能源革命的核心环节之一。可再生能源,如太阳能和风能,虽然在能源生产上具有清洁、可再生的特点,但其发电具有间歇性和不稳定性。储能技术的进步,为这一问题的解决提供了可行的方案。锂离子电池、液流电池、超级电容器等储能设备,通过将多余的电力储存起来,平衡能源供应的波动性,从而确保能源系统的稳定性与可靠性。以特斯拉公司为代表的一批科技企业,推动了储能技术在全球范围内的应用。锂电池储能系统的发展,尤其是在电动汽车和家庭能源存储领域,展现出巨大的市场潜力。通过将储能技术与智能电网相结合,能源系统能够实现供需的自动调节,从而进一步推动了清洁能源的广泛应用。

此外,氢能技术的创新也为能源革命带来了新的可能。氢作为一种清洁、高效的能源载体,具有零碳排放的特点。在交通、工业等高能耗行业,氢能正在逐步替代传统的化石燃料。氢燃料电池汽车的研发与推广,已经成为全球主要汽车制造商的重点发展方向。与此同时,绿色制氢技术的进步,使得氢能的生产过程更加环保。通过可再生能源如太阳能、风能进行水电解制氢,实现了全流程的零碳排放。这种氢能技术的突破,将在未来的能源体系中占据越来越重要的地位,为工业、交通等领域的低碳转型提供了可行路径。清洁技术革新不仅推动了能源系统的转型,也在全球经济中创造了新的增长点。绿色能源产业的崛起,带来了大量的就业机会与经济效益。例如,光伏和风电行业的快速发展,吸引了大量资本的进入,形成了规模庞大的绿色经济产业链。从设备制造、工程建设到运营维护,绿色能源产业为全球经济的复苏与增长注入了新动力。此外,清洁技术的广泛应用,也提升了各国的能源自主性,减少了对进口化石燃料的依赖,增强了能源安全。在国际能源市场中,清洁能源正在逐步取代传统化石能源,成为新的竞争焦点。

在全球经济格局变化的背景下,清洁技术推动的能源革命对环境的积极影响更为深远。减少碳排放和温室气体的排放,缓解了气候变化的压力。随着全球碳排放逐渐下降,生态系统的修复和自然环境的改善也在逐步显现。

例如，随着煤炭发电的逐步减少，大气中的污染物排放量显著下降，空气质量得到了改善。在一些长期受到污染影响的地区，清洁能源的推广带来了显著的环境效益，极大改善了当地居民的生活质量。然而，清洁技术革新所推动的能源革命不仅仅是技术的进步，它还带动了全球社会与文化的深刻变革。能源的清洁化、低碳化，促使社会重新思考人与自然的关系，强调人与环境的和谐共生。这种思维方式的转变，推动了全球社会逐渐摆脱对化石能源的依赖，走向更加绿色、可持续的未来。

未来，随着清洁技术的不断进步，能源革命的进程还将加速。新兴的技术，如碳捕获与储存技术（CCS）、核聚变技术等，也在为清洁能源的未来发展提供新的可能性。CCS技术的应用，能够在传统化石燃料使用过程中捕捉和封存二氧化碳，减少温室气体排放，而核聚变技术则有望在未来为人类提供几乎无限的清洁能源。这些技术的突破，将进一步推动全球能源系统的转型，加速实现碳中和的目标。在全球低碳经济与生态文明共建的背景下，清洁技术推动的能源革命已经成为实现可持续发展的重要支撑力量。通过大力发展清洁能源、储能技术、氢能技术等，全球能源系统正在从高碳模式向低碳、零碳模式快速转型。这一过程中，清洁技术不仅改变了能源生产与消费的方式，还推动了全球经济、环境与社会的深刻变革。清洁技术的革新，不仅为全球气候危机的解决提供了强有力的技术支撑，还为实现生态文明建设奠定了坚实的基础。随着未来技术的进一步创新性发展，能源革命必将引领全球迈向更加绿色、可持续的未来。

二、智能化管理助力低碳城市建设

智能化管理技术的快速发展，正日益成为推动低碳城市建设的重要引擎。在全球应对气候变化、能源消耗以及城市化挑战的背景下，城市的发展模式正在从传统的高能耗、高污染逐步转向绿色、低碳的方向。智能化管理为城市的可持续发展提供了全新的技术手段和管理模式，通过大数据、物联网、人工智能等先进技术的融合应用，城市的能源管理、交通系统、建筑运作以及资源循环利用得以实现全面的优化。这不仅减少了城市的碳足迹，还大幅提升了城市的运行效率，助力了全球范围内低碳城市的转型。

低碳城市的建设首先面临的挑战是如何有效管理和优化能源的生产与使用。在这一领域，智能化管理技术的应用为能源系统带来了深刻变革。通过智能电网的建设，城市的能源供应与需求得到了更为精准的监控与调配。智能电网能够实时采集和分析城市各个区域的用电需求，并根据用电负荷的变化进行调节，确保电力资源的高效利用。它不仅优化了能源的传输与分配，还通过与清洁能源的整合，推动了可再生能源在城市能源结构中的比重上升。风能、太阳能等可再生能源发电的波动性问题，得益于智能电网的调控，能够在更大范围内得到平衡与优化。这种智能化的能源管理模式，不仅减少了能源的浪费，还提升了清洁能源的使用效率，为低碳城市的能源结构转型提供了有力支撑。

在交通领域，智能化管理技术的应用为低碳城市的建设带来了更为深远的变革。传统城市交通系统的高排放、高能耗一直是碳排放的主要来源之一。智能交通系统通过数据采集和实时分析，对城市交通进行智能化调度，有效缓解了交通拥堵，降低了车辆的燃油消耗和碳排放。车联网技术的应用使得车辆能够实时获取道路信息，并根据交通状况自动调整行驶路线，避免了交通堵塞带来的能源浪费。此外，自动驾驶技术的逐步推广，也将进一步优化城市交通系统，减少人为驾驶导致的交通事故与能耗。通过对交通流量的智能化管理，城市的整体交通效率得以显著提高，从而减少了车辆运行中的碳排放。

城市建筑作为能耗大户，在低碳城市建设中也面临着巨大挑战。智能化管理技术的引入，使得建筑物的能源管理得到了显著优化。智能建筑通过传感器、自动化控制系统以及大数据分析技术，能够实时监测和管理建筑物内的能源使用情况。温度、湿度、照明等环境因素的自动调节，极大降低了能源消耗，减少了建筑物的碳排放。智能化的暖通空调系统通过精准的调控，在满足居住舒适度的前提下，将能源的浪费降到最低。同时，建筑的能源管理系统能够与可再生能源设施，如太阳能板、风能发电系统进行无缝对接，进一步提升了建筑的能源自给率和低碳性能。通过这种智能化的管理，建筑的能源效率得到显著提升，为低碳城市建设作出了积极贡献。

废弃物处理与资源循环利用是低碳城市不可或缺的重要组成部分。智能化管理技术在这一领域的应用，彻底改变了传统的废弃物处理方式。通过智能垃圾分类系统，城市的废弃物可以实现精确分拣，并进入不同的回收处理流程。垃圾车配备的传感器能够监测垃圾桶的容量，并根据实际情况安排路线，减少了运输过程中的能源消耗和碳排放。此外，物联网技术使得废弃物的处理与再生过程更加高效，从而推动了循环经济的实现。通过对废弃物处理全过程的智能化监控与管理，资源的回收率得到显著提升，减少了对新资源的需求，并最大限度地降低了废弃物对环境的污染。

水资源管理是城市运行中的另一大关键领域。全球水资源短缺问题日益严峻，如何通过智能化手段实现水资源的高效利用，已经成为低碳城市建设中的重要议题。智能水管理系统的引入，通过实时监控城市供水网络和用水情况，能够迅速发现和修复管道泄漏，减少水资源的浪费。同时，智能化管理技术还能够精准监测水质情况，确保城市供水的安全与稳定。通过对污水处理过程的优化，城市中的废水可以通过智能化再生系统得到处理并重新利用，有效减轻了城市对淡水资源的依赖。智能化的水资源管理，不仅提高了水资源的利用效率，还减少了水处理过程中的能源消耗，为城市的可持续发展提供了有力保障。

在城市规划和发展中，智能化管理技术还通过智慧城市平台的构建，实现了城市资源的高效整合与管理。智慧城市平台将城市中的能源、交通、建筑、废弃物处理、水资源管理等各个领域的数据进行整合与分析，提供全方位的城市管理解决方案。这种整合性的管理模式，不仅提升了城市运行的整体效率，还为城市未来的低碳发展战略提供了科学依据。通过智能化管理平台的实时监控，城市管理者能够更精准地了解城市资源的使用情况，并根据实际需求进行调控，从而实现资源的优化配置与碳排放的有效控制。

智能化管理技术的广泛应用，使得城市管理模式发生了深刻的变化。在推动低碳城市建设的过程中，这些技术不仅优化了城市的资源使用，还提升了城市的运行效率，减少了城市的碳排放。同时，智能化管理技术的应用，也促进了市民的环保意识提升。通过智能化管理系统，居民可以实时了解自己生活中的能源消耗情况，并根据建议采取节能措施。这种与市民生活紧密相连的技术应用，使得低碳城市的建设不再是单纯的技术问题，而是全社会共同参与的过程。然而，智能化管理技术的应用并非没有挑战。在推动低碳城市建设的过程中，技术的快速发展需要配合相应的法律法规与政策支持。政府在推行智能化管理技术时，需要通过立法保障数据隐私与信息安全，同时确保技术应用的公平性与普惠性。此外，智能化管理技术的推广也需要大量的资金投入与技术支持，这要求政府与企业之间的合作更加紧密。通过公私合作伙伴关系的建立，政府可以吸引更多的社会资本参与低碳城市的建设，共同推动智能化技术的应用与普及。智能化管理技术在低碳城市建设中的应用，还将随着技术的不断进步而进一步拓展。随着5G技术、人工智能、大数据等技术的逐步成熟，未来的城市管理将更加智能化、精细化。自动驾驶、智能家居、智慧社区等智能化应用将进一步改变城市的运行模式，使得低碳城市的建设步伐更加坚定。通过技术与城市管理的深度融合，未来的城市将实现资源的最优化配置和可持续发展，为全球的生态文明建设和气候变化应对提供强有力的支持。

总的来说，智能化管理技术正以全新的方式推动低碳城市建设。通过优化能源管理、提升交通效率、改造建筑能源结构、改善废弃物处理和水资源管理，智能化管理为城市的绿色转型提供了切实可行的解决方案。这种技术的应用不仅提升了城市的运行效率，还减少了资源的浪费和碳排放，为全球城市走向低碳、可持续的未来奠定了基础。随着技术的不断进步与应用的深入，智能化管理将在低碳城市建设中发挥更加重要的作用，引领城市迈向更加环保、宜居的未来。

三、绿色材料研发促进产业生态化

绿色材料的研发和应用在推动产业生态化过程中起到了至关重要的作用。在全球可持续发展的大背景下，工业革命以来以高耗能、高污染为代价的传统生产方式面临严峻挑战，资源枯竭与环境破坏的双重危机迫使全球产业不得不进行深刻的变革。作为这一变革的重要推动力，绿色材料的出现和推广为产业生态化提供了新的路径。这不仅仅是技术的进步，更是社会在资源利用和环境保护方面的根本性转变。通过绿色材料的研发，产业从资源获取、生产过程到废弃物处理等环节都得以全面重塑，实现更高效、更环保的运作模式。

在推动产业生态化的进程中，绿色材料的研发首先体现在对原材料的选择上。传统工业生产严重依赖不可再生资源，尤其是矿物资源和化石能源，这不仅带来了资源的快速消耗，还导致了环境的严重污染。通过绿色材料的研发，产业开始逐渐转向使用可再生、可循环的原材料。例如，生物基材料正在逐步替代传统的塑料和石油衍生品，这类材料不仅在生产过程中减少了对石油的依赖，其生物降解性能也使得其对环境的影响大幅减轻。通过利用农业废弃物、林业副产品等生物质资源，产业能够实现对自然资源的更为合理和可持续的利用。

在建筑和制造业中,绿色材料的研发和应用进一步加速了产业的生态化进程。建筑行业一直是资源消耗和污染排放的重灾区,而通过绿色材料的广泛应用,这一行业的环境负担得到了显著缓解。例如,现代建筑中,绿色水泥和低碳钢的使用正在逐步取代传统的高能耗材料。绿色水泥采用废弃工业副产品如矿渣和粉煤灰作为原料,不仅减少了石灰石的开采需求,还降低了水泥生产过程中二氧化碳的排放。与此同时,低碳钢在制造过程中减少了化石燃料的使用,利用可再生能源进行冶炼,使得钢铁生产的碳排放大幅下降。通过这些绿色材料的应用,建筑行业能够在满足城市化和基础设施建设需求的同时,减少对环境的破坏。在制造业领域,绿色材料的研发进一步推动了产品设计与生产工艺的绿色化。轻质高强度的复合材料,如碳纤维增强塑料和生物基聚合物正在广泛应用于汽车、航空航天和消费电子等行业。这类材料不仅在性能上优于传统材料,其更轻的重量和更低的能耗使得产品在整个生命周期内的碳排放得以大幅减少。汽车行业,尤其是电动汽车的兴起,依赖于绿色材料的创新。例如,新能源汽车制造中广泛使用的轻质材料,不仅降低了整车重量,还提高了车辆的能效,从而减少了对能源的消耗和温室气体的排放。此外,这些材料的再生性和可循环性使得其在产品报废后的资源回收过程中能够被重复利用,进一步推动了制造业的生态化进程。与此同时,绿色材料的研发也在推动纺织、包装等传统高污染行业的绿色转型。纺织行业过去一直是水资源消耗和化学污染的主要来源,而近年来,通过对天然纤维材料和可再生纤维材料的创新研发,纺织产业正在逐步向绿色方向迈进。诸如再生聚酯纤维、竹纤维、亚麻纤维等绿色材料的应用,不仅减少了对石油基合成纤维的依赖,还在生产过程中减少了化学品的使用。这种转型不仅帮助纺织行业降低了对环境的负面影响,还提升了产业链的可持续性。在包装行业,绿色材料的应用也产生了深远的影响。传统塑料包装不仅依赖石油等不可再生资源,其在自然界的降解速度也极慢,造成了严重的塑料污染。为应对这一问题,绿色包装材料的研发成为产业生态化的重要推动力。例如,可降解塑料和生物基材料的出现为包装行业提供了可持续的替代品。这类材料在使用过程中能够保证良好的包装性能,而在废弃后又能够迅速降解,减少对环境的长期影响。此外,一些企业还在积极推动包装材料的循环使用,通过构建可回收包装体系,减少包装废弃物的产生。

推动产业生态化，绿色材料不仅发挥了技术替代的作用，更重要的是推动了生产模式和消费模式的深刻变革。随着绿色材料的不断应用，循环经济理念在各大产业链中得到了更为广泛的实践。绿色材料不仅体现在产品的原材料选择上，还贯穿于产品的设计、制造、使用和报废等整个生命周期。通过设计阶段的生态优化，产品在使用过程中减少了能源消耗和污染物排放，同时在其使用寿命结束后，能够通过循环再利用的方式进入下一轮生产。这种全生命周期的绿色设计理念，不仅促进了资源的高效利用，还推动了整个社会的生态文明建设。绿色材料的研发还得到了政策层面的强有力支持。全球多个国家和地区相继出台了一系列推动绿色材料创新和应用的政策措施，通过财政补贴、税收优惠以及技术研发支持，鼓励企业加大对绿色材料的投资。政府的政策引导不仅推动了绿色材料的快速发展，还通过规范市场行为，增强了企业的环保意识，促进了绿色供应链的形成。绿色采购政策的实施，进一步推动了市场对绿色材料的需求，使得绿色材料在产业链中的应用得以快速扩展。从产业竞争的角度来看，绿色材料的研发也成为企业提升竞争力的关键因素。随着消费者环保意识的不断提升，市场对绿色产品的需求呈现出快速增长的趋势。企业通过研发和应用绿色材料，不仅能够满足市场对可持续产品的需求，还能借此打造自身的品牌形象，提升企业在绿色经济中的竞争力。此外，绿色材料的应用往往能够帮助企业降低长期的运营成本。例如，通过使用可再生材料和节能材料，企业在生产过程中的能耗和废弃物处理成本大幅下降，从而提升了整体的经济效益。

在全球化背景下，绿色材料的研发与应用也推动了国际产业链的绿色化进程。随着全球对可持续发展目标的认同，绿色材料的国际贸易和技术合作日益紧密。许多跨国企业通过绿色材料的研发和推广，推动了全球供应链的绿色转型。在这一过程中，国际标准的制定与互认成为促进绿色材料国际化的重要保障。通过建立全球范围内的绿色材料标准体系，产业链上下游的企业得以在全球市场中实现资源共享与技术协同，共同推动产业生态化。未来，绿色材料的研发将在技术创新的驱动下不断拓展应用领域。新型纳米材料、智能材料以及生物材料的出现，将为产业生态化注入更多活力。例如，纳米材料的应用不仅可以在性能上大幅提升产品的使用效率，还能够进一步降低资源消耗。而智能材料的研发，则为产品的自动调节功能提供了可能，使得产品在使用过程中能够根据外界环境自适应地调节能耗，进一步推动绿色制造的深入发展。绿色材料的研发正在深刻改变全球产业的生态化进程。通过技术创新和政策支持，绿色材料为资源的高效利用、环境保护和经济增长提供了全新的解决方案。产业的绿色转型不仅是对传统高污染、高耗能模式的挑战，更是对未来可持续发展道路的积极探索。在全球气候危机与资源危机的背景下，绿色材料的研发为人类社会走向生态文明开辟了新的前景。

第三节　低碳体制助力生态共建

习近平总书记指出："杀鸡取卵、竭泽而渔的发展方式走到了尽头，顺应自然、保护生态的绿色发展昭示着未来。推动绿色低碳发展是国际潮流所向、大势所趋，绿色经济已经成为全球产业竞争的制高点。"[①] 在全球应对气候变化和推动可持续发展的背景下，低碳体制的构建成为各国实现生态共建的重要战略路径。低碳经济不仅仅是一种经济模式的调整，它涵盖了政府政策的引导、市场机制的创新以及社会各界的广泛参与。通过低碳体制的完善，全球正逐步建立起一个以环境保护和经济增长相协调的全新发展模式，推动社会各个层面向绿色、可持续的未来迈进。政府在推动低碳经济和生态共建的过程中扮演着核心角色。通过强有力的政策引导与制度建设，政府为低碳体系的完善奠定了坚实的基础。各国政府在制定低碳发展战略时，往往通过法律法规的制定来规范经济活动中的碳排放行为。法律的约束力不仅确保了企业与个人在生产和消费中的环保行为，还为环境治理提供了长期保障。例如，碳排放配额的设定、碳税的征收以及排放标准的提高，都是政府通过制度建设来促进低碳转型的有效手段。

此外，政府的引导作用还体现在政策激励机制上。为了推动清洁能源的使用和绿色技术的研发，政府通过财政补贴、税收减免以及绿色金融等手段，积极支持绿色产业的发展。绿色能源项目的快速崛起、节能技术的广泛推广，离不开政策背后的引导与支持。在制度建设方面，政府不仅要完善法规，还需不断更新和优化已有政策，以确保其与新兴技术和市场变化相适应。通过

---

① 中共中央宣传部，中华人民共和国生态环境部．习近平生态文明思想学习纲要［M］．北京：外文出版社，2022：53.

不断完善低碳体系的制度设计，政府能够为市场注入更多动力，推动整个社会在生态共建的道路上稳步前行。在低碳体制的构建过程中，市场机制的创新成为推动低碳经济转型的关键动力。市场的力量不仅在于资源的优化配置，还在于其高效的调节功能，通过市场化手段引导社会向低碳发展转型已成为全球共识。碳交易市场的兴起便是市场机制在低碳经济中的典型应用。在碳交易体系下，企业根据自身的碳排放配额进行碳排放权的买卖。这样的机制不仅给企业带来了经济激励，还推动了企业内部的节能减排行为，鼓励其通过技术创新来减少碳排放，从而实现经济效益与环境效益的双赢。

绿色金融体系的构建同样为市场机制的创新提供了支持。金融资本通过投资绿色产业和环保项目，不仅推动了低碳经济的快速发展，还为资本市场带来了新的增长点。绿色债券、绿色信贷等金融工具，为低碳项目提供了长期稳定的资金支持，推动企业从传统高耗能、高污染产业向绿色产业转型。随着市场机制在低碳经济中的广泛应用，全球产业结构也在逐步优化，市场在低碳转型中的调节作用得到了充分发挥。市场机制的创新还体现在消费领域，消费者的绿色选择直接影响着市场的走向。通过政府政策的引导与企业的绿色产品供应，市场需求逐渐从传统的高能耗产品转向低碳产品。例如，新能源汽车、节能家电、绿色建筑等绿色产品的推广，使得消费者在市场中拥有了更多的环保选择。市场机制的创新为低碳经济转型提供了强大的动力，推动了从生产到消费的全面低碳化。

低碳体制的成功构建不仅依赖于政府与市场的合作，更需要公众广泛参与社会共治的推动。公众作为低碳经济的直接受益者和参与者，其行为与选择在低碳体系中具有重要影响。通过低碳文化的推广和环保意识的提升，公众能够在日常生活中践行低碳理念，从而推动社会整体向低碳发展模式转型。低碳生活方式的推广，如绿色出行、节约能源、减少浪费等，已经逐渐成为社会风尚。这种由公众参与推动的绿色文化，不仅在消费层面产生了积极影响，还进一步强化了社会对环境保护的共识。在低碳体制的构建中，社会组织和非政府机构也发挥着重要作用。作为社会治理中的重要力量，社会组织通过环保教育、政策监督、环境评估等方式，促进政府政策的有效实施和公众意识的提升。公众的广泛参与不仅为低碳体制注入了社会责任感，还推动了社会共治模式的形成。通过政府、企业、公众和社会组织的共同努力，低碳体制的构建得以全面推进，社会在生态共建的道路上形成了强大的合力。

通过公众参与社会共治的推动，低碳体制得到了更广泛的社会支持和认可。公众的参与不仅体现了低碳经济的社会责任，还为低碳体系的完善提供了丰富的实践经验。例如，城市社区中的垃圾分类、节能社区的建设等，都在公众的积极参与下取得了显著成效。公众的力量不仅限于个体行为，在全球气候变化的背景下，公众的环保行为逐渐通过集体行动对整个社会产生深远影响。通过公众的积极参与，低碳文化逐步深入人心，社会在低碳体制中的共治模式也日趋成熟。

在全球经济转型和生态共建的大背景下，低碳体制的构建为社会的可持续发展提供了重要的制度保障。政府通过政策引导与制度建设，推动了低碳体系的不断完善；市场机制的创新为低碳经济转型注入了活力；公众参与社会共治则使得低碳文化广泛普及，推动了社会各界在生态共建中的积极参与。通过政府、市场和社会的共同努力，低碳体制的构建正在加速推进，为实现全球气候目标和生态文明建设奠定了坚实的基础。在未来的低碳经济发展中，低碳体制将继续发挥其关键作用，引领全球社会走向更加绿色、可持续的未来。

一、政府引导与制度建设完善低碳体系

在推动全球向低碳经济和生态文明转型的过程中，政府的引导和制度建设扮演了至关重要的角色。低碳体系的完善不仅需要技术创新和市场机制的推动，更需要有力的政策引导和制度保障，以确保经济活动在资源消耗和环境影响方面的平衡。通过健全的政策框架和法律制度，政府可以有效推动低碳转型，促使社会各界共同参与到生态共建的行动中来。这种制度设计不仅为绿色发展提供了方向，也为实现低碳目标提供了必要的保障。政府的引导作用在低碳经济的发展中体现在多层次的政策构建中。通过制定长期的战略性政策框架，政府能够为低碳经济的方向指明道路。例如，许多国家设立了碳中和目标，明确了碳减排的时间表与路线图。这些战略性政策不仅为企业和社会提供了清晰的指引，还将低碳发展上升为国家发展的重要议题。在此基础上，政府还需要制定一系列细化的政策措施，确保这些战略能够得到具体落实。

立法是推动低碳体系建设的根本保障。通过制定和实施与碳减排相关的法律，政府可以从制度层面规范社会各个主体的行为。环保法律、能源法以

及相关的排放标准构成了低碳体系的法律基础。通过强制性的法律约束，政府确保经济活动在合法框架内进行，减少环境破坏和资源浪费。同时，法律的存在也为社会提供了监督和追责的渠道，使得企业和个人在生产和消费过程中更加自觉地遵守低碳要求。这种法律框架的建立不仅提升了低碳经济的可操作性，也为生态共建提供了长期的制度保障。在具体的政策实施中，政府可以通过政策工具引导市场行为，推动低碳产业的发展。财政政策在这一过程中发挥了关键作用。通过补贴、税收减免等激励措施，政府能够有效促进低碳技术的研发和推广。例如，对可再生能源的财政支持大幅降低了太阳能、风能等绿色能源的生产成本，使得这些技术得以迅速商业化。与此同时，政府还可以通过税收政策，如征收碳税或实施排放交易体系，进一步激励企业减少碳排放。通过市场化的手段，企业被引导到低碳发展的轨道上，低碳经济的发展得到了制度层面的保障。

排放交易体系作为政府推动低碳发展的重要制度创新，已经在许多国家和地区取得显著成效。通过这种机制，企业根据自身的排放配额进行碳排放权的交易，企业如果排放超过配额，则需购买其他企业的剩余配额，而排放低于配额的企业则可以出售多余的配额。这种机制的好处在于，它不仅为企业的减排提供了经济激励，还通过市场的自发调节实现了碳排放总量的控制。这一制度设计展示了政府在低碳体系建设中的创新思维，将市场机制与政策目标结合起来，确保了碳减排的有效性和可持续性。除了经济激励和市场机制，政府在低碳体系建设中还需要发挥监管和监督的作用。强有力的环境监管体系是确保低碳政策落实的基础。通过设立专门的环境监管机构，政府可以对企业的碳排放情况进行实时监测和监督，确保其遵守法律规定和排放标准。监测技术的不断进步使得政府能够更加精准地追踪碳排放源，及时发现违法行为，并进行纠正和处罚。环保技术与数字化手段的结合，也使得监管效率大大提高。政府通过完善的监督机制，可以保障低碳政策的执行力，避免政策流于形式。

制度建设不仅局限于国内政策，政府还通过参与国际合作，推动全球范围内的低碳共建。气候变化和生态破坏问题具有全球性，任何一个国家的单独努力都不足以应对这些挑战。因此，政府通过签署国际协议、参与全球气候治理，推动国与国之间的合作与技术共享，为全球低碳体系的完善贡献力量。诸如《巴黎协定》这样的国际气候协议，促使各国共同承担碳减排的责任，并为全球碳减排目标设定了明确的框架。通过参与国际合作，政府不仅能够获取先进的低碳技术和经验，还可以推动全球低碳治理体系的建立。在政府推动低碳体系建设的过程中，制度创新同样关系到技术政策的设计与实施。低碳技术的创新与应用，是实现低碳经济目标的关键。通过制定技术研发的鼓励政策，政府可以激发企业和科研机构在清洁能源、节能环保技术等领域的创新活力。与此同时，政府还可以通过设立绿色技术推广中心和建立技术转化平台，促进新兴技术的快速应用与普及。低碳技术不仅为经济转型提供了科技支撑，还能够为碳减排目标的实现提供长久的动力。

在公共基础设施方面，政府也承担着推动低碳化转型的重大责任。通过大规模的基础设施投资，政府能够在交通、电力、建筑等关键领域实现绿色转型。例如，在城市规划中，通过推广智能电网、绿色建筑和公共交通系统，政府能够减少能源消耗，提升城市的运行效率。此外，政府还可以通过制定绿色采购政策，在公共项目中优先使用绿色产品与技术，推动市场对低碳产品的需求增长。通过这些政策，政府能够带动整个社会的低碳转型，推动生态共建。

公众意识和社会参与是低碳体系建设的基础，而这离不开政府的宣传和教育工作。政府通过环保宣传、低碳教育等方式，提升公众的环保意识，推动社会向绿色消费、低碳生活的方向发展。在公共政策中，政府可以通过设置绿色标识、推广环保认证制度等方式，帮助消费者在市场中识别绿色产品，从而引导消费行为向低碳化转变。通过推动公众参与，低碳文化得以在社会中广泛传播，形成全民支持低碳经济的社会氛围。在推动低碳体系建设的过程中，政府还需要关注政策的公平性与包容性。低碳转型过程中，某些行业和社会群体可能面临一定的调整压力，政府需要通过社会保障、就业培训等政策，确保低碳政策的实施不会加剧社会的不平等。通过建立包容性的低碳政策体系，政府能够确保低碳转型过程中，经济效益与社会效益兼顾，从而实现更具包容性的生态共建。

总的来看，政府在低碳体系建设中的作用是多层次、多领域的。通过战略引导、法律保障、经济激励、市场机制创新、监管监督和社会宣传等手段，政府为低碳体系的完善提供了全方位的支持。在全球低碳经济转型的过程中，政府的引导和制度建设不仅决定了政策的实施效果，也为未来的生态共建奠定了坚实的基础。

二、市场机制创新引领低碳经济转型

市场机制创新已成为全球低碳经济转型的核心驱动力之一。在应对气候变化、资源枯竭以及环境污染等全球性挑战的过程中，传统的政策调控与政府干预虽然为碳减排和绿色发展奠定了基础，但市场机制的引入为经济与环境的和谐共存开辟了新的可能性。通过市场机制的创新，社会能够调动资本、技术、消费等各个环节的积极性，构建一个自发调节的低碳经济体系。市场机制不仅通过价格信号引导资源的优化配置，还能有效推动技术创新、绿色消费和生产模式的转型。低碳市场机制的核心在于让碳排放成为市场中的一种商品，通过合理的市场定价，使得企业、消费者在决策时将碳排放成本纳入考量范围。这一机制的基础是碳排放权交易体系。通过设置碳排放总量上限，政府或相关机构为企业分配碳排放配额，并允许企业在市场上买卖这些配额。这样，排放较少的企业可以出售多余的配额，获取经济收益，而排放超标的企业则必须购买配额以弥补不足。这种交易机制既为高效减排的企业提供了经济激励，也迫使高排放企业为其过度排放行为支付成本，从而促使整个市场向低碳化方向迈进。

排放权交易体系的成功在很大程度上依赖于市场的自发调节功能。通过市场机制，企业不再单纯依赖于政策压力或法律约束来减少碳排放，而是在市场经济的逻辑下寻找技术创新与经营效率提升的路径。这种内生的减排动力不仅增强了企业的环保意识，也推动了绿色技术的研发和应用。高效的市场定价机制确保了碳资源的合理分配，使得低碳经济成为产业升级和技术进步的重要推动力。在这一体系中，碳价格的波动成为企业决策的重要参考依据。当碳排放配额价格较高时，企业的排放成本增加，促使其更加积极地寻求技术改进或优化生产方式，以减少碳排放并降低生产成本。而当碳价格较低时，企业可能更倾向于购买额外的配额，而不是投入巨资进行技术改造。这种动态调节机制确保了碳减排的成本效益最大化，也使得碳市场能够随着经济发展和技术进步保持弹性和适应性。

市场机制的创新还体现在绿色金融领域。绿色金融通过引导资本流向低碳产业和绿色项目，推动经济的可持续发展。在绿色金融体系中，绿色债券、绿色信贷、绿色基金等金融工具被广泛应用于支持清洁能源、环保技术和生态保护等领域。这些金融工具不仅为低碳项目提供了充足的资金支持，还通过市场的定价机制促使资金更为高效地流入符合可持续发展标准的企业和项目。绿色金融的创新使得资本市场在低碳转型中发挥了更大作用。投资者逐渐意识到，绿色投资不仅是履行社会责任的表现，也是一个拥有广阔市场前景的领域。低碳经济的迅速发展使得许多绿色技术、环保项目具有极大的增长潜力，这使得投资者不仅关注企业的经济效益，还将其在环境保护、碳排放控制方面的表现作为投资决策的重要参考。通过市场的引导，资本的流动方向开始发生转变，越来越多的投资者将目光投向低碳领域，促进了绿色技术的加速发展与应用。与此同时，金融机构也在通过创新金融产品和服务推动低碳经济的发展。银行、保险公司等金融机构不仅为绿色项目提供融资支持，还通过碳金融衍生品的创新设计，帮助企业管理和规避碳排放风险。碳期货、碳期权等金融衍生工具的引入，不仅为碳市场增加了流动性，还帮助企业在碳价格波动的市场环境中更好地管理碳排放成本。这些金融产品的创新，增强了市场机制的稳定性与灵活性，使得低碳经济能够更好地适应市场波动和环境变化。除了资本市场的创新，消费市场的低碳化也是市场机制发挥作用的一个重要维度。消费者的需求直接影响着市场的走向，通过市场机制，可以引导社会从高能耗、高污染的消费模式逐步向低碳、绿色消费转型。绿色消费指的是消费者在购买产品和服务时，不仅仅考虑价格和质量，还关注其生产过程中的碳排放、能源消耗和环境影响。随着环保意识的增强，越来越多的消费者倾向于选择节能环保产品，如新能源汽车、绿色家电、生态食品等。

这种绿色消费趋势对企业的生产方式产生了深远影响。企业为了满足消费者的低碳需求，必须在产品设计、原材料选择、生产工艺等方面进行创新和改进。通过引入绿色技术和环保材料，企业不仅能够提升产品的市场竞争力，还能在全球市场中树立可持续发展的形象。绿色消费的崛起推动了市场对环保产品和服务的需求，也使得企业在市场竞争中更加注重遵守环保标准和控制碳排放。市场机制通过价格信号和消费偏好的变化，将低碳理念深深植入整个经济体系中。市场机制的创新不仅推动了企业和消费者的行为转变，也促使政府在政策制定中更加依赖市场的力量。政府通过市场手段调节经济活动的模式，不再是通过直接干预或行政命令来强制企业减排，而是通过市场价格、金融工具和消费偏好的引导，让企业自发调整生产和经营方式。这种市场导向的政策设计，不仅能够有效提升政策的灵活性与适应性，还能够减少政府干预的成本与负担。

在全球范围内，市场机制的创新也推动了国与国之间的低碳合作与贸易。碳市场的国际互联互通使得各国能够通过市场机制共同参与全球气候治理。国与国之间的碳交易体系使得发达国家和发展中国家在碳排放方面可以进行互利合作。通过跨国碳交易，发达国家可以通过购买发展中国家的排放权来实现自己的减排目标，同时为发展中国家提供技术与资金支持，帮助其实现绿色发展。这种全球性的市场机制创新，使得全球各国在应对气候变化方面能够更加协调一致，也为全球经济的绿色转型提供了制度化的保障。市场机制在低碳经济转型中的创新，不仅改变了企业的生产方式和消费者的行为，也为全球经济的可持续发展提供了强大的动力。通过引导资本流向绿色产业、推动低碳技术创新、激发绿色消费需求，市场机制逐步构建起一个以低碳为核心的经济体系。在这一过程中，市场不仅扮演着资源优化配置的角色，还通过自发调节和价格信号，引领整个社会向低碳化方向迈进。

全球经济正处于绿色转型的关键时期，市场机制的创新为这一进程提供了有效的动力。通过市场的力量，低碳经济转型不再依赖于政府的自上而下的推动，而是在市场自发调节的作用下，成为一种内生的发展动力。企业、金融机构、消费者和政府通过市场机制形成合力，共同推动着低碳经济的蓬勃发展。市场机制的创新不仅让低碳经济成为现实，还为未来的生态文明建设奠定了坚实的基础。在全球气候治理与绿色发展的背景下，市场机制将继续发挥关键作用，推动世界迈向更加可持续的未来。①

三、公众参与社会共治推动低碳发展

在推动全球低碳发展的过程中，公众参与和社会共治扮演着至关重要的角色。低碳发展不仅仅是一项政府主导的政策行动，它更是一场涉及全社会、全行业的广泛变革。无论是从个人的日常生活习惯，还是从企业的生产行为、非政府组织的倡导，低碳发展的实现离不开社会各方的共同努力。通过构建公众参与的广泛渠道，推动社会共治的机制建设，低碳发展可以成为一项由公众广泛支持和深度参与的社会运动，激发社会的内在动力，走向绿色与可持续的未来。

---

① 陈璋. 绿色发展责任担当问题探究［D］. 南昌：江西师范大学，2011：79.

公众参与是低碳发展的关键动能。公众不仅是低碳政策的执行者和受益者，更是这一政策的推动者。通过教育与宣传，公众的低碳意识得到不断提升，绿色消费、低碳出行、节能减排等行为逐渐成为社会的主流。公众通过选择低碳生活方式，主动减少碳足迹，推动整个社会的低碳转型。低碳生活方式不仅包括减少能源的消耗、选择公共交通、减少废弃物产生等个人行为，还体现在消费决策中对于绿色产品和服务的选择。这种生活方式的转变，源自公众对气候变化、环境恶化等全球性问题的深刻认知，推动着个人的日常选择与全球生态目标保持一致。通过媒体、社交平台和教育机构的传播，低碳发展的理念得到了广泛传播。新闻媒体通过曝光环境问题，揭示气候危机的严峻现实，引导公众关注低碳发展的紧迫性。而社交媒体的兴起，使得环保话题能够迅速传播并引发广泛讨论，公众的环保意识也在这一过程中迅速提升。与此同时，学校、社区和环保组织也发挥着重要作用，通过一系列环保教育活动和宣传项目，公众对低碳发展的了解和认同不断加深。公众不再只是被动的环境保护对象，而是成为低碳经济和绿色转型的主动推动者。

社会共治机制是推动低碳发展的重要框架。低碳发展是一项复杂的社会工程，涉及经济、技术、文化等多重领域，只有通过社会各方的合作，才能实现长期的、可持续的成果。政府在其中扮演引导与管理的角色，企业是绿色转型的执行者，而公众是这一转型的推动力量。三者通过良好的互动与合作，共同构建出一个绿色、低碳的社会体系。社会共治机制的核心在于，各方的责任分担与合作机制的透明度，使得各方利益能够在低碳发展中得以协调与平衡。在社会共治的框架中，非政府组织和社区组织起到了桥梁作用。这些组织通过政策倡导、社会监督、公众动员等方式，推动低碳政策的落地和实施。环保组织、气候行动团体通过研究、倡导和游说，推动政府制定更加严格的环保法规和碳排放标准，同时也在社会层面推动企业的低碳责任与行动。社区组织则通过日常的活动和倡导，动员居民积极参与到垃圾分类、绿色消费、节能减排等行动中来。非政府组织与社区组织不仅帮助政府弥合了政策与执行之间的鸿沟，还通过倡导和动员，使得低碳发展成为社会各层面的共识。

企业在推动低碳发展中承担着重要的责任。作为资源消耗和碳排放的主要来源，企业在低碳转型过程中既是调整对象，也在转型过程中扮演着重要的执行者角色。越来越多的企业意识到，低碳发展不仅是社会责任，也是市场竞争的一个重要方向。绿色经济带来了新的市场机遇，低碳技术、绿色产品、节能工艺成为企业提升竞争力的关键。通过创新技术和改进生产工艺，企业不仅能够减少自身的碳排放，还可以带动整个行业的低碳转型。与此同时，企业还可以通过绿色供应链的建设，推动上下游产业链共同走向低碳化，形成行业间的低碳协同效应。

社会共治的一个重要环节是企业与政府、公众的合作。政府通过政策和法律框架为企业的低碳转型提供方向，企业则通过创新实践和市场行为推动绿色技术的普及与应用。公众通过消费行为和社会监督促使企业更加注重环保责任，并推动市场对绿色产品和服务的需求增长。在这一多方合作的框架下，企业、政府和公众共同构建出一个相互支持的生态系统，使得低碳发展不再是孤立的政策执行，而是社会各方共同推动的动态过程。公众参与社会共治不仅局限于国内层面，它还在国际气候治理中扮演着重要角色。全球范围内的气候危机和环境问题需要各国在国际平台上共同面对与解决。在国际社会中，公众通过跨国环保组织、国际倡导团体等途径，推动全球气候议程的进展。公众的环保意识和行动不仅影响着各国的国内政策，还通过国际交流与合作，推动各国在气候变化和低碳发展领域达成共识。国与国之间的环保合作，尤其是在科技、资金和经验分享方面，为全球低碳转型提供了更多可能性。

全球的低碳发展目标只有在公众广泛参与和社会共治机制的支持下才能得以实现。公众不仅是政策的接受者，更是推动者，通过个人的选择、社会的倡导，以及对企业和政府的监督，公众发展为低碳转型的核心力量之一。通过这种广泛的社会参与，公众不仅推动了低碳政策的实施，还为企业和政府的绿色转型提供了强大的社会动力。社会共治机制则通过整合各方资源与力量，使得低碳发展成为社会各层面共同参与的项目，从而推动低碳经济和绿色发展目标的实现。在未来的发展过程中，公众参与社会共治将继续为低碳转型提供动力。随着社会低碳意识的不断提升，公众的行为方式与消费模式也将发生深刻的转变。低碳文化将逐渐渗透到社会的各个方面，成为推动绿色发展的核心理念。企业、政府、非政府组织与公众将继续通过合作与协调，推动绿色技术的广泛应用与生态经济的不断扩展，构建一个更加绿色、健康的全球经济体系。

在社会共治的推动下，低碳发展不仅是一个环保目标，更是一场社会革命。公众通过参与到这一变革中，改变了自己的生活方式，也推动了整个社会的发展模式转型。通过多方合作与协调，低碳发展不仅限于单一的政策行动，而是成为社会发展的核心战略之一。在这一过程中，公众的力量不可忽视，他们通过日常的选择、消费与行为，推动着全球走向一个更加可持续的未来。通过社会共治，低碳发展成为一个全社会共同追求的目标。公众通过个人选择、企业通过技术创新、政府通过政策引导，三者之间的相互作用形成了一个高度互动的生态体系，使得低碳发展成为社会的主旋律。这种多方合作机制不仅增强了低碳政策的实施效果，也为全球生态文明建设注入了强劲的动力。未来的低碳发展不仅依赖于技术进步和政策创新，更依赖于全社会的共同行动与合作共治。通过公众参与和社会共治，全球将加速迈向一个更加绿色、健康和可持续的未来。①

---

① 李静，于容皎. 加强生态文明建设 促进生态经济发展 [J]. 区域治理，2019（36）：
53-55.

第六章

循环经济与生态文明联动

在全球可持续发展和生态文明建设的背景下，循环经济作为一种全新的经济发展模式，逐渐成为推动资源高效利用、减少环境污染、应对气候变化的核心理念。循环经济不同于传统的"资源—产品—废弃物"的线性经济模式，它强调通过资源的循环利用、再生、修复和延续，建立起"资源—产品—再资源"的闭环体系。通过这一闭环，循环经济不仅提高了资源利用效率，还推动了绿色产业的兴起，为生态文明建设提供了重要的理论和实践支持。

循环经济的核心在于实现资源的高效利用和废弃物的最小化处理，从而减少对环境的负面影响。通过引入"再利用、再制造、再循环"的理念，循环经济创造了一种全新的经济增长模式。在这种模式下，资源并不是一次性使用后就废弃，而是在经济体系中不断循环。企业通过技术创新、工艺改进以及资源回收，使得废弃物可以再次转化为生产要素，推动了生产体系的持续循环。这种经济理念的转变，不仅减少了对自然资源的开采和消耗，还有效降低了污染物的排放，促进了生态系统的恢复与保护。①

循环经济在推动生态文明建设中的效能，不仅体现在其对资源和环境的保护上，还通过技术创新带来了新的经济动能。循环经济的广泛应用催生了大量的绿色技术，尤其是在废弃物管理、资源回收、生态设计等领域。通过绿色技术的应用，企业不仅可以降低生产成本，还能提高资源的利用效率。例如，电子产品制造行业通过回收和再利用废旧电子元件，大幅减少了对稀有金属和原材料的依赖，同时减少了电子废弃物对环境的污染。通过循环经

---

① 孔德新. 绿色发展与生态文明：绿色视野中的可持续发展 [M]. 合肥：合肥工业大学出版社，2007：12.

济的实践，企业在环境保护中获得了新的市场机遇，推动了经济与环境的双重效益。

循环经济的效能还体现在社会各个层面的深刻影响中。它不仅是企业的生产模式转型，也带动了消费模式和生活方式的改变。通过推广循环经济理念，消费者逐渐意识到减少浪费和延长产品生命周期的重要性。以"绿色消费"为核心，公众逐渐接受并倡导"减量化、再利用、再循环"的消费观念，这种消费模式的转变推动了社会整体资源消耗的减少和生态系统压力的减轻。绿色消费不仅改变了市场需求，也促使企业在生产设计中更加注重环保，形成了从生产到消费的全链条绿色转型。

随着全球环境危机的加剧，传统的经济发展模式无法持续，循环经济模式为可持续发展提供了全新的路径。这一模式不仅关注经济的短期增长，更注重长期的资源保护和生态修复。通过"闭环"式的资源管理，循环经济打破了传统经济模式中的"消耗—废弃"逻辑，使资源在经济体系中得以持续循环利用。这种模式的优势不仅体现在减少了自然资源的浪费，还在于通过技术创新和工艺改进，推动了社会生产方式的全面转型。许多国家和地区已经通过政策引导、技术创新等方式，积极推动循环经济模式的应用，以实现经济与环境的协调发展。

在循环经济模式的推动下，全球产业结构和商业模式也发生了深刻的变化。许多企业通过循环经济的实践，逐步从传统的高能耗、高污染的生产模式向绿色低碳的方向转型。例如，在制造业中，企业通过回收材料、再制造和废物再利用等手段，减少了对自然资源的依赖，同时降低了废弃物处理的成本。通过这种循环生产模式，企业不仅能够实现资源的可持续利用，还能够在环保方面赢得社会认可，提升企业的市场竞争力。这种绿色转型不仅带动了企业的内部变革，还引领了整个行业的低碳发展。

循环经济与生态文明的联动关系体现在它们共同的目标上。循环经济的理念与实践，推动了生态系统的保护与修复，为生态文明的构建提供了物质基础。通过减少对自然资源的掠夺性开采，降低废弃物的排放量，循环经济减少了对环境的压力，使得生态系统得以在经济发展过程中保持平衡。与此同时，循环经济强调人与自然的和谐共生，这与生态文明的核心理念高度一致。生态文明不仅关注自然环境的保护，还强调经济活动与生态系统的协调发展，这一理念正是循环经济模式所要努力实现的目标。

通过循环经济与生态文明的联动，可以实现经济增长与环境保护的双赢。循环经济的应用，不仅促进了资源的高效利用，还推动了绿色技术的广泛应用，为社会提供了新的就业机会和经济增长点。通过循环经济，企业可以在生产过程中最大限度地减少资源消耗和污染排放，同时通过技术创新提升经济效益。绿色技术的研发与应用，使得企业在节能减排的过程中，获得了竞争优势，推动了整个社会的绿色转型。这种良性循环不仅有助于经济发展，还为生态文明建设提供了长期的动力支持。①

在全球范围内，越来越多的国家和地区将循环经济作为推动可持续发展的重要战略。欧洲、亚洲、美洲等相继制定了循环经济行动计划，通过政策、法律和技术创新，推动循环经济模式的实施。这些政策的出台，不仅加速了循环经济在全球范围内的推广，还为实现全球生态文明建设目标奠定了坚实的基础。通过循环经济与生态文明的联动，全球社会正逐步走向一个资源节约、环境友好、经济高效的未来。

总的来说，循环经济与生态文明的联动推动了经济与环境的协同发展。通过循环经济理念的应用，社会在资源管理、产业结构、消费模式等方面都发生了深刻变革，推动了经济活动的绿色转型。同时，循环经济为生态系统的保护和修复提供了有力支持，为实现可持续发展目标奠定了基础。通过这种全社会的共同努力，循环经济不仅成为全球应对环境挑战的重要工具，也为生态文明建设开辟了新的道路。未来，随着循环经济模式的不断创新与推广，全球社会将在这一过程中实现更深层次的经济与生态的和谐共生。

第一节　循环经济理念与效能

循环经济作为一种以可持续发展为导向的经济模式，正在重新定义资源利用与经济增长的关系。不同于传统的线性经济模式，循环经济更强调在整个生产和消费链条中，实现资源的循环使用和再生，以最大限度减少对环境的损害。这一模式不仅改变了经济运作的基础逻辑，还在全球范围内引发了

① 张卫东，汪海. 我国环境政策对经济增长与环境污染关系的影响研究［J］. 中国软科学，2007（12）：32-38.

对生态文明建设的重新思考。通过对资源的闭环管理、绿色技术的持续创新，以及废弃物的高效转化，循环经济为现代社会的生态恢复与经济效能提升提供了全新思路。

首先，循环经济的核心之一在于资源闭环管理的理念。这一管理方式的独特之处在于，它通过设计与流程优化，确保资源不会在使用一次后被废弃，而是重新进入生产与消费的循环。资源从单纯的消耗品转变为可重复利用的资产，这种观念不仅推动了资源的高效利用，还显著减少了对原生资源的依赖。循环经济的本质在于资源的再生与再利用，通过创造循环闭环，使得原本有限的资源在经济系统中不断延续。以电子产品行业为例，闭环管理的应用已经深入从原材料提取、生产制造到废弃产品回收的每一个环节。过去，大量电子产品的废弃导致了严重的环境问题，特别是有毒有害材料的泄漏污染了土壤和水源。如今，随着循环经济的推广，企业开始重视通过回收与再制造过程，将废弃的电子元件重新投入生产体系中。这不仅减少了电子垃圾的产生，也降低了对稀有金属等矿产资源的开采需求。通过资源闭环管理，企业得以在生产与环保之间找到平衡，实现经济与环境效益的双赢。

资源闭环管理还延伸至更广泛的社会层面，推动了消费模式的转型。消费者在这一过程中不再是被动的资源使用者，而是积极参与循环经济的一环。通过倡导绿色消费、减少浪费，消费者正在塑造一个更加可持续的经济模式。例如，越来越多的消费者选择购买再生材料制成的产品，使用耐用性更强、设计更加环保的商品。通过这些行为，个人对资源的利用不再是一种短暂行为，而是发展为经济体系中的循环链条的关键一环。这种转变不仅带动了消费文化的升级，也为社会整体的生态文明建设奠定了新的基础。

其次，绿色技术创新是推动循环经济发展的关键力量。技术的进步使得资源再利用和再生产成为可能，并推动各行业不断向绿色化方向发展。在循环经济的框架下，绿色技术不仅是提高资源效率的工具，更是经济增长的新引擎。通过绿色技术的广泛应用，企业可以在节能减排的基础上，创造出更加环保、高效的生产方式，从而提升整体经济效能。绿色技术创新在清洁能源领域的应用尤为突出。随着技术的不断进步，太阳能、风能等可再生能源的成本大幅降低，逐渐替代了传统的化石能源。这一技术突破不仅为能源行业带来了深远的变革，也加速了循环经济模式在全球的推广。清洁能源的应用，减少了对自然资源的过度开采和污染物的排放，推动了绿色经济的崛起。

在交通运输、电力供应、建筑等行业，绿色技术的应用为循环经济模式提供了坚实的技术支撑，使得这些传统高耗能产业逐步向低碳、绿色转型。

绿色技术的创新不仅体现在能源的使用上，还深入材料、制造工艺等多个层面。通过开发新型环保材料，企业可以显著减少生产过程中的污染物排放，并提高产品的可回收性。例如，生物基塑料和可降解材料的使用，正在逐步取代传统塑料，减少了塑料废弃物对海洋生态系统的污染。这些绿色材料的推广不仅带来了环保效益，还为企业提供了新的市场竞争力，使其在追求经济效益的同时，也为环境保护作出了贡献。通过绿色技术的不断创新，循环经济模式的可操作性得到了极大的增强，为未来的经济增长提供了可持续的动力来源。①

最后，废弃物的高效转化利用是循环经济实现生态环境修复的重要手段。在传统经济模式中，废弃物往往被视为负担，处理成本高昂，处理方式也往往伴随着环境的进一步破坏。而在循环经济的框架下，废弃物被重新定义为潜在的资源，通过高效的转化与再利用，它们被重新融入生产体系，从而减轻了对自然环境的负担。建筑废弃物的回收和再利用就是一个典型案例。在许多国家，建筑废料被再加工后用作新的建筑材料，如再生混凝土和再生砖块，这一过程不仅减少了垃圾填埋的压力，也降低了对自然原材料的需求。通过这种废物资源化的路径，社会可以在经济活动中保持资源的可持续性，同时减少环境污染和生态破坏。再制造技术的应用使得工业废弃物在经过处理后，能够继续作为生产资料使用，从而形成资源的循环流动。在农业和生物质能领域，循环经济的优势同样显而易见。农业废弃物通过生物技术转化为有机肥料、沼气等可再生能源，不仅为农业生产提供了清洁能源，还减少了农业活动对土壤和水源的污染。循环经济通过将农业废弃物转化为新资源，打破了资源开采与环境保护之间的对立关系，实现了农业生产的绿色循环。废弃物的转化利用不仅是技术手段的创新，更是经济结构的深刻变革。在这一过程中，政府、企业和社会各界共同推动了资源管理模式的转型。政府通过政策和法规引导企业加强废弃物的回收与再利用，同时推动市场机制的建立，使得废弃物转化为经济增长的新动力。企业则通过技术研发和工艺改进，将原本的生产残留物转化为可再生的资源，在降低环境风险的同时，创造了

① 冯亮. 绿色经济发展责任承诺研究 ［D］. 南昌：江西师范大学，2012：105.

新的经济价值。社会各界的共同努力使得循环经济的废弃物转化利用不再是一项单一的环保措施，而是构成了现代经济体系中的一环，推动了资源利用效率的提升。①

循环经济通过资源闭环管理、绿色技术创新和废弃物的转化利用，重塑了现代经济的基础逻辑。这一模式不仅有效减少了环境压力，还提升了资源利用效率，推动了全球经济朝着更加可持续的方向发展。随着循环经济理念的深入推进，社会各界的广泛参与，全球将逐步形成一种绿色、可持续的发展模式，为生态文明建设铺平道路。在未来，循环经济的推广不仅将在经济层面带来深远的影响，也将在生态保护和社会进步的广泛领域取得积极成效。

一、资源闭环管理提升利用效率

资源闭环管理是循环经济理念的核心，强调将资源的使用效率最大化，确保它们在经济活动中反复循环使用，而不是在一次性使用后被丢弃。这一理念要求在生产、消费和废弃物处理的各个环节中，减少资源消耗、延长产品生命周期，并通过回收和再制造使资源重新进入生产体系。资源闭环管理不仅推动了资源的高效利用，还减少了对自然资源的依赖，减少了废物排放和环境污染。

在实践中，资源闭环管理通过引入节约型生产和消费模式，使企业和社会实现了经济与生态效益的双赢。例如，许多制造业企业已经开始通过回收和再利用废弃材料来减少原材料的使用。一些公司通过对生产工艺的优化，将制造过程中的废料重新投入生产中，实现了"零废弃"的目标。在这种循环生产体系中，企业不仅减少了材料采购成本，还降低了环境处理的费用，提升了资源利用效率。此外，资源闭环管理的实施还需要社会各个层面的支持，包括消费者在日常生活中的行为选择。通过推广可再生产品、减少一次性产品的使用以及倡导回收行为，社会各界可以形成一个共识，即资源应被反复利用，而不是一次性消耗。由此，资源闭环管理不仅是一种生产策略，也是一种社会责任，通过全社会的合作，进一步推动了资源效率的提升。绿色技术创新驱动经济效能提升循环经济的发展离不开绿色技术的创新。绿色技术不仅是提高资源利用效率的关键工具，也是实现经济增长与生态保护并

①　廖福森. 生态文明建设理论与实践［M］. 北京：中国林业出版社，2003：2.

重的根本途径。在循环经济的框架下，绿色技术创新推动了产业的绿色转型，通过改进生产工艺、减少能源消耗、开发清洁能源等手段，使得经济效能大幅提升。

一个显著的例子是可再生能源技术的快速发展。随着技术的进步，太阳能、风能等清洁能源的成本大幅下降，逐渐替代了高污染的化石能源。这种技术进步不仅减少了碳排放，还提升了能源利用的经济效益，使得清洁能源产业成为推动全球经济增长的新动力。与此相似，节能环保技术的广泛应用也大幅提升了生产过程中的能源利用效率。例如，智能化工厂通过自动化技术和物联网系统，精准控制生产流程中的能源消耗，极大减少了能源浪费。绿色技术创新还体现在产品设计与材料的开发上。通过设计更加环保、耐用的产品，企业能够延长产品的生命周期，减少资源的浪费。与此同时，先进的材料技术使得可再生材料在制造业中得到了更广泛的应用。例如，生物基塑料和可降解材料的使用，减少了传统塑料对环境的污染，也为循环经济的发展提供了新的技术支持。

绿色技术不仅带来了经济效能的提升，还为企业开辟了新的市场机遇。随着全球消费者对绿色产品需求的不断增加，企业通过技术创新，在环保产品领域获得了新的增长点。通过创新技术的研发和推广，企业不仅能够提高自身的竞争力，还为整个产业链的绿色转型奠定了基础。绿色技术的创新已经成为推动循环经济发展的核心动力，它不仅提高了经济效能，也为全球可持续发展提供了技术支持。

二、绿色技术创新驱动经济效能提升

绿色技术创新在循环经济框架下扮演着关键角色，推动着经济模式的深刻变革。循环经济的核心理念在于将资源的使用效率最大化，同时最小化对环境的负担。而实现这一目标，依赖于绿色技术的进步与创新。绿色技术不仅在生产过程和产品设计中起到提升资源利用率的作用，也为整个经济体的绿色转型注入了新的动力。在绿色技术的推动下，产业结构得以优化，生产效率显著提升，同时也为环境保护奠定了更加坚实的基础。绿色技术带来的最大变化之一是对传统能源格局的重塑。在过去，经济增长的动力来源主要依赖于化石燃料，这种模式导致了严重的环境污染和资源枯竭。而随着绿色技术的不断发展，清洁能源迅速崛起，并发展为传统能源的替代者。风能、太阳能等可再生能源的应用，使得能源生产不再依赖有限的化石燃料储备，减少了对环境的破坏。尤其是太阳能技术的突破，不仅提高了能源转化效率，也使得清洁能源的生产成本大幅下降，逐步具备了与传统能源竞争的能力。

清洁能源的推广不仅减少了温室气体的排放，还为全球经济增长带来了新的机遇。清洁能源产业的发展创造了大量就业机会，推动了相关技术研发的繁荣，同时也带动了上下游产业链的绿色转型。在许多国家，太阳能和风能等清洁能源的迅速扩展，已成为带动经济增长的重要动力之一。这种技术创新不仅对能源产业产生了深远影响，也促使制造业、建筑业等传统行业加速向低碳化转型。绿色技术的另一重要领域是智能化技术在节能和环保方面的应用。现代工业的智能化升级，通过自动化、数字化技术的结合，大幅提升了生产过程中的能源效率。智能化工厂依托大数据、物联网和人工智能技术，能够精确监控和调整生产流程中的各个环节，确保能源消耗降至最低。智能化管理的应用，不仅减少了资源浪费，还提高了生产线的运营效率，为企业带来了可观的经济效益。例如，智能电网的应用在能源管理领域取得了显著成效。通过智能传感器和数据分析技术，电网运营商能够实时监控能源的生产与分配，确保能源供应与需求的匹配，从而减少了能源的浪费。智能电网还通过优化电力调度，推动了可再生能源与传统电力系统的融合，进一步提升了能源利用效率。这一技术进步，不仅帮助企业降低了运营成本，还为实现能源结构的绿色转型提供了支持。

绿色技术的应用并不仅限于能源领域，材料技术的突破同样在推动循环经济发展中发挥着重要作用。材料科学的进步使得环保材料、可再生材料得到了广泛应用，为各行业的绿色转型提供了基础。传统制造业在生产过程中依赖大量不可再生资源，而通过新型材料的引入，不仅可以降低生产对资源的依赖，还减少了污染物的排放。生物基塑料便是绿色材料技术的一项重要成果。与传统塑料不同，生物基塑料采用植物等可再生原料制成，具有可降解性，能够在自然环境中被迅速分解，避免了传统塑料对环境的长期污染。随着对海洋塑料污染问题的日益重视，生物基塑料的应用逐步扩大，成为塑料制品的可替代方案。这一技术创新不仅减少了生产过程中的碳排放，还大幅降低了塑料废弃物对环境的负面影响，推动了塑料产业的绿色转型。可降解材料的使用不仅体现在包装行业，还渗透到了建筑、医疗等多个领域。在建筑业中，环保材料的广泛使用促进了绿色建筑的兴起。例如，通过使用低碳混凝土、再生钢材等环保建材，建筑行业在减少资源消耗的同时，降低了建筑废弃物对环境的污染。绿色建筑技术的推广，不仅为城市可持续发展提供了新的路径，也为建筑行业带来了新的增长点。

绿色技术创新带来的不仅是生产过程的优化，还引发了产品设计和消费模式的革命性变化。在循环经济的理念下，产品的设计不再仅仅追求短期的市场效益，而是注重整个产品生命周期的生态影响。通过采用生态设计理念，企业在产品设计阶段就考虑到产品的可修复性、可拆解性和可回收性，从而延长产品的使用寿命，减少资源浪费。生态设计的理念推动了耐用产品的研发，使得消费者不再需要频繁更换产品，进而减少了对资源的需求。例如，智能手机制造商通过采用模块化设计，使得消费者可以在手机部件损坏或过时后，仅更换个别部件，而无需购买新手机。这一设计理念不仅降低了电子废弃物的产生，还推动了电子产品行业的绿色转型。

绿色技术创新还体现在供应链管理的改进上。通过对整个生产链条的优化，企业能够确保每一个环节都符合绿色经济的标准。例如，在食品行业，供应链上的绿色技术应用体现在减少农药、化肥的使用，采用更加环保的生产方式，减少水资源和土地的过度利用。绿色技术不仅使得供应链更加环保，还提高了生产效率和产品质量，最终为消费者提供了更为健康、安全的绿色产品。企业在推行绿色技术创新的过程中，不仅推动了内部的生产效率和环境效益的提升，还为整个市场开辟了新的增长空间。随着消费者对绿色产品的需求不断增长，企业通过绿色技术创新，获得了竞争优势。这种绿色产品的市场需求，不仅为企业带来了新的经济增长点，还推动了整个产业链的绿色化转型。企业通过绿色技术创新，在市场竞争中脱颖而出，获得了长期的经济效益。

绿色技术的应用不仅带来了经济效益的提升，也为全球可持续发展提供了强有力的技术支撑。各国政府通过政策支持与投资激励，推动绿色技术的推广，使得这些技术在全球范围内得到应用与发展。绿色技术的创新已经不仅仅是企业提高竞争力的工具，更发展为推动全球经济可持续发展的核心动力。在未来，随着技术的不断进步，绿色技术将继续推动循环经济的深入发展。通过技术革新，资源利用效率将进一步提高，企业的生产方式也将更加环保高效。同时，绿色技术的应用将继续渗透到更多行业和领域，推动全球经济实现绿色化转型。这一转型不仅有助于缓解全球气候变化和资源枯竭的压力，也为全球经济的长期可持续发展奠定了坚实基础。

总结而言，绿色技术创新在循环经济的发展中扮演着至关重要的角色。通过推动能源结构转型、提升生产效率、开发环保材料，绿色技术为经济增长和生态保护提供了可行的解决方案。它不仅帮助企业提高了市场竞争力，还为全球经济的可持续发展开辟了新的道路。随着绿色技术的进一步突破，循环经济的未来将更加广阔，它将继续推动全球向更加绿色、健康和可持续的经济模式迈进。

三、废弃物转化利用促进生态环境修复

废弃物的转化利用是循环经济实践中的重要一环。传统经济模式中，大量的废弃物未经处理直接被填埋或焚烧，不仅浪费了资源，还对生态环境造成了巨大的破坏。而循环经济则倡导通过技术手段将废弃物重新利用，将其转化为具有价值的资源，从而减少对环境的负面影响。

废弃物的转化利用在许多行业中得到了广泛应用。例如，在建筑业中，建筑废料通过再加工被制成新的建筑材料，如再生混凝土和再生砖块，既减少了废弃物处理的成本，又降低了对自然资源的需求。同样，在农业领域，农业废弃物通过生物技术转化为有机肥料和生物燃料，为农业生产提供了更加环保的解决方案。通过废弃物的有效转化，社会不仅减少了对自然环境的负担，还推动了资源的再生利用，为经济发展提供了新的动力。

废弃物的再利用还推动了循环经济与生态环境修复的紧密结合。通过废物资源化，许多曾经被认为是环境污染源的废弃物，如工业废水、城市垃圾等，已经通过技术转化发展为新的生产资源。例如，污水处理技术通过对废水的再生和净化，使其能够重新用于工业生产或农业灌溉。垃圾填埋场的废弃物通过分解和转化，产生了沼气，这些沼气被用作能源发电，减少了传统化石能源的使用。这种废弃物的再利用不仅实现了资源的闭环管理，还为生态环境的修复提供了有效途径。废弃物的转化利用不仅是技术层面的突破，更是对社会经济结构的深刻变革。在这一过程中，企业、政府和公众共同努力，推动了废弃物管理模式的转型。政府通过政策引导和激励措施，鼓励企业开发废弃物转化技术，推广资源循环利用的理念。与此同时，公众的环保意识和绿色消费理念也在推动废弃物回收和再利用的过程中起到了至关重要的作用。废弃物的转化利用不仅使经济效能得以提升，还通过减少污染物的

排放，促进了生态环境的修复与保护。循环经济通过资源闭环管理、绿色技术创新和废弃物的转化利用，展现出了其强大的经济效能与生态效益。它不仅为全球经济提供了新的增长动力，还推动了生态文明的建设。循环经济的理念和实践为人类社会指明了一条可持续发展的道路，在资源有限的背景下，通过高效利用资源和减少环境负担，创造出一个更加绿色、健康和繁荣的未来。

第二节　循环经济模式新探论

循环经济作为应对全球资源短缺和环境危机的创新经济模式，其独特性不仅体现在其理论理念的转变，更体现在实践中的多维应用。它通过颠覆传统的"线性经济"模式，倡导资源的循环使用，以实现经济发展与生态保护的双重目标。随着生产、消费和技术领域的不断革新，循环经济的实践已经从一个概念逐步演变为可行的系统框架，深刻影响着全球经济和社会的绿色转型。在生产端，闭环设计已成为推动循环经济的重要支柱。传统经济模式中，产品设计往往只关注功能性和市场需求，而忽视了产品生命周期的可持续性。循环经济打破了这一思路，要求企业在设计产品时，考虑其整个生命周期中的环境影响。这种设计理念强调产品在制造、使用以及最终的处理环节中，都应尽量减少对自然资源的消耗，并确保产品能够被修复、升级、拆解或回收再利用。通过延长产品的生命周期，资源的利用效率得以显著提升，而废弃物的产生也大大减少。

闭环设计的应用不仅仅局限于产品本身，它还体现在生产流程的优化上。企业通过采用绿色制造技术，能够将废弃物再加工为新的生产原料，或者将生产过程中产生的废物重新引入生产环节。这种资源的循环使用不仅减少了原材料的需求，也在很大程度上降低了生产对环境的影响。在现代制造业中，越来越多的企业已经开始通过"工业共生"模式实现资源的共享与回收。例如，一个工厂的副产品可能成为另一个工厂的原材料，形成一个互利共生的闭环经济系统。这种生产端的闭环设计，推动了整个产业链的绿色升级，为生态经济模式的实践提供了坚实的基础。与生产端的变革相呼应，消费模式的深度调整也在推动循环经济的进一步扩展。传统的消费观念往往注重即刻满足和一次性使用，导致大量资源的浪费和不可持续的消费行为。然而，随着循环经济理念的普及，消费者的观念正在发生改变。越来越多的消费者意识到，可持续的消费不仅关乎个人的选择，也关系到整个社会的环境未来。

在这种背景下，共享经济模式迅速崛起，并逐渐成为循环经济的一部分。通过共享平台，资源的利用率大幅提升，消费者不再依赖于拥有某一产品，而是通过共享的方式来满足需求。共享单车、共享办公等模式的广泛应用，就是消费模式变革的典型表现。这种变化不仅减少了资源的浪费，也推动了资源在不同使用者之间的高效流动。此外，绿色消费的概念也在日益得到推广。消费者越来越倾向于选择那些对环境影响较小、可循环利用的产品，这种需求的增长反过来促使企业更重视环保产品的研发和生产。通过倡导绿色消费，市场的供需关系正在朝着更加环保和可持续的方向演变。消费者从简单的产品购买者，逐渐转变为环境保护的积极参与者，他们的选择推动了整个经济体系向循环经济的方向转型。

在推动循环经济实践的过程中，技术革新同样起到了至关重要的作用。特别是数字化技术的应用，极大地提升了资源管理的效率，使得循环经济的系统运作更加精准和智能化。物联网、大数据和人工智能等数字技术，能够帮助企业实时监控生产中的资源使用情况，及时调整生产策略，以减少能源的消耗和原材料的浪费。例如，通过数据分析，企业可以优化供应链管理，精准预测原材料需求，从而避免过度采购和资源积压。数字化技术还为废弃物管理提供了智能化的解决方案。借助物联网传感器和大数据平台，城市垃圾分类和处理系统变得更加高效。智能垃圾分类设备可以根据废弃物的成分自动分类处理，将可回收资源准确地引导进入再生产链条。数字化技术不仅减少了垃圾处理中的人为误差，还推动了废弃物的再利用率，帮助城市实现更高效的资源循环管理。

此外，区块链技术在循环经济中的应用，也提供了一个全新的视角。区块链技术可以为资源流通提供全程可追溯的解决方案，确保资源从生产到消费，再到回收的每个环节都能透明化、规范化管理。这种可追溯性，不仅提高了资源的使用效率，也增强了消费者和企业对资源管理的信任度，为循环经济模式的广泛推广提供了技术保障。通过生产端的闭环设计、消费模式的变革以及数字技术的应用，循环经济模式正在全面优化资源利用，减少环境负担，并引领社会向可持续发展的方向迈进。这种多层次、多领域的转型，不仅使得资源得以高效循环利用，还推动了经济效能的整体提升。面对全球资源紧缺与生态危机的双重挑战，循环经济模式提供了一条切实可行的发展路径，为实现绿色经济和生态文明的共生共赢奠定了坚实的基础。在未来的发展中，循环经济将继续作为全球可持续发展的重要动力，通过多方合作和技术创新，进一步推动产业和社会的绿色转型。这种经济模式不仅是应对当前环境挑战的有效手段，也是未来全球经济发展的方向。通过资源的循环利用和技术的不断进步，循环经济必将在全球范围内实现更加广泛的应用，并为人类与自然的和谐共存提供新的契机。

一、生产端闭环设计推动产业绿色升级

生产端闭环设计是推动产业绿色升级的关键环节，它不仅代表着对传统生产模式的深刻变革，更体现了循环经济理念在实践中的具体应用。通过在生产过程中引入闭环设计，企业能够最大限度地减少资源浪费，提高生产效率，推动整个产业向可持续发展方向迈进。这种设计理念强调资源的多次利用、废物的再循环，以及能源的高效管理，不仅有助于减少对环境的负面影响，还能提升经济效能，使产业在资源约束日益严重的背景下获得新的发展动力。闭环设计的本质在于将资源的流动和使用尽可能地控制在生产系统内部，避免资源的流失和浪费。在传统的线性经济模式中，资源的开采、使用和废弃是一个单向流动的过程，最终大量的资源被转化为废弃物，对环境产生了巨大压力。而闭环设计则打破了这种单向流动的逻辑，主张通过设计和技术创新，将产品的生命周期延长，并使得废弃物在经过处理后重新回到生产系统中，成为新的资源。这种循环利用不仅降低了生产成本，还减少了对新资源的需求，极大地缓解了资源枯竭的压力。

闭环设计的一个核心要素是产品的可持续设计。传统产品设计往往仅考虑产品的功能和市场需求，而忽视了其对环境的影响。在闭环设计理念下，产品从设计之初就要考虑其整个生命周期的环境影响，包括制造、使用和回收等各个环节。通过这样的设计思路，产品在达到使用寿命后可以被拆解、回收或再制造，最大限度地延长其使用周期，减少废弃物的产生。例如，在电子产品行业，模块化设计理念的引入已经显示出了显著的绿色效益。模块化设计允许消费者在某些部件损坏时，只需更换相关模块，而无需更换整个产品。这种设计不仅降低了产品的替换成本，还减少了电子废弃物的产生，

推动了电子行业的绿色转型。与此同时，制造商也能够通过模块化设计提升生产线的灵活性，降低生产成本，提升企业竞争力。

在工业生产中，闭环设计的应用还体现在资源的再利用和生产过程的优化上。工业废弃物的再利用，是闭环设计中的一个重要实践方向。通过先进的处理技术，工厂产生的废物可以被加工成新的原材料，重新用于生产。例如，在金属冶炼行业，钢铁厂的废渣经过处理后，可以用于制造建筑材料或铺设道路，从而避免了废物的堆积和资源的浪费。这样的再利用不仅提高了资源的利用率，还减少了生产过程中的废弃物排放，显著降低了生产对环境的影响。此外，闭环设计还体现在能源的循环利用上。许多工业生产过程中的副产物——如热能和气体——可以被再次利用。例如，钢铁厂在炼钢过程中会产生大量的废热和废气，通过引入能源回收系统，这些副产物可以被用来为生产线提供电力和热能，从而减少对外部能源的依赖。这种能源的循环利用不仅节约了生产成本，还减少了碳排放，推动了工业生产向低碳化方向转型。

在闭环设计推动产业绿色升级的过程中，技术创新是不可或缺的要素。绿色技术为企业提供了实现闭环生产的关键工具，通过技术的进步，企业能够更有效地控制生产中的资源流动，并实现废物的循环再利用。例如，3D打印技术作为一种新的制造方式，不仅减少了原材料的浪费，还允许产品根据需求进行定制化生产，降低了生产过剩的风险。这种精准的生产方式极大地提升了资源的利用效率，符合闭环设计的核心理念。另一个重要的技术领域是数字化技术。通过物联网、大数据和人工智能技术的结合，企业能够实时监控生产中的资源使用情况，并对生产流程进行优化。例如，智能化生产线可以根据数据分析结果调整原材料的使用，减少浪费。通过数字化技术，闭环设计的执行过程变得更加高效，资源的流动也更加可控。[①]

闭环设计不仅带来了经济效益，也对企业的品牌形象和社会责任感产生了积极影响。在全球范围内，消费者对环保产品的需求日益增加，企业通过推行闭环设计，不仅能够提升自身的市场竞争力，还能够树立负责任的企业形象。越来越多的消费者愿意为那些注重可持续发展的品牌支付溢价，企业

---

① 王文君.生态文明建设如何促进乡村经济发展［J］.中国集体经济，2021（23）：22-23.

通过闭环设计实现的绿色转型，无疑能够为其带来更多市场机会。

在全球产业链不断融合的背景下，闭环设计的实施还需要跨国合作和供应链的协调。许多大型企业已经开始与其供应商共同制定循环经济标准，确保资源的高效利用和废弃物的回收再利用。这种合作模式不仅提升了整个供应链的可持续性，还推动了行业标准的提升。例如，汽车制造行业通过与零部件供应商的合作，共同研发可循环利用的汽车零部件，从而减少了制造过程中的资源消耗和废弃物产生。这样的产业链协作，进一步加速了闭环设计在全球范围内的推广和应用。在推动闭环设计的过程中，政策支持和监管机制也是至关重要的因素。各国政府可以通过制定相关法律法规和政策激励措施，鼓励企业引入闭环设计，并推动绿色产业的发展。例如，政府可以通过税收减免、资金补贴等措施，鼓励企业进行技术创新和生产工艺改进，提升资源利用效率。此外，监管机构还可以通过设立行业标准和认证机制，确保企业在生产过程中严格执行闭环设计的要求，推动整个产业链的绿色升级。

闭环设计的实施还需要社会的广泛参与。消费者的环保意识逐渐增强，他们不仅期望购买到绿色产品，还希望能够参与到循环经济的构建过程中。例如，消费者在购买商品时，可以选择那些经过循环设计的产品，并在使用后将产品返还至制造商进行再制造或回收。这种消费与生产的互动，为闭环设计的成功实施提供了社会基础。生产端闭环设计在推动产业绿色升级中起到了至关重要的作用。它不仅改变了传统的生产模式，还通过资源的循环再生和生产过程的优化，大幅提升了资源利用效率，降低了对环境的负面影响。在闭环设计的推动下，企业通过技术创新、跨国合作和供应链协作，正在不断迈向更高效、更绿色的生产方式。闭环设计不仅是企业实现可持续发展的重要途径，也是全球产业绿色转型的必经之路。随着闭环设计理念的进一步推广，未来将会有更多的企业和行业加入这一绿色转型的潮流。通过生产端的不断优化，资源的浪费将进一步减少，环境负担将持续减轻，而经济增长与生态保护的协调统一也将变得更加现实。闭环设计将继续引领产业绿色升级，推动全球经济迈向更加可持续的发展轨道。

二、消费模式变革引领资源再利用新趋势

消费模式的变革是推动资源再利用和实现可持续发展新趋势的关键动力。在传统的线性经济体系中，消费行为大多以"购买—使用—丢弃"为主导，

这不仅导致了资源的过度消耗，还加剧了环境污染和废弃物堆积的全球性问题。而随着资源紧缺和环境危机的加剧，全球经济模式正从线性经济向循环经济过渡，消费模式的变革成为这一转型的核心驱动因素。

在当今的循环经济框架下，消费者的角色发生了根本性变化。消费者不再仅仅是购买和使用商品的终端，而是积极参与到产品生命周期的各个环节中，通过更加理性和负责任的消费行为，推动资源的循环利用。通过共享、租赁、二手交易、回收再制造等新兴消费模式，资源得以在更广泛的范围内循环使用，这不仅降低了新资源的开采需求，还极大减少了废弃物的产生。

（一）共享经济的兴起

共享经济是消费模式变革的重要表现形式之一。通过共享平台，消费者可以共享使用商品或服务，而不必拥有它们，这在很大程度上打破了传统的消费与资源浪费的关联。共享经济的核心在于"使用权"而非"所有权"的概念转变。共享汽车、共享单车、共享住房等模式的广泛应用，大大提高了资源的使用效率。例如，共享汽车通过减少个人车辆的拥有量，不仅缓解了城市交通压力，还减少了与汽车生产相关的能源消耗和碳排放。

共享经济的价值远远不止于减少资源浪费。通过共享，资源的利用率得到了极大提升，物品的使用周期得以延长，减少了过度消费和过度生产的现象。以共享单车为例，一辆共享单车可以服务成千上万的用户，其使用寿命得到了最大化，而个人拥有的单车可能由于闲置而未能得到充分利用。共享经济还促使消费者重新思考消费的必要性和所有权的重要性，推动了一种更为环保、合理的消费观念的形成。

（二）二手经济的复兴

二手经济的快速发展是资源再利用的重要推动力。随着消费者环保意识的不断提高，二手商品市场的兴起不仅满足了人们对价格实惠商品的需求，还推动了资源的再次利用，减少了浪费和污染。二手经济不仅包括个人之间的物品交易，还关系到企业的再制造业务。许多大企业已经开始实施产品回收和再制造计划，将旧产品回收后经过修复再出售，既节省了生产新产品的资源，又为消费者提供了性价比更高的商品。

二手经济的复兴对整个社会的资源管理产生了积极影响。通过将二手物品重新投入市场，延长了其使用寿命，减少了对新资源的需求。同时，二手经济也带动了相关产业的发展，二手交易平台、翻新和修复服务等新的商业模式应运而生。通过二手交易，消费者不仅可以以更低的成本获得优质商品，还能通过这种消费方式减少浪费，践行可持续的生活方式。

二手经济的成功还得益于消费者对环保和可持续消费理念的认可。随着环保意识的普及，越来越多的消费者愿意选择二手商品，并将这种消费方式视为对环境保护的直接贡献。通过二手经济，资源得以多次利用，消费的环境影响被大幅度减小，从而为资源再利用提供了一个新的发展趋势。

（三）绿色消费的崛起

绿色消费概念的兴起，标志着消费模式的进一步升级。绿色消费不仅关注产品的经济效益，更强调产品的环境影响和可持续性。在绿色消费模式下，消费者倾向于选择那些在生产过程中使用可再生能源、环保材料的产品，以及那些易于回收和再利用的商品。通过支持绿色消费，消费者发展成为推动循环经济的重要力量。

绿色消费的推广依赖于消费者环保意识的提升和绿色产品市场的扩展。许多企业已经意识到，生产绿色产品不仅符合环保要求，还能够赢得更广泛的市场认可。绿色产品的设计和生产需要遵循一系列环境友好型标准，例如减少碳足迹、使用可降解材料、实施可持续包装等。这些措施使得绿色产品在整个生命周期中的环境影响得以最小化。

同时，绿色消费的普及还促使企业在生产过程中更加关注可持续发展。为了满足消费者对绿色产品的需求，许多企业开始投入更多资源开发环保技术、优化生产流程。绿色消费理念推动了从生产到消费整个链条的可持续转型，为实现资源的高效利用和环境的保护注入了新的活力。

（四）回收与再制造的推动力

回收与再制造是资源再利用的核心环节。在传统的消费模式中，废弃物往往被视为不可避免的结果，而在循环经济模式下，废弃物被重新定义为一种有价值的资源。通过回收和再制造技术，许多废弃物能够被转化为生产原料，重新投入经济体系中。

再制造技术的发展已经对许多行业产生了深远影响。电子产品、汽车零部件等高科技领域中，废旧产品的回收和再制造能够大幅减少对自然资源的开采需求。例如，许多电子产品制造商通过回收旧设备中的贵金属和稀有材料，减少了对新材料的依赖，既降低了生产成本，又减少了对环境的损害。

回收和再制造不仅推动了资源的循环利用，还在推动消费模式的变革。

通过提高产品的可回收性，企业不仅能够降低废弃物处理的成本，还能够为消费者提供更多可持续选择。例如，回收电池的技术创新使得电池产业的资源再利用率显著提升，减少了废旧电池对土壤和水源的污染，同时也降低了对稀有矿物资源的需求。通过推广回收与再制造的理念，消费者逐渐接受了一种新的消费观念，即"消费不是终点，废弃物是新资源的起点"。这一观念的普及，标志着资源再利用新趋势的确立，也使得消费模式从线性向循环模式的全面转变成为可能。

（五）新技术推动的消费变革

数字技术的崛起为循环经济的消费模式变革提供了强大支持。互联网、物联网和区块链等技术，极大地提升了消费过程中的资源管理和再利用效率。通过数字化平台，消费者可以更加便捷地参与到共享经济、二手交易和绿色消费等新兴消费模式中。

以物联网为例，通过智能设备的互联互通，消费者可以实时监控家电的使用状态，优化能源消耗，提高资源利用效率。同时，物联网技术还帮助企业更好地跟踪产品的生命周期，确保产品在使用结束后能够被高效回收和再制造，从而推动资源的闭环管理。区块链技术的应用，使得产品的流通和回收过程更加透明和高效。通过区块链技术，消费者可以追踪产品的来源、生产工艺以及回收路径，确保其消费行为符合可持续发展标准。透明化的供应链管理不仅提高了资源的再利用效率，还增强了消费者对绿色消费的信任。

数字技术推动了消费模式的全面变革，为资源再利用提供了更为智能化的解决方案。通过这些技术的应用，循环经济中的消费行为不仅更加高效、透明，还为消费者带来了更好的消费体验。总的来看，消费模式的变革不仅引领了资源再利用的新趋势，也为循环经济模式的全面实施提供了坚实的基础。通过共享经济、二手经济、绿色消费以及数字技术的推动，资源的使用效率得到了极大的提升，而资源再利用的理念也逐渐深入人心。这种消费观念的转变，不仅推动了经济向可持续发展的方向迈进，也为应对全球资源短缺和环境挑战提供了新的解决路径。

三、数字化技术赋能循环经济系统优化

数字化技术的迅速发展为循环经济的系统优化提供了全新的可能性。这些技术通过数据的智能化处理、资源的高效管理，以及各环节的精准衔接，

使得资源在生产、消费、再利用各个环节的流动更加顺畅和透明。数字化不仅提升了循环经济的效能，也重塑了企业的商业模式，推动社会向更加可持续的方向迈进。数字化与循环经济的结合，为未来的绿色经济转型奠定了坚实的基础。

在数字化技术的赋能下，循环经济的核心理念——资源的闭环使用得到了更好的实现。传统的线性经济模式中，资源从开采到使用再到废弃，往往是不可逆的流程，这导致了大量资源浪费。数字化技术的引入，为这一问题提供了有效的解决方案。通过精准的数据分析，企业可以追踪资源的流向和使用情况，并及时调整生产和管理策略，减少资源的浪费和冗余，确保资源能够在系统内部循环利用。物联网技术在资源管理中的应用是数字化赋能的一个典型表现。通过传感器和智能设备的广泛部署，物联网可以实时监控资源的使用情况。例如，制造企业可以通过物联网系统监测原材料的使用进度、生产线的能耗和废弃物的产生量。这种实时监控不仅能够帮助企业提高资源利用效率，还可以在问题出现时及时进行调整和优化，避免资源的过度消耗。同时，物联网技术还可以帮助企业更好地追踪产品的生命周期，从原材料的获取到产品的最终回收，全程进行数据记录，以确保每一个环节都符合循环经济的要求。

这种资源追踪功能为企业的生产管理带来了深远的影响。它不仅让生产流程更加透明，还使得废弃物的回收和再利用变得更加高效。通过物联网技术的支持，企业可以轻松识别出可回收资源，并安排相应的处理和再利用流程，形成一个有效的资源闭环管理体系。许多制造企业已经开始依赖这些数据系统，将废弃物转化为生产的新原料，从而减少了对新资源的依赖。这种资源的高效流动使得企业在节省成本的同时，减少了对环境的影响。大数据分析也是数字化技术赋能循环经济的重要组成部分。通过收集和分析来自生产、物流、消费等多个环节的海量数据，企业可以更加准确地预测市场需求、优化供应链管理，并进一步减少资源的浪费。例如，通过对市场需求和消费行为的深入分析，企业可以精准调整生产计划，避免生产过剩和资源浪费。大数据分析还可以帮助企业优化库存管理，减少商品的积压和资源的闲置，使资源在生产和消费之间的流动更加高效。

大数据在循环经济中的应用，不仅提升了企业的生产效率，还促进了资源在社会范围内的优化配置。例如，智能电网系统利用大数据技术，可以分析和优化电力需求，避免能源浪费。通过精确的预测和调配，智能电网系统可以在高峰时段调配更多清洁能源，并在低谷时段减少能源的浪费。这种技术的应用，不仅提高了能源的使用效率，还推动了能源系统的绿色转型，符合循环经济的可持续发展目标。区块链技术在循环经济系统中的应用，进一步提升了资源流通的透明度和可追溯性。传统的供应链管理中，资源的流向往往缺乏透明度，各环节之间的信息传递不畅，导致资源的利用效率低下。而区块链技术通过去中心化的分布式账本，将每一项资源的流通信息都记录在案，形成一个不可篡改的数据链条。这样一来，所有参与者都可以清楚地看到资源的来源、使用和去向，确保资源在供应链中的每个环节都能得到有效利用。

这种透明性为企业和消费者提供了极大的信任基础。企业可以通过区块链技术确保其产品的环保性，向消费者展示其绿色供应链的可信度。消费者也可以通过区块链平台追踪产品的来源和生产过程，确保其购买的产品符合循环经济的标准。这种双向透明的机制，增强了企业和消费者对可持续发展的共识，为绿色产品市场的扩大奠定了基础。人工智能技术的应用为循环经济的进一步优化提供了智能化的解决方案。通过机器学习和深度学习算法，人工智能可以根据历史数据和实时信息，对生产流程中的资源使用和能耗情况进行优化。例如，智能化工厂通过人工智能技术可以自动分析生产线的运行状态，识别出生产过程中的资源浪费环节，并提出改进建议。这种自动化的优化不仅提高了生产效率，还减少了资源消耗和废弃物的产生。

人工智能还可以在废弃物管理和资源回收中发挥重要作用。通过图像识别技术，垃圾分类系统可以自动识别废弃物的类型，并将其引导到相应的回收通道。这种智能化的废弃物处理系统，不仅提高了垃圾分类的准确率，还大幅提升了废弃物的再利用率。通过人工智能技术的赋能，资源回收过程变得更加智能和高效，推动了循环经济的发展。数字化技术的深度应用，正在为循环经济的广泛实施提供强大的支持。这些技术不仅使得资源的管理更加精准高效，还推动了各个产业链条的协同优化。在数字化技术的赋能下，循环经济已经不再只是一个理论概念，而是一个可操作的现实框架。通过物联网、大数据、区块链和人工智能的共同作用，企业能够更好地管理其资源使用过程，减少浪费，实现闭环生产。

数字化技术还在推动消费者参与循环经济的进程中发挥着重要作用。通过智能平台，消费者可以更加方便地参与到资源再利用和废弃物回收中。例如，许多城市已经建立了智能垃圾分类系统，通过手机应用，消费者可以实时获取垃圾分类的指导信息，并通过积分奖励系统鼓励更多人参与到循环经济中来。这种数字化的激励机制，不仅提升了公众的环保意识，还促进了资源的回收利用。未来，随着数字化技术的不断发展，循环经济系统的优化将进一步深化。人工智能的自动化决策能力、物联网的实时数据监控、大数据的精准预测，以及区块链的透明追溯功能，将为资源的高效循环使用提供更加先进的技术支持。这些技术的协同作用，将推动循环经济的全面落地，为全球的可持续发展目标提供更加有力的保障。通过数字化技术的赋能，循环经济不仅发展为解决资源短缺和环境危机的有效途径，也为全球经济的绿色转型带来了新的机遇。在未来的循环经济发展中，数字化技术将继续发挥至关重要的作用，为构建更加高效、可持续的经济体系奠定基础。这种技术与经济模式的深度融合，必将推动全球社会朝着更加环保、更加高效的方向发展。

第三节　循环经济与生态联动

循环经济与生态系统的联动，已经成为全球应对环境危机与资源短缺的重要路径。这一理念不仅是一种经济发展模式的转变，更是一场关于资源管理和生态保护的深刻革命。循环经济强调通过资源的高效利用和再生，将经济增长与环境保护结合起来，实现社会经济和生态系统的共生发展。这种模式不仅在解决资源枯竭、生态退化等问题中展现出显著效能，也为构建可持续的未来提供了明确的方向。在传统的线性经济模式中，资源从开采到生产、消费，最后被废弃，形成了一个不可逆的资源线性流动路径，导致大量资源浪费和环境污染。而循环经济打破了这一线性流程，通过倡导资源的闭环使用，将原本被视为废弃物的资源重新投入生产过程中，实现了资源的再生利用。通过这种方式，循环经济为生态系统的修复提供了新的契机，并推动了经济和环境的深度融合。

资源的高效利用是循环经济与生态联动的核心所在。自然界本身具有强大的循环功能，然而人类活动的过度开发和资源的无序使用，打破了这种生态平衡。循环经济通过构建资源的闭环机制，重新恢复了这种自然循环。工业生产中的废料、农业生产中的副产品、城市生活中的废弃物，都可以通过技术处理和再利用重新成为有用的资源，减少了对自然资源的需求，也减少了对生态环境的压力。例如，在农业生产中，作物的残余部分可以经过处理成为有机肥料，重新投入农业循环体系，从而减少化学肥料的使用，保护了土壤的健康。这种闭环管理机制，不仅减少了资源浪费，还为生态系统的复苏创造了条件。同时，循环经济还通过推动绿色产业链的发展，实现了生态系统与经济增长的共生发展。传统产业链往往是建立在高能耗、高污染的基础上，资源消耗大且效率低。而绿色产业链则通过优化生产流程、引入环保技术，最大限度地减少了对自然环境的负面影响。绿色产业链的构建，不仅提高了资源的利用效率，还推动了生产和消费各环节的绿色转型。例如，制造业通过智能化技术减少了能源消耗，减少了生产过程中产生的废弃物，而这些废弃物又可以通过回收技术重新进入生产体系，形成了一个资源的循环利用链条。这种产业链的构建，不仅减少了环境污染，还创造了新的经济增长点，为经济与环境的共赢提供了可能。

绿色产业链的建设还推动了新的环保产业的兴起，如可再生能源、绿色建筑、清洁生产等新兴行业的快速发展。这些行业不仅减少了对传统能源和资源的依赖，还为经济结构的优化提供了机遇。可再生能源产业的发展，逐步减少了对化石燃料的使用，而绿色建筑通过引入环保材料和节能技术，降低了建筑物的能源消耗，减少了二氧化碳的排放。这些行业的发展，不仅推动了经济的增长，还为全球生态系统的健康发展作出了重要贡献。废弃物的有效管理是循环经济与生态系统联动中的关键一环。传统的废弃物处理方式，如填埋和焚烧，往往对环境造成了巨大的负担。而在循环经济的框架下，废弃物被视为潜在的资源，通过技术手段可以实现再利用，从而减少对环境的污染。废弃物管理不仅帮助解决了资源浪费的问题，还有效减少了对土壤、水源和空气的污染。例如，电子废弃物通过再加工可以回收其中的金属和塑料，避免了电子产品中的有害物质对生态系统的侵害。这样的废弃物处理方式，既节省了资源，也减少了废弃物对环境的破坏，真正实现了资源与生态系统的双赢。

废弃物的再利用，不仅体现在工业生产中，还关系到日常生活中的资源管理。垃圾分类和回收利用的推广，是循环经济与生态系统联动的重要表现。

通过垃圾分类，废弃物可以被更加高效地处理，减少填埋和焚烧带来的环境污染。许多国家和城市通过实施严格的废物管理政策，推动了资源的再利用和循环利用。例如，餐厨垃圾经过处理可以转化为有机肥料，减少了垃圾填埋场的使用，降低了温室气体的排放，同时为农业生产提供了有机肥源。这种政策的实施，不仅提高了资源利用效率，还增强了公众的环保意识，推动了社会的可持续发展。在循环经济模式下，生态系统和经济发展之间的关系不再是对立的，而是可以通过合理的制度设计和技术创新实现互利共生。经济增长不再以资源的过度消耗为代价，而是通过循环利用和高效管理，实现经济效益和生态效益的双赢。随着循环经济理念的深入推广，全球各国正在积极探索如何将这一模式更好地融入经济体系和社会管理中去。通过政策引导、技术创新和社会参与，循环经济与生态系统的联动将成为未来经济发展的重要推动力。未来，循环经济的进一步推广和生态系统的保护将需要更多的国际合作与政策支持。各国应加强技术和经验的交流，共同推动循环经济模式的全球化应用。同时，企业和公众的积极参与也是推动这一模式成功实施的关键。只有通过全社会的共同努力，才能真正实现经济和环境的共生，构建出更加健康、可持续的未来。

一、生态系统修复中的资源循环机制

生态系统的修复与资源循环机制息息相关，自然界具备强大的自我调节和恢复能力，但在人类活动的无节制开发和环境破坏下，这一能力逐渐失衡。作为应对这一挑战的有效策略，循环经济通过资源的循环利用为生态系统的恢复提供了新的契机。资源循环机制不仅在减少资源浪费方面起到了关键作用，还有效减缓了对自然环境的侵害，使得生态系统能够在不受过度干扰的情况下逐步修复，恢复其自然平衡和生物多样性。资源循环机制的核心理念是最大限度地减少资源消耗，并通过再制造、再利用、再循环将废弃物转化为生产资料。这一循环路径不仅优化了资源利用，还减少了废弃物对环境的压力。循环经济的实施打破了传统的线性经济模式，建立了一个可持续的资源流动系统，让资源不断地在经济体系中循环再生。这一机制对于自然界的复原具有深远影响，因为它减少了对原始资源的掠夺，同时减少了污染的排放。

在农业领域，资源循环机制的实施表现得尤为明显。生态农业通过有效管理自然资源，尽可能减少外部投入物的使用，同时通过利用农业废弃物和副产品，形成了资源的闭环管理。在这种模式下，作物残余物质可以被加工为有机肥料，重新用于农业生产中，减少了对化学肥料的依赖，进一步保护了土壤的健康与结构。土壤结构的保持对于防止土壤侵蚀、增强农业生态系统的健康至关重要。通过这种资源的再循环，农业不仅提升了生产效率和可持续性，还减少了生产过程中的污染物排放，如水体中的化肥和农药残留问题也因此得到了显著改善。水资源管理领域同样受益于循环经济的推广。水资源的循环利用成为有效缓解水资源短缺的重要手段之一。循环经济通过污水处理和再生利用，不仅减少了淡水的过度抽取，还提高了废水资源的利用效率。在一些城市和工业地区，经过处理的污水被用于农业灌溉、工业冷却或其他非饮用水用途，既缓解了淡水资源的压力，又减少了废水对自然水体的污染。这样的资源循环减少了对自然河流和湖泊的污染，推动了生态水循环的健康发展，有助于维持生态系统中的水资源平衡。

这种资源循环机制不仅限于农业和水资源的利用，还广泛应用于其他生态领域。森林管理中，林业废弃物的循环利用便是一个典型的例子。过去，大量的林业副产品和废弃物被丢弃，既浪费了资源，又带来了环境问题。而如今，林业废弃物通过生物质能源技术转化为清洁能源，成为替代传统化石能源的重要方式。这种转化方式不仅提高了废弃物的利用率，还减少了碳排放，帮助实现碳中和的目标，推动了能源结构的绿色化转型。此外，资源的再循环为生态系统的修复提供了更大的灵活性和恢复能力。在工业制造过程中，金属、塑料等废弃物可以通过技术手段进行再生利用，避免了这些废弃物直接进入垃圾填埋场或被焚烧处理对环境造成的污染。再生利用不仅能够减少对环境的负面影响，还能够降低资源开采的压力。通过减少新资源的开采，生态系统得以在更加自然的状态下逐步恢复其功能。这一资源循环机制的广泛应用，还促使了更多可持续的资源利用模式的形成。例如，近年来兴起的循环建筑理念，通过对建筑材料的再利用与循环设计，减少了建筑废弃物的产生并大幅提升了建筑行业的资源利用效率。在这种建筑模式中，材料的使用不仅考虑到当前的施工需求，更会在设计之初就规划其未来的循环使用路径，减少建筑物废弃后的环境负担。这种设计不仅让建筑过程更环保，还为资源再生提供了新的思路，推动了城市的可持续发展。

循环经济的资源循环机制，不仅在经济层面创造了新的发展机遇，也为生态系统的长期修复与健康维护提供了强有力的支撑。通过优化资源利用效率，减少对自然资源的开采，减少废弃物排放，循环经济大幅缓解了资源枯竭和环境污染带来的压力。这种模式的成功在于它不仅实现了经济效益，还实现了环境保护与社会责任的统一。未来，资源循环机制的进一步推广将推动更多领域的可持续发展。技术的进步、政策的支持、公众的广泛参与，都将成为这一机制得以深度实施的关键力量。全球各国在追求经济增长的同时，正逐步认识到自然资源的有限性和生态系统的脆弱性。资源循环不仅是解决环境问题的一剂良药，更是推动人类社会向更加绿色、更加可持续未来迈进的重要途径。通过这一机制，人类不仅能够降低对自然环境的负面影响，还能够重新恢复自然界原有的生态平衡。在农业、工业、林业、建筑等领域，循环经济正在为未来的资源管理和生态保护提供新的模式。通过资源的再生与循环利用，我们有理由相信，经济增长与环境保护不再是对立的选择，而是可以通过合理的资源管理和科学的规划实现和谐共存。

二、绿色产业链推动生态与经济共生

循环经济的核心在于通过构建绿色产业链，打破传统高能耗、高污染的生产模式，促进经济与生态系统的和谐共生。绿色产业链的建立不仅关乎生产效率和资源利用的提升，更在于推动整个产业结构向低碳、环保、可持续的方向发展。这种模式强调通过技术创新、节能减排、合作共享等手段，实现资源的最优配置，并将对环境的影响降到最低。在这一背景下，绿色产业链的构建不仅保护了生态系统，还为全球经济增长注入了新的动力源泉。绿色产业链的形成依赖于企业之间的协调与合作。企业在其中不再是孤立运作，而是通过上下游产业的合作形成一个整体，最大限度地利用资源，减少废弃物排放，提升整个产业链的运作效率。在这一过程中，企业不仅仅是在节省成本，更是在为可持续发展打造基础。例如，制造业企业通过与原材料供应商合作，优先选择可再生资源或环保材料，这不仅减少了对不可再生资源的依赖，还提高了资源的循环利用效率。此外，这些制造商还与回收企业建立紧密合作，确保产品在生命周期结束后能够重新进入生产体系，而不是成为环境污染的来源。

这种资源的高效利用和循环利用的过程，不仅对环境带来了积极的影响，还大幅提升了企业自身的经济效益。在绿色产业链的推动下，越来越多的企业通过创新型生产方式减少了原材料的消耗，同时在能源的使用上更加注重清洁和高效。例如，在化工行业，企业通过引入绿色技术，减少了有毒有害化学品的使用和排放，将废弃物转化为新的原材料，从而实现了零排放甚至正效应的生产过程。这一生产过程的转型不仅减少了环境风险，还帮助企业增强了市场竞争力，迎合了全球对绿色产品日益增长的需求。绿色产业链还促进了环保技术的研发和推广。这种转型不仅体现在资源的循环利用上，还关系到产品设计、生产流程和市场推广等各个环节。例如，电子产品领域的绿色设计不仅减少了生产过程中对有害物质的依赖，还通过产品模块化、可拆解设计等措施，延长了产品的使用寿命，减少了废弃物的产生。企业通过与环保科技公司合作，开发出了更加环保、耐用的产品。这一转变使得企业不仅减少了生产对自然环境的负面影响，还为自身的创新能力提供了展示平台，为消费者提供了更具吸引力的绿色选择。

此外，绿色产业链还推动了新兴产业的快速发展，尤其是在可再生能源、绿色建筑和生态旅游等领域。以可再生能源为例，风能和太阳能等清洁能源技术的广泛应用，不仅有效减少了对传统化石能源的依赖，还创造了大量绿色就业机会，推动了相关产业的繁荣。在这个过程中，绿色产业链不仅解决了资源浪费的问题，还为社会提供了可持续发展的新动力。企业通过绿色创新和产业链的延展，不断开拓出新的市场机遇，提升了整个行业的竞争力。绿色建筑的崛起同样是绿色产业链推广的一个成功案例。建筑业长期以来被认为是高耗能、高污染的行业，但绿色建筑理念的引入改变了这一现状。通过采用节能材料、智能化管理系统，绿色建筑减少了施工和运营过程中的能耗，同时提升了建筑物的使用寿命和资源利用效率。例如，在施工过程中，企业通过使用可再生材料和循环利用建筑废弃物，减少了对环境的破坏，而智能化管理系统的引入使得建筑物的能源使用效率得到优化，极大降低了碳排放量。这种模式不仅减少了建筑业的生态足迹，还推动了整个行业向绿色经济的转型。

在旅游业方面，生态旅游作为绿色产业链的一部分，展示了生态与经济共生发展的另一种可能。通过保护自然资源和生物多样性，生态旅游为游客提供了更为可持续的旅游体验，并且将经济收益与环境保护紧密结合。例如，生态旅游目的地通常会通过严格的资源管理和环境保护措施，确保自然景观和生态系统不受人为干扰。这种旅游方式不仅为当地社区带来了经济收益，还增强了公众对环境保护的意识，推动了绿色理念的传播。此外，绿色产业链的推广还促进了企业社会责任感的提升。企业不仅追求自身的经济利益，还更多地考虑其对环境和社会的影响。在这一背景下，越来越多的企业主动承担起了环境保护的责任，将可持续发展理念融入企业的核心运营战略中。这种转变不仅增强了企业的品牌价值，还使得企业在面对日益严格的环保法规时具备更强的适应能力。通过绿色产业链的构建，企业在追求经济增长的同时，能够更好地应对环境挑战，形成了经济效益与环境效益并行的良性循环。

综上所述，绿色产业链不仅推动了资源的高效利用和生产环节的绿色转型，还为经济和生态系统的共生发展提供了新的路径。在这一过程中，技术创新、节能减排和产业协同发展成为推动绿色转型的核心动力。企业通过与上下游合作伙伴的紧密合作，实现了资源的闭环利用和产品的绿色设计，既减少了对环境的负面影响，又提升了经济效益。随着绿色产业链的推广，新的绿色产业不断涌现，为全球经济的可持续发展提供了源源不断的动力。在未来，绿色产业链的持续优化将为实现生态文明和经济繁荣的共赢目标铺平道路。

三、废弃物管理助力环境与资源双赢

废弃物管理在循环经济和生态联动的进程中起到了关键性的作用，不仅为资源再利用和生态保护提供了可持续的解决方案，还为整个经济体系注入了新的活力。传统的经济模式将废弃物视作生产的副产品和遗留问题，通常以填埋或焚烧等方式进行处理。然而，这种方式对环境造成了长期且深远的影响，污染了土壤、空气和水资源。与之不同，循环经济将废弃物视为潜在的资源，通过创新技术和完善的管理手段，推动了废弃物的再制造与再利用，为实现环境与资源的双赢目标提供了可能。废弃物管理的核心理念在于从源头减少废物的产生，并通过分类、回收和再利用技术，最大限度地减少废弃物对环境的影响。在这一过程中，技术创新和政策支持扮演了不可或缺的角色。许多国家和地区已经建立起先进的废弃物回收体系，通过有效的分类和处理机制，使废旧物资能够重新进入生产链。例如，金属、塑料、纸张等材料在经过回收处理后，可以被用于制造新的产品，这不仅降低了原材料的消耗，还大幅减少了自然资源的开采量。这一过程极大地减轻了环境的负担，

减少了污染，同时为经济活动注入了新的增长点。

废弃物回收体系的成功运行，依赖于政府、企业和社会各界的广泛合作。政府在这一过程中发挥着重要的引导作用，通过政策、法律法规和激励机制，推动企业和社会公众积极参与废弃物管理。例如，许多国家出台了垃圾分类政策，并通过法律手段确保这些政策的实施，从而提高了废弃物处理的效率。与此同时，企业在技术创新的推动下，积极参与到废弃物再利用的进程中，通过采用更清洁的生产工艺，减少了生产过程中的废弃物排放，并探索如何将生产过程中产生的废弃物转化为有价值的再生资源。社会的参与也是废弃物管理成功的关键因素之一。公众通过参与垃圾分类、减少个人浪费行为，为废弃物的高效处理提供了基础保障。这种积极的社会参与不仅提升了废弃物管理的整体效率，也在潜移默化中改变了人们对资源和环境的态度。环保意识的普及，使得更多人认识到废弃物管理与资源保护、环境健康息息相关，从而促使他们在日常生活中更加关注可持续消费和环保行为。通过政府的推动、企业的创新和公众的配合，废弃物管理形成了一个系统化、结构化的治理框架，逐步达成了资源的高效利用和环境的长效保护。

此外，废弃物管理对生态系统的修复贡献也日益显著。在过去，由于废弃物处理不当，许多城市和地区的环境污染问题十分严峻。例如，垃圾填埋场的渗漏不仅污染了地下水，还对周边的生态环境造成了严重的破坏。而随着循环经济理念的推广，废弃物管理不再是简单的"末端处理"问题，而是将资源循环再利用与环境修复有机结合。以餐厨垃圾为例，通过专门的处理技术，餐厨垃圾可以被转化为有机肥料或生物质能源，既减少了垃圾的堆积，又为农业和能源产业提供了新的资金来源。这种技术的应用，不仅减轻了垃圾处理的压力，还减少了温室气体的排放，为实现生态修复提供了有效路径。餐厨垃圾的回收利用只是一个缩影，废弃物管理的优化还广泛应用于多个行业领域。例如，建筑废弃物通过再生利用，可以重新用于建筑材料的生产，减少了新材料的开采需求，延长了资源的生命周期。在一些先进的城市中，建筑废弃物的回收率已经达到了令人瞩目的水平，为城市建设的可持续发展提供了强有力的支撑。同样，在工业生产中，企业通过改进技术，将生产过程中的废弃物作为副产品进行二次利用，既减少了废物排放，又增加了经济效益。

从生态角度来看，废弃物管理优化了资源的利用效率，减少了对生态环境的破坏，提升了生态系统的恢复能力。它不仅减少了人类对原生资源的依赖，还减轻了因资源开发而对自然环境造成的破坏。通过减少废弃物的产生、提升废弃物回收再利用率，生态系统中的自然资源可以得到更长时间的可持续利用。这种经济与生态的联动，不仅减少了资源浪费，还为生态系统的长期健康与稳定提供了保障。废弃物管理不仅关乎资源利用效率的提升，也带动了绿色经济的增长。在技术和政策的双重推动下，许多新兴产业得到了蓬勃发展。例如，废弃物处理设备制造行业、环保技术服务行业等通过为废弃物的回收和再利用提供技术支持，获得了巨大的市场机遇。这些产业的发展，不仅为经济增长提供了新的动力，还加快了经济结构向绿色低碳方向转型的步伐。正因如此，废弃物管理在循环经济与生态系统联动的框架中，扮演着不可或缺的角色。未来，随着技术的不断进步和政策的进一步完善，废弃物管理将在全球范围内发挥更加重要的作用。它不仅是应对环境污染和资源短缺的有效手段，也是推动循环经济和生态文明建设的核心力量。通过推动废弃物的资源化利用，废弃物管理将继续为实现经济效益和环境保护的双赢局面提供强有力的支持。①

---

① 邓仁伟. 发展伦理视阈中的正义原则 [D]. 南昌：江西师范大学硕士论文，2008：62.

第七章

绿色经济与生态文明共赢

习近平总书记指出："新时代抓发展，必须更加突出发展理念，坚持不移贯彻创新、协调、绿色、开放、共享的新发展理念。"① 绿色经济作为一种新兴的发展理念，其内涵远超传统的经济模式，标志着人类与自然关系的深刻重构。不同于依赖资源开采和高污染的增长方式，绿色经济强调资源利用的高效性、环境保护的必要性以及生态可持续性的价值。这种转型不仅意味着经济模式的升级，更是社会意识和文化理念的深度革新，将人类的经济发展置于全球生态系统的背景下，推动人与自然和谐共处。绿色经济与生态文明之间形成了紧密的共生关系，通过共同进化，实现了社会、经济和环境的多方共赢。绿色经济的核心在于打破传统经济模式中的资源掠夺性使用方式，将资源利用与环境保护有机结合，最大限度地减少生产和消费过程中对环境的破坏。其重要特点在于倡导低碳、节能、可再生资源的使用，确保经济活动在尽可能减少碳足迹的前提下运行。这种模式不仅适应了全球应对气候变化和能源短缺的紧迫需求，还为未来的可持续发展奠定了基础。

在全球范围内，绿色经济的发展与生态文明建设已逐渐成为各国政府政策和行动的核心议题之一。这种转型之所以能够实现，首先源自全球范围内日益加剧的生态危机。大规模的工业化生产、能源的过度消耗以及快速的城市化进程，给全球生态环境带来了前所未有的压力。资源的快速消耗不仅加剧了气候变化，还导致了森林、河流和海洋生态系统的崩溃。与此同时，污染问题也日益严重，空气、水和土壤的质量普遍下降，直接影响了人类的生活质量和健康状况。面对这些挑战，传统的经济增长模式显然已经难以为继，

---

① 中共中央宣传部，中华人民共和国生态环境部．习近平生态文明思想学习纲要［M］．北京：外文出版社，2022：50.

绿色经济的提出则为应对这些问题提供了一个全新的解决方案。绿色经济以资源的可持续使用和环境的长久保护为目标，特别强调可再生能源的发展以及传统能源结构的转型。通过推动太阳能、风能、水能等清洁能源的广泛应用，社会逐步减少了对传统化石能源的依赖，降低了能源消耗过程中的碳排放。这不仅显著缓解了全球气候变化的加剧，也为国家和地区的能源安全提供了保障。

这一能源转型不仅体现在技术层面，还关系到社会经济各个领域的发展模式变革。在这一过程中，绿色经济通过技术创新和制度创新推动了社会生产力的提升。例如，清洁生产技术的推广使得工业企业能够在减少污染排放的前提下提高生产效率。同时，智能化的生产和管理系统使得资源的分配和使用更加高效，进一步减少了浪费和环境压力。绿色经济与生态文明的互动还表现在对消费模式的引导和社会生活方式的深刻变革上。在绿色经济的框架下，消费不再仅仅是简单的物质享受，而是与环境保护和可持续发展密切相关。绿色消费倡导减少对环境有害的产品消费，鼓励购买对生态友好的商品，如可回收材料制成的产品或低能耗电器等。这种消费模式不仅减少了资源的过度消耗，还通过市场机制推动了企业绿色生产技术的革新，形成了生产与消费的良性循环。与此同时，绿色经济对生态系统的保护和修复也起到了至关重要的推动作用。传统经济活动往往导致资源的过度消耗和生态环境的退化，而绿色经济通过资源的高效利用和循环再生，减少了对自然资源的过度依赖。废弃物的回收和再利用、节水和节能技术的推广等，都是绿色经济在生态保护领域发挥的重要作用。

绿色经济与生态文明共赢的实现，也体现为对人类生活方式的深刻影响。随着绿色经济理念的普及，人们逐渐意识到，环境问题不仅仅是自然界的危机，更是与人类社会发展息息相关的系统性问题。为了确保未来世代能够享有良好的生活质量，必须在当下采取行动，减少对自然环境的破坏。这一认知转变推动了公众的广泛参与，越来越多的人开始以更加环保的方式生活——减少碳足迹、推行垃圾分类、使用公共交通工具、节约水电等，形成了绿色生活的新风尚。这种绿色生活方式的推广，使得绿色经济与生态文明在实践中得以更好地结合和互动。人们的生活习惯不再只是单纯追求物质满足，而是更加关注精神满足与社会责任。绿色消费的理念日益深入人心，这种消费文化的变革，不仅使得生产者在产品设计和制造过程中更加注重环保与可持续性，也促使企业在市场竞争中更加关注环境与社会效益。

　　绿色经济的发展路径不仅为实现经济效益与生态效益的双赢提供了可能，也推动了社会的公平与包容性发展。在绿色经济模式下，经济活动逐渐从依赖大规模的资源开采和粗放型增长转向创新驱动、科技引领的高质量增长。科技创新在绿色经济中发挥了至关重要的作用，无论是清洁能源技术的突破，还是绿色制造技术的推广，都依赖于技术进步和创新的力量。这种创新不仅带动了经济的结构调整，还促进了社会的就业增长，为推动社会进步和生态文明建设提供了强有力的支持。绿色经济不仅为应对全球环境危机提供了新的解决思路，还为未来的社会、经济和环境的可持续发展开辟了新的路径。通过绿色经济的发展，社会逐渐实现了从资源消耗型经济向生态友好型经济的转型，推动了人与自然关系的重新定位与和谐共处。绿色经济与生态文明的共同发展，标志着人类社会进入了一个全新的发展阶段，在这个阶段中，经济繁荣与生态保护不再是对立的两个方面，而是可以实现双赢的共同目标。

第一节　绿色经济与生态共情

　　绿色经济与生态共情作为现代社会发展的一项深刻变革，强调经济发展与环境保护的有机结合，其核心在于实现生态与经济的同步提升。它不仅重构了人类与自然的关系，还塑造了一种全新的经济运行逻辑。通过绿色技术、可持续发展模式和生态价值的融入，经济增长不再以牺牲自然环境为代价，而是通过对生态系统的尊重和保护，推动社会的长远进步。这一理念的普及和实施，不仅开辟了全新的经济发展道路，还为全球生态危机提供了有效的应对策略。在绿色经济的框架下，生态价值被充分融入经济体系之中，这一新思路不仅扭转了传统经济中忽视自然的趋势，也重新定义了经济活动的核心目标。绿色经济不再单纯追求物质财富的增长，而是通过维护和提升自然资源的质量，确保经济活动的长期可持续性。生态价值作为经济的一部分，意味着环境不再是附属的存在，而是与经济发展平等且不可分割的因素。这一变化不仅为企业带来了新的思考方式，也促使政府和社会各界重新审视经济决策的长远影响。在许多国家，绿色经济政策已经成为主流，政府通过设立生态税、推广绿色金融和支持可再生能源技术等方式，将生态保护的目标嵌入经济体系中。这一过程不仅推动了资源的高效利用，还提高了经济系统对生态压力的抵抗力。

企业作为绿色经济的核心推动者，通过创新和转型实现了经济效益与生态效益的平衡。传统的生产模式通常以资源的高消耗为基础，而绿色经济通过引入节能技术、清洁生产工艺和可再生资源，大大减少了对环境的破坏。在这种模式下，企业不再追求短期的经济利益，而是通过提升资源利用效率、减少污染和碳排放，构建出可持续的商业模式。这样的转型不仅增强了企业的市场竞争力，还为社会整体的环境保护作出了重要贡献。与此同时，绿色经济的成功离不开社会共识的建立。在生态共情的框架下，环境友好型生产模式逐渐成为社会各界的共同选择。从生产环节到消费终端，绿色理念渗透到经济生活的方方面面。许多企业在生产过程中自觉遵守环保标准，采取更加环保的材料和技术，减少对自然资源的消耗。这种社会共识推动了企业责任的转型，从单纯的经济追求转向社会和生态责任的承担。

这种社会共识的形成，极大程度上依赖于政策的引导和公众的环保意识觉醒。政府通过法规和激励机制引导企业转型，而消费者的需求则直接推动了绿色产品和服务的普及。公众对环保的重视和对绿色生活方式的认同，进一步促进了绿色经济的迅速发展。社会各界从消费观念到行为模式的变化，不仅带动了市场结构的转型，也为绿色经济提供了强大的社会基础。绿色消费文化的普及是绿色经济与生态共情的又一重要体现。随着环保意识的逐渐深入，消费者对环保产品和绿色服务的需求迅速增长。传统的消费模式强调快速消费和资源过度使用，导致了大量的浪费和环境压力。而绿色消费文化则提倡通过合理的消费选择，减少对环境的负面影响。绿色产品的崛起，不仅满足了消费者对环保的需求，还使企业在产品设计和生产过程中更加注重可持续性。

绿色消费文化的核心在于，消费者在每一次购买中，实际上都在为环境保护和生态文明建设贡献力量。通过购买有机食品、使用环保包装、选择低碳出行等方式，公众将环保理念融入日常生活中，从而形成了推动绿色经济发展的强大市场力量。这种文化的传播，使得环保不再是少数人的责任，而是全社会的共同使命。在这一文化背景下，企业和政府也在不断调整策略，以适应新的市场需求。企业通过创新研发生产出更多符合绿色标准的产品，政府则通过政策支持和监管机制，确保绿色经济能够在更加健康的环境中蓬勃发展。绿色消费文化不仅改变了市场结构，还促使整个经济体系向着更加可持续的方向转变。绿色经济与生态文明的共情关系，不仅体现在市场机制和政策引导上，还反映了人类对自身发展路径的深刻反思。通过绿色经济的实践，现代社会正在逐步摆脱对自然资源的过度依赖，走向人与自然和谐共生的未来。在这一过程中，生态文明不再仅仅是一个抽象的概念，而是经济发展不可或缺的组成部分。通过绿色经济的推动，生态文明建设的进程也在不断加速，形成了双向促进的良性循环。

　　绿色经济与生态共情的双赢局面，是通过多方协作与不断创新实现的。企业在绿色技术和生产模式的转型中承担了重要的角色，而政府的政策支持则为这一转型提供了必要的保障。与此同时，消费者的环保意识和消费选择，成为推动绿色经济发展的内生动力。多方共同努力，构建了一个更加包容、更加可持续的经济发展模式。在未来，随着绿色经济理念的进一步普及和深入，绿色经济与生态共情的关系将更加紧密。全球范围内，越来越多的国家和地区将生态价值视为经济体系中不可分割的一部分，这将有助于实现全球范围内的可持续发展目标。通过推动绿色经济的实践，经济增长与生态保护的矛盾将逐渐得到缓解，全球经济将走向一个更加和谐、更加可持续的未来。

　　绿色经济与生态共情的共建，开启了经济与生态文明并行发展的新时代。它不仅为经济发展提供了全新的路径，还为人类社会如何与自然和谐相处提供了深刻的思考和实践模式。在这一进程中，绿色经济作为推动可持续发展的重要动力源，将继续为生态文明的建设注入活力，实现经济繁荣与生态健康的共赢局面。

一、生态价值融入经济体系的新思路

　　生态价值融入经济体系，是 21 世纪全球可持续发展理念的重要转变之一。这一新思路不仅关乎生态环境保护，更关系到经济运行模式的深刻变革。长期以来，经济体系的运作与自然资源的关系被割裂开来，自然被视为无限供给的外部资源，而环境成本则被忽视或转嫁。然而，随着全球环境危机加剧、资源枯竭和气候变化的威胁日益凸显，传统的经济增长模式正逐渐暴露其不可持续性。生态价值融入经济体系，意味着将生态系统的健康和稳定作为经济决策的核心考虑因素，推动经济增长与环境保护的融合共生。这一变革要求我们重新审视经济与生态的关系，将自然资本与经济资本等量齐观，

为经济可持续发展铺设一条新的路径。经济体系在过去几个世纪的快速扩张，依赖于自然资源的无节制开采和消费。这种线性的资源利用模式将自然视为取之不尽的财富宝库，却忽视了自然界自我恢复的能力是有限的。资源枯竭、生态退化、气候变暖等全球性问题，凸显出将自然价值排除在经济体系之外所带来的严重后果。将生态价值融入经济体系，是对这一传统思维的全面反思与调整。其根本意义在于，经济活动不再是孤立于生态系统之外的操作，而是经济发展必须建立在尊重自然规律、保护生态环境的前提下进行。

在这一新思路中，自然资源不再仅仅是被消耗的对象，而是被视为经济系统中至关重要的资本，与传统的劳动力、资本、技术等要素平等对待。这种生态价值的转变，意味着资源利用需要在可持续的框架内进行，即在保持生态系统健康和功能的同时，实现经济增长。自然资本的保护和恢复被纳入了经济核算体系中，企业和政府在制定经济政策时，需要将环境保护和资源可持续利用的成本和收益作为核心考量因素。一个典型的例子是生态服务的定价。生态系统为人类提供了无数免费的生态服务，如清洁空气、水源涵养、土壤肥力等，这些服务为经济活动提供了基础保障。然而，过去这些服务的价值并未被计入经济核算体系，导致自然资源的过度使用和破坏。通过将生态服务的价值纳入经济体系，经济活动的成本和效益分析能够更加全面。政府和企业可以通过生态补偿机制，确保在利用自然资源的同时为生态系统的修复和保护提供资金支持。这种机制不仅确保了自然资源的持续供应，也提高了企业的环境责任感，推动了绿色经济的发展。

生态价值的融入不仅改变了企业的运营模式，也影响了金融体系的运作。在传统的金融体系中，经济收益通常是唯一的衡量标准，而生态和社会影响被排除在外。然而，随着绿色金融和可持续投资理念的兴起，生态价值逐渐成为金融决策的重要考虑因素。金融机构开始引入环境、社会和公司治理（ESG）指标，在评估企业和项目的投资风险和回报时，更多关注其对环境的影响。绿色债券、环境基金等金融工具的出现，标志着金融市场开始将生态价值视为经济可持续性的关键要素。这一变化不仅推动了环保项目的资金流入，还为企业创造了新的经济增长点，使得绿色投资成为未来经济增长的重要驱动力。此外，生态价值融入经济体系还要求政策制定者在制定经济政策时，将环境保护与经济发展的目标有机结合起来。政府需要通过制定和实施环境保护政策，推动绿色经济的发展。例如，碳定价机制的引入，通过给碳排放设定价格，迫使企业在生产过程中减少碳排放，以经济手段推动环保目标的实现。碳交易市场的建立，不仅促使企业减少温室气体的排放，也推动了低碳技术的创新和推广。通过经济政策的引导，生态价值逐渐渗透到各个经济领域，成为推动经济结构转型的重要力量。

生态价值融入经济体系的另一个重要体现是企业社会责任的提升。现代企业不仅追求利润最大化，也开始关注其对环境和社会的影响。越来越多的企业将可持续发展目标融入其战略规划中，通过采取节能减排、清洁生产、资源回收等措施，减少对生态环境的破坏。在这一过程中，生态价值作为企业运营的重要衡量标准，推动了企业在追求经济利益的同时，承担起更多的社会和环境责任。通过绿色认证、环保标准等机制，企业在市场中获得了更多的社会认可，进一步促进了经济与生态的融合共生。在全球层面，生态价值的融入推动了国际合作与治理的升级。全球气候变化、资源短缺和环境污染等问题的跨国性特点，决定了应对这些挑战需要各国共同努力。在这一背景下，生态价值作为全球可持续发展目标的一部分，推动了各国在环境保护和经济发展领域的合作。例如，《巴黎协定》作为全球应对气候变化的核心协议，明确了各国在减少碳排放和推动绿色经济发展方面的责任与义务。通过国际合作，生态价值的理念得以在全球范围内推广，为世界经济的绿色转型提供了制度保障。生态价值融入经济体系的新思路，不仅是一种理念的变革，也是一场深刻的经济模式转型。它重新定义了经济增长的内涵，使得经济与生态不再对立，而是相互依存。通过生态价值的融入，经济活动不再是对自然的剥削和掠夺，而是通过尊重和保护自然，寻找经济增长的新动力。这一新思路的实现，依赖于政府、企业和社会的共同努力，需要通过政策、技术、市场和文化的多层次变革，推动经济体系向绿色、低碳和可持续的方向转型。未来，随着生态价值融入经济体系的进一步深入，全球经济将逐渐摆脱对自然资源的过度依赖，走向更加和谐、更加可持续的发展道路。在这一过程中，生态价值的提升不仅为经济增长注入了新的活力，也为全球环境保护提供了有效的路径。通过生态价值与经济价值的融合共生，人类社会将走向一个更加繁荣、更加绿色的未来。①

---

① 王群勇，陆凤芝. 环境规制能否助推中国经济高质量发展？——基于省际面板数据的实证检验 [J]. 郑州大学学报（哲学社会科学版），2018，51（6）：64-70.

二、环境友好型生产模式的社会共识

环境友好型生产模式的兴起，是全球应对资源消耗过度、环境污染和生态退化等问题的必要选择。在过去的工业化进程中，经济发展往往以牺牲环境为代价，生产模式普遍追求高效能和高产出，却忽视了资源浪费与污染排放的后果。这种不可持续的发展模式在全球范围内引发了一系列生态危机，促使人们反思传统的生产与消费方式。如今，随着可持续发展理念的深入，环境友好型生产模式逐渐成为全球共识。这一模式强调在整个生产过程中减少对环境的负面影响，通过技术创新、资源优化和管理提升，实现经济效益与环境效益的双赢。

在这一背景下，技术进步为环境友好型生产模式的推广提供了坚实基础。清洁生产技术作为其中的重要组成部分，通过优化资源利用、减少废弃物排放等方式，极大地减少了生产过程中对环境的影响。清洁能源技术，如太阳能、风能和水力发电的广泛应用，使得对传统化石能源的依赖度大大降低，从根本上削减了温室气体的排放量。以此为基础的绿色生产方式不仅实现了能源结构的优化，还在很大程度上缓解了全球气候变暖的危机。与此同时，智能制造与绿色设计理念也成为推动环境友好型生产的关键力量。在现代工业生产中，智能制造通过数字化和自动化技术提高了资源利用率，并减少了能源浪费和材料的过度消耗。通过对生产全过程的实时监控和管理，智能制造能够有效减少资源的浪费，同时提高产品的质量与生产效率。绿色设计则注重在产品的生命周期中尽量减少对环境的负面影响，从设计阶段开始考虑材料的选用、产品的使用寿命以及其最终的回收处理。这种前瞻性的设计理念，将资源的循环利用和产品的可回收性纳入生产规划，减少了工业生产对生态系统的破坏。

除了技术层面的创新，制度保障和政策引导也是推动环境友好型生产模式发展的重要因素。政府通过制定严格的环境标准和法规，推动企业在生产过程中执行更加环保的策略。例如，碳排放交易制度的实施，迫使企业在碳排放上做出减排努力，而环境税的引入则通过经济杠杆作用，使得污染成本显性化，促使企业加速转型。同时，各国政府通过财政激励、税收减免等手段，鼓励企业加大对清洁技术和绿色生产的投入，为环境友好型生产模式的推广提供了强大的政策支持。企业在这一过程中起着至关重要的作用。面对全球日益严格的环保法规和社会责任压力，越来越多的企业开始将环境友好型生产模式作为其可持续发展战略的重要组成部分。许多国际知名企业纷纷制定了长期的绿色发展目标，将减少碳排放、优化能源结构、提高资源利用效率等纳入其核心经营理念。在推动企业内部改革的同时，绿色生产模式也通过供应链管理得以深化。企业通过与上下游合作伙伴共同制定绿色标准，确保从原材料采购到产品交付的整个过程都符合环境友好型生产的要求。这种供应链绿色化的趋势，不仅提升了企业的环保形象，还为其赢得了更多的市场竞争优势。

社会共识的形成还离不开公众意识的提升与消费观念的转变。随着环保意识的觉醒，消费者对绿色产品的需求逐渐增加，环保认证、绿色标识等成为人们选择商品时的重要考虑因素。绿色消费观的兴起，使得企业在市场竞争中不得不更加注重生产过程中的环保标准。消费者不仅关注产品本身的质量与价格，还希望通过购买环保产品为生态保护贡献一份力量。企业在回应这一需求时，不仅增强了自身的市场竞争力，也为推动环境友好型生产模式的普及提供了更广泛的社会基础。值得一提的是，环境友好型生产模式的推广，不仅是发达国家的责任，发展中国家在全球供应链中同样需要承担环境保护的义务。尽管发展中国家往往面临经济发展与环保压力的双重挑战，但通过引进清洁技术和加强国际合作，这些国家有能力在追求经济增长的同时实现环境保护目标。国际社会通过技术转让、资金支持等方式帮助发展中国家提升环保能力，共同推动全球环境友好型生产的进程。这种国际合作模式，不仅缩小了南北发展差距，还增强了全球经济体系的可持续性。

环境友好型生产模式的广泛实施，也为各国在应对全球气候变化和环境危机方面提供了重要的解决途径。随着全球变暖和自然资源的日益紧张，如何在保证经济增长的同时减少对环境的破坏，成为各国共同面临的挑战。环境友好型生产模式通过减少生产过程中的碳排放和资源浪费，为应对气候变化提供了重要的技术支撑。通过推广这一模式，全球范围内的碳减排目标有望得以实现，生态系统也将因此得到有效保护。从长远来看，环境友好型生产模式的社会共识不仅是一种理念的进步，更是一场经济与社会运行模式的深刻变革。它打破了过去"先污染后治理"的传统思维，转而强调在生产过程中主动采取环保措施，减少环境破坏。通过技术、政策和市场力量的共同推动，环境友好型生产模式已经成为全球经济体系中的重要组成部分。未来，随着技术的进一步创新与政策的不断完善，环境友好型生产模式将继续推动经济与生态的深度融合，实现人类社会的可持续发展目标。

三、绿色消费文化推动人与自然和谐

绿色消费文化作为人与自然和谐共处的纽带，在现代社会的生态转型过程中发挥着不可或缺的作用。它不仅反映了公众对可持续发展的意识觉醒，也在深层次上改变了消费模式，推动了经济与生态的双重进步。在绿色消费文化的推动下，个人的消费行为逐渐从无节制的物质追求转向更具责任感的环境保护意识，形成了尊重自然、善待资源的社会风尚。这一文化变革不仅影响着企业生产的方向，也深刻改变了市场和经济的运作逻辑，从而推动社会走向人与自然和谐的未来。绿色消费文化的核心在于重新定义消费的意义，它不再是单纯的经济活动，而是个人对环境的责任感和对未来生活方式的选择。现代社会的物质富足往往伴随着资源浪费和环境破坏，而绿色消费文化倡导通过合理消费、节约资源、减少浪费，来减少对环境的负面影响。这种消费文化使得个人在购买商品时，不仅会考虑产品的价格和品质，还会综合评估其生产过程是否环保、材料是否可再生、包装是否节约资源。通过这样的选择，消费者在无形中成为推动社会环保进步的重要力量。

在这一过程中，企业也不得不顺应绿色消费文化的潮流，调整其生产和营销策略。绿色产品逐渐成为市场的主流，越来越多的企业开始意识到绿色消费市场的巨大潜力，并投入资源开发更加环保的产品。例如，许多公司在产品设计时优先考虑减少能源消耗、使用可回收材料以及减少包装废弃物。企业的这一转变，不仅迎合了消费者的环保需求，也通过提升自身的环保形象增强了品牌的市场竞争力。此外，绿色消费文化不仅改变了产品的生产方式，也影响了产品的生命周期管理。消费者对产品的环保性能和耐用性提出了更高的要求，推动企业通过延长产品的使用寿命、降低维护成本来提高产品的整体价值。例如，电子产品行业中，消费者更倾向于选择那些可维修、可升级的产品，而非只能一次性使用的廉价商品。这种消费观念的转变，使资源的循环利用得到了更广泛的实践，减少了对新资源的需求，也为减少废弃物、延缓资源枯竭创造了有利条件。

绿色消费文化的推广，不仅仅停留在个人消费层面，还延伸到了社会的各个方面。公共政策的支持在这一过程中起到了重要的推动作用。许多国家和地区通过制定激励政策，鼓励企业生产绿色产品，推动社会广泛参与绿色

消费。例如，政府可以通过税收减免、绿色补贴等方式，推动消费者选择低碳环保产品，减少对环境有害的产品的需求。同时，许多城市也开始推行绿色采购政策，通过政府机构和公共部门带头选择绿色产品，从而带动整个社会的环保意识提升。这些政策措施不仅有助于推广绿色消费文化，还在公共领域树立了环保的标杆形象。

绿色消费文化的传播还依赖于教育和信息的普及。通过环保教育，公众的消费观念得以深刻改变，逐渐从过度消费、浪费资源的行为转向追求可持续的生活方式。学校、社区和社会组织在这一过程中起到了关键作用，许多教育机构通过开设环保课程、组织环保活动，提升青少年的环境责任意识。这种教育不仅塑造了下一代的消费习惯，也通过他们影响了家庭和社区，推动绿色消费文化在全社会的广泛传播。与此同时，媒体和社交网络在传播绿色消费理念方面发挥着重要作用。通过各种媒体平台，绿色消费的成功案例、创新模式和环保知识得以广泛传播，增强了公众对环保产品的认知和认可。越来越多的消费者通过社交媒体分享他们的绿色生活方式，形成了一股强大的社会潮流，吸引更多人加入绿色消费的行列中。媒体的广泛宣传，不仅提升了绿色消费文化的影响力，也在一定程度上推动了市场的变革，使得绿色产品的市场需求不断扩大。

绿色消费文化还通过推动循环经济的发展，进一步深化了人与自然的和谐关系。循环经济强调资源的再利用和减少废弃物的产生，而绿色消费文化恰恰为循环经济提供了重要的市场基础。消费者选择耐用、可回收的产品，直接促进了资源的循环利用，使得整个经济体系更加符合生态文明的要求。通过这样的消费模式，消费者不仅在短期内获得了高质量的产品体验，也为长期的可持续发展贡献了力量。循环经济与绿色消费文化的结合，使得整个社会的资源利用更加高效，生态环境更加稳定。

从全球角度看，绿色消费文化的兴起也对国际贸易和经济合作产生了深远影响。随着全球环保意识的提升，绿色产品和服务的跨国贸易日益增多，许多国家开始将环保标准作为贸易合作的前提条件。绿色消费文化的传播，不仅推动了国内市场的环保升级，还通过国际合作推动了全球范围内的环保技术和产品的普及。这种跨国界的合作，使得绿色经济与生态文明的共赢不再是局部的尝试，而是全球共同努力的目标。

归根结底，绿色消费文化推动了人与自然和谐共处的愿景。它不仅改变了个人的消费方式，推动了市场和企业的绿色转型，还通过政策、教育和全球合作，形成了广泛的社会共识。在这种文化的引领下，社会正逐步实现从资源消耗型经济向生态友好型经济的过渡。通过绿色消费文化的推动，人与自然的关系正在被重新定义，经济与生态的双赢也将成为未来社会发展的核心目标。

第二节　绿色经济发展的现境

绿色经济作为应对环境危机和经济发展压力的可持续发展模式，着眼于通过提高资源利用效率、降低环境污染，从而推动经济增长与生态保护之间的协调统一。其核心理念在于打破传统经济发展模式对自然资源的高消耗、高排放模式，转而通过技术创新、政策支持和金融引导，构建低碳、环保、高效的经济体系。这一模式不仅能为全球经济增长提供新的动力，也能为缓解气候变化、减少生态破坏和提升资源可持续利用率提供重要的解决方案。

近年来，随着全球气候变化、资源枯竭以及环境污染问题越发严峻，绿色经济的重要性得到了广泛认可。气候变化带来的极端天气频发、生态系统的退化以及自然灾害的频率增加，促使国际社会意识到，传统的经济增长模式已经无法维持环境与经济的长期平衡。绿色经济逐渐成为各国政府、企业以及国际组织推动可持续发展的共识。通过绿色经济的发展路径，各国不仅能够缓解环境压力，还能在全球新一轮产业变革中抢占先机，推动经济结构优化与升级，实现高质量发展。

在这一背景下，推动绿色经济已经不仅仅是环境保护的必要举措，更是加速经济结构转型、构建现代化经济体系的关键路径。绿色经济通过引导产业结构向低碳化、节能化方向调整，能够有效提高经济发展的质量和效益，促进各国在全球化背景下的竞争力提升。这一转型过程离不开技术创新、政策支持和金融手段的有效配合。绿色经济发展至今，反映了世界各国在技术、政策和金融领域的多样化实践，体现了全球经济和环境治理模式的深刻变革。

现阶段，绿色经济的发展不仅为应对气候变化、减少污染和改善生态环境提供了现实路径，也为各国构建新型经济增长模式奠定了坚实基础。通过政策的推动，各国政府在立法、监管和市场机制等方面不断完善，以支持绿色经济的长远发展。技术创新的驱动作用更为显著，特别是在新能源、节能环保和资源再利用技术方面的突破，成为绿色经济增长的核心动力。而金融工具的不断创新，包括绿色债券、碳金融等，为绿色项目提供了资金支持和市场化解决方案，进一步加快了绿色经济的落地与推广。未来，随着绿色经济在全球范围内的深入发展，政策与技术的协同作用将更加紧密，金融市场在绿色经济中的重要性也将越发突出。这一模式的持续推进不仅关乎单个国家的环境与经济利益，还将对全球可持续发展产生深远影响。因此，如何在全球范围内实现政策协调、技术共享以及金融支持的有机结合，将成为推动绿色经济深入发展的关键。

一、绿色经济发展的现状

绿色经济作为一种应对全球环境危机和经济增长挑战的可持续发展模式，已成为当今世界经济转型的核心议题之一。其目标是通过改善资源利用效率、降低环境负荷，促进经济增长与生态保护的协调统一。在全球气候变化、资源枯竭和环境污染问题日益严峻的背景下，绿色经济的发展势在必行，并得到了国际社会的广泛认同和积极推动。绿色经济现已成为各国政府、企业和国际组织政策制定的核心，反映了全球经济从传统高能耗模式向低碳、环保、可持续路径的深刻转变。近年来，全球范围内的绿色经济发展逐步加速。许多国家认识到，依赖化石能源和工业化的传统发展模式已难以应对当前的生态和经济挑战。全球多个国家和地区相继制定了绿色经济战略，旨在通过推动可再生能源发展、优化能源结构、减少污染排放以及促进循环经济来实现经济增长与环境保护的双重目标。在全球气候变化的背景下，绿色经济不仅是一种环境治理措施，更是一种经济结构调整的必要手段，推动全球经济进入新的发展阶段。

发达国家在绿色经济的探索和实践中走在前列，尤其是欧洲地区，通过立法、政策激励和技术创新，构建了完善的绿色经济体系。德国的能源转型战略堪称绿色经济成功实践的典范。通过大力发展风能、太阳能等可再生能源，德国不仅降低了对传统化石能源的依赖，还实现了能源生产的多元化和绿色化，成功将经济增长与环保目标紧密结合。与此同时，瑞典、丹麦等北欧国家凭借严格的环境保护政策和对可再生能源的长期投资，已实现了较高比例的绿色能源生产，并在废弃物处理、资源再利用等方面取得了显著成效。

北欧国家通过发展循环经济，减少资源浪费，实现了经济效益与环境效益的双赢。在美洲，美国尽管在联邦层面的环境政策上存在波动，但依靠强大的市场力量和技术创新，其绿色经济的发展依然势头强劲。近年来，风能和太阳能发电在美国迅速发展，许多州通过市场机制和政策支持，大力推广清洁能源，显著减少了对煤炭和石油的依赖。与此同时，美国在电动汽车、可再生能源技术及节能技术领域也保持了全球领先的地位。创新驱动的市场经济使美国在绿色技术的商业化应用方面表现出强大的竞争力。

新兴经济体也在全球绿色经济版图中占据了越来越重要的位置。中国作为全球最大的能源消费国和碳排放大国，通过实施一系列绿色发展战略，积极推动能源结构调整和经济转型。中国在过去十年中迅速成为全球最大的可再生能源投资国，风能和太阳能装机容量位居世界前列。中国通过实施"碳达峰、碳中和"战略目标，推动传统工业向低碳、高效的绿色经济转型。中国的大规模清洁能源投资和生态恢复工程，不仅改善了国内的环境状况，还为全球应对气候变化和推动可持续发展贡献了积极力量。印度、巴西等新兴经济体也在推动清洁能源产业发展方面取得了进展，尤其是在太阳能发电领域，通过大规模投资和政策支持，逐步减少对传统化石能源的依赖，并在全球绿色经济中扮演重要角色。尽管绿色经济发展取得了显著进展，全球范围内的绿色转型依然面临诸多挑战。不同国家在绿色经济发展上的不均衡显著，发达国家依托其雄厚的经济基础和技术储备，能够快速推动绿色技术创新和产业升级；而发展中国家由于资金不足、技术力量薄弱，绿色经济的推广进程相对缓慢。这种差距在全球碳减排、能源转型目标的实现过程中尤为突出。尽管全球多边合作正在加强，但不同国家在减排责任分配和绿色经济发展路径上的分歧依然存在，影响了全球绿色经济的整体推进速度。

与此同时，绿色技术的创新与应用是推动绿色经济发展的核心动力。可再生能源、节能环保技术以及资源循环利用技术的发展为绿色经济提供了坚实的技术支持。尤其是在能源领域，太阳能、风能等清洁能源技术的快速发展，逐步替代了传统的化石能源。随着技术成本的不断下降，太阳能和风能的发电效率显著提升，成为全球能源结构转型的重要组成部分。除了能源领域，绿色技术还广泛应用于交通、建筑、农业和制造业等各个领域。电动汽车、智能电网、绿色建筑和智能农业等技术创新正在加速绿色经济的全面推广。在绿色经济发展中，政策的引导和金融的支持同样发挥着至关重要的作用。各国政府通过立法、税收优惠、补贴等政策手段，积极鼓励企业和社会公众参与绿色经济。政策的稳定性和持续性是确保绿色经济顺利发展的关键因素。在金融方面，绿色金融已成为推动绿色经济发展的重要工具。通过绿色债券、绿色基金等金融创新手段，为可再生能源、环保项目及节能技术的发展提供了资金支持。全球范围内的绿色金融市场正在迅速发展，金融机构和投资者通过绿色金融产品，推动绿色项目的落地实施，进一步加快了绿色经济的推广。①

尽管如此，绿色金融的全球推广依然面临着标准不统一、风险管理机制不健全等问题，影响了其在全球范围内的普及。特别是在发展中国家，绿色金融的发展尚处于初期阶段，资金短缺和市场机制不完善限制了绿色项目的规模化推广。因此，进一步加强国际合作、建立全球统一的绿色金融标准，并促进技术转移和资本流动，将成为未来推动全球绿色经济发展的重要课题。

总体而言，绿色经济作为全球经济转型的重要方向，已经在全球范围内取得了显著进展。各国通过政策支持、技术创新和金融投入，推动了绿色经济的广泛应用与发展。然而，绿色经济的全球推进仍面临不小的挑战，包括不同国家在资源禀赋、经济结构、技术能力等方面的差异，以及全球合作机制的不足。未来，随着全球对气候变化的应对和可持续发展的需求不断增长，绿色经济的发展将继续深化，并逐步在全球经济体系中占据更加重要的地位。通过政策、技术和金融的有机结合，绿色经济有望成为全球经济增长的新动力，推动世界经济实现绿色转型与可持续发展。

二、绿色技术的创新应用

绿色技术作为绿色经济发展的核心动力，代表了人类应对全球环境危机、资源短缺以及气候变化等多重挑战的关键路径。绿色技术的创新与应用不仅关系到环境保护的成效，更深刻影响了经济结构的调整、产业升级以及可持续发展目标的实现。全球绿色经济的快速发展，无疑依赖于绿色技术的进步，这种技术革新旨在减少资源消耗、提高能源效率、减少污染排放，并优化资源循环利用。绿色技术的广泛应用已渗透到能源、交通、建筑、农业、制造等各大领域，正在逐步改变传统的生产方式、消费模式以及社会运行机制，

---

① 钟元邦. 绿色发展责任实现路径研究［D］. 南昌：江西师范大学，2013：59.

推动全球经济走向低碳、高效、可持续的未来。

　　在能源领域，绿色技术的创新应用显得尤为重要。全球能源结构正在发生深刻转型，传统化石能源的高碳排放与生态破坏已不可持续，而清洁能源和可再生能源的广泛应用则成为应对这一挑战的有效解决方案。太阳能、风能、水能等可再生能源的技术突破，使得绿色能源不再仅仅是未来的愿景，而成为现实的能源选项。光伏发电技术的持续进步，使得太阳能的成本逐年下降，其发电效率也大幅提升。光伏电池从早期的硅基技术不断优化发展，发展出薄膜电池、聚光电池等新型技术，实现了更广泛的应用场景。太阳能不仅为家庭用户提供分布式能源供给，更成为大规模工业生产和国家能源战略的重要组成部分。

　　与之类似，风能技术的创新也为全球能源结构的低碳转型提供了坚实支撑。风力发电机的设计和制造技术日益成熟，特别是在海上风电场的开发中，风能的利用效率显著提升。海上风力发电不仅避免了陆地风电对地理条件的依赖，还具有更强的发电潜力。伴随着能源存储技术的发展，风能、太阳能等间歇性能源的稳定性问题也逐步得到解决，使其在能源系统中的比重不断增加。全球各国纷纷通过政策激励与技术创新，推动风能、太阳能等绿色能源的大规模开发，逐步取代传统高碳能源，进而有效减少二氧化碳等温室气体的排放，为全球气候目标的实现提供了坚实保障。

　　绿色技术的创新不仅在能源生产中取得突破，在能源利用效率提升方面也展现了巨大潜力。节能技术的进步，使得全球范围内的能源消耗效率得到显著提高。智能电网、智能建筑、智能家居等技术的广泛应用，通过实时监控和动态调整，实现了能源的高效利用与精准调配。智能电网通过将信息技术与传统电力系统相结合，优化了能源传输与分配的效率，减少了电力浪费，促进了可再生能源的更大比例并网。与此同时，智能建筑技术的应用则通过材料创新、设计优化以及能源管理系统的集成，使得建筑物在整个生命周期内的能源消耗降至最低。节能建筑从设计规划到实际运行，逐步融入绿色技术，实现了建筑行业的低碳化发展。交通领域的绿色技术创新为全球绿色经济的推进提供了强有力的支持。传统交通工具所依赖的石油等化石能源，是全球二氧化碳排放的重要来源之一。而电动汽车、氢能源汽车等绿色交通技术的快速发展，正在加速全球交通行业的绿色转型。电动汽车的崛起，不仅改变了人们的出行方式，更对全球石油需求产生了深远影响。特斯拉等电动车制造商的成功，带动了全球电动汽车产业的蓬勃发展。随着电池技术的不断突破，电动汽车的续航能力和充电速度显著提升，电动交通逐渐成为未来的主流出行方式。与此同时，氢能源汽车作为另一种清洁交通方式，也在不断推进。氢能源的清洁性与可再生性，使其在交通领域的应用前景广阔，尤其是在重型货运车辆和公共交通系统中，氢能作为替代能源的潜力正逐步显现。

绿色技术的创新不仅推动了交通工具的变革，还影响着整个交通基础设施的建设与运营。智慧交通系统通过大数据、人工智能、物联网等技术的应用，优化了交通流量管理、减少了能源浪费，并有效降低了车辆的碳排放。智慧交通通过提供更加高效、节能的出行方式，实现了交通运输的绿色化、智能化与现代化，为全球城市的可持续发展注入了新动力。在农业领域，绿色技术的创新为提升农业生产效率、减少资源消耗以及降低环境污染提供了全新路径。传统农业生产模式往往依赖大量的化学肥料和农药，导致了土壤退化、水资源污染以及生态失衡。而绿色农业技术的应用则在解决这些问题的同时，大幅提升了农业的生产效率。智能农业通过传感器、无人机、人工智能等技术的结合，实现了精准农业的概念。在精准农业模式下，农民能够通过实时监测作物生长情况，合理控制水、肥、药的使用，既减少了对环境的污染，又提高了农业产量。垂直农业、无土栽培等新兴技术进一步推动了农业的集约化发展，使得农业生产摆脱了对自然环境的依赖，极大地提升了土地资源的利用效率。

水资源的可持续利用是农业绿色技术创新的另一个重要领域。滴灌技术、节水灌溉技术等先进的灌溉方法，使得农业用水效率大幅提升，减少了传统大水漫灌方式对水资源的浪费。与此同时，农业废弃物的资源化利用也在推动农业循环经济的发展。通过将农业生产中产生的秸秆、畜禽粪便等废弃物转化为能源或有机肥料，不仅减少了废弃物处理的环境负担，还实现了农业的可持续发展。绿色技术的创新应用同样渗透到了工业制造领域，推动了制造业的绿色转型。传统制造业依赖高能耗、高污染的生产模式，不仅浪费了大量的能源和原材料，还对生态环境造成了严重的破坏。而绿色制造技术则通过节能降耗、清洁生产和循环利用，重塑了工业生产流程。先进的制造工艺如 3D 打印技术、机器人自动化以及智能制造系统的引入，使得制造过程更加精准、高效，同时减少了资源浪费和污染物排放。3D 打印技术通过按需制造，避免了材料的过度消耗，而智能制造系统则通过生产过程的实时监控和优化，实现了资源的高效配置。

工业废弃物的资源化利用是绿色制造的另一个关键创新领域。工业废料、废气和废水的回收再利用，不仅减少了环境污染，还提高了资源的利用效率。循环经济模式的推广，使得生产过程中的废弃物被视为可再生资源，通过资源再生技术的应用，实现了"零废物"的理想状态。绿色制造技术的广泛应用，不仅改善了工业生产的环境绩效，还为全球制造业的可持续发展提供了新的动力。绿色技术的创新应用在推动全球经济可持续发展的过程中展现出了不可替代的作用。能源、交通、农业、制造等领域的技术突破，不仅改善了资源利用效率、降低了污染排放，还为全球应对气候变化、缓解资源紧张提供了有力支持。随着绿色技术的不断进步，未来的绿色经济发展将更加深入，绿色技术的创新应用将继续在全球范围内推动经济、社会、环境的协调发展，实现全球经济的绿色转型与可持续发展目标。

三、政策与金融的支持作用

绿色经济的发展不仅依赖于技术创新的驱动，还需要强有力的政策支持与金融保障。这一过程离不开政府的宏观调控和金融市场的有效引导。政策和金融的结合，既是绿色经济得以顺利推进的前提条件，也是其可持续增长的核心动力。在全球气候变化和环境问题日益严峻的背景下，政策和金融为绿色技术的发展和绿色产业的扩展提供了方向性引导和资金支持，成为推动绿色转型的关键工具。

政策在绿色经济中的作用显而易见。各国政府通过政策框架和制度创新，为绿色经济发展设定了明确的目标和方向。政策不仅为绿色技术的研发和推广提供了强大的动力，也在全球范围内逐步形成了以低碳、环保、可持续为核心的经济发展新范式。许多国家通过立法形式，将绿色经济纳入国家发展战略，推动经济结构从高碳模式向低碳模式转型。政策的实施不仅促进了经济增长模式的转变，也对社会的生产、消费行为产生了深远影响，使得绿色生产方式和生活方式逐步成为社会发展的主流。政策的制定往往伴随着配套措施的出台。政府通过制定绿色技术激励机制、实施碳交易市场、引导绿色采购等措施，推动了绿色技术在各个行业的广泛应用。例如，碳排放交易体系的建立为企业的碳排放设定了明确的价格信号，促使企业通过技术升级和管理创新降低碳排放，以降低经营成本。这一机制不仅实现了环境保护目标，也为企业的绿色技术创新提供了市场化激励。通过碳交易市场，绿色技术的发展和应用逐渐成为市场自发行为，政策的引导作用得到充分体现。

此外，绿色采购政策的实施为绿色经济的发展提供了重要推动力。政府在采购过程中优先选择环保、节能的产品和服务，直接推动了绿色技术的市场化进程。通过绿色采购政策，政府不仅为绿色技术和产品创造了需求市场，还引导企业在生产过程中提高资源利用效率，减少环境污染。政策引导与市场机制的结合，既为绿色技术提供了市场基础，也确保了经济增长与环境保护目标的统一。在全球范围内，政策协调是推动绿色经济的有效方式。气候变化作为全球性挑战，各国政策的协同作用尤为关键。国际社会通过多边合作机制，共同应对气候变化，推动绿色经济全球化进程。以《巴黎协定》为代表的国际气候协议，为全球绿色经济的推进提供了政策框架，各国在减排目标、技术共享和资金支持等方面达成一致，形成了共同推动绿色转型的政策网络。政策的全球协调，不仅有助于减缓气候变化的进程，也为全球绿色技术的研发和推广创造了有利的国际环境。

与政策同样重要的是金融的支持作用。绿色经济的发展离不开大量的资金投入，而绿色金融作为一种新型金融工具，已经成为推动绿色经济的重要手段。通过金融市场的引导作用，绿色项目的资金需求得以满足，绿色产业得以快速扩展。绿色金融不仅推动了绿色技术的研发和应用，还通过资本市场的力量促进了传统产业的绿色转型，为经济结构调整提供了资金保障。

绿色债券作为绿色金融的重要工具，已经成为全球金融市场中的重要组成部分。绿色债券的发行为环保项目、可再生能源项目以及低碳基础设施建设提供了大量资金支持。金融机构通过绿色债券市场为投资者提供稳定的回报，同时为绿色项目注入资金，推动绿色产业的发展。绿色债券的广泛应用，不仅提升了金融市场对绿色项目的关注度，还有效推动了绿色经济的可持续发展。

碳金融作为另一种重要的绿色金融工具，正在全球范围内迅速发展。碳交易市场的建立，不仅为碳减排设定了价格机制，还通过金融化手段提升了企业的碳排放管理能力。通过碳金融，企业可以通过碳排放权交易来获得资金支持，用于技术升级和设备改造，进一步降低碳排放。碳金融的市场化运作，激发了企业在绿色技术创新方面的积极性，使得绿色经济的发展更加符合市场规律。同时，绿色基金作为绿色金融的重要组成部分，广泛投资于环保、节能、可再生能源等领域。绿色基金的投资不仅为绿色项目提供了资金支持，还通过引导社会资本进入绿色产业，推动了绿色技术的创新与应用。随着全球可持续发展议程的推进，越来越多的金融机构开始设立绿色基金，推动绿色项目的规模化发展。绿色基金的广泛应用，促进了资本市场与绿色经济的深度融合，使得绿色经济在全球范围内迅速扩展。

政府与金融机构的合作，为绿色经济的发展提供了强有力的保障。通过设立绿色金融政策，政府引导金融机构参与到绿色经济建设中来，形成了政府政策与市场机制的良性互动。例如，政府通过设立绿色发展银行，专门为绿色项目提供低息贷款，降低了绿色技术应用的资金门槛。金融机构在政府政策的引导下，逐步建立起绿色金融产品体系，为绿色经济的发展提供了全面的金融服务支持。政策与金融的协同作用，使得绿色经济的推进更加稳健和高效。全球金融市场对绿色经济的支持不仅体现在直接资金投入上，还通过推动绿色技术的风险投资、创新金融工具的开发等方面，提升了绿色经济的整体竞争力。风险投资机构通过资本投入，推动了绿色技术企业的快速成长，尤其是在可再生能源、节能环保技术领域，风险投资的参与为初创企业提供了宝贵的发展机会。在这一过程中，金融机构的创新能力成为推动绿色技术产业化的重要力量。通过绿色保险、绿色信贷等金融创新工具，绿色金融市场的深度和广度不断提升，金融市场的活跃度也进一步增强。

绿色金融的国际化发展进一步推动了全球绿色经济的协同推进。跨国金融机构通过绿色金融产品的开发与推广，帮助发展中国家引入绿色技术、发展绿色产业。国际金融合作在全球绿色经济发展中发挥了关键作用，尤其是在资金短缺的地区，绿色金融为其绿色经济转型提供了重要支持。国际金融机构如世界银行、亚洲开发银行等，通过设立专项基金，支持发展中国家在可再生能源、节能技术等领域的投资，推动了全球绿色经济的平衡发展。在全球范围内，政策与金融的支持作用不仅体现在资金和技术层面，更通过建立起广泛的国际合作机制，推动了绿色经济的全球化进程。国际社会通过政策协调、金融支持以及技术共享，共同推动绿色经济的快速发展。这一过程中，发达国家与发展中国家之间的合作尤为重要。发达国家通过资金和技术支持，帮助发展中国家建立绿色经济体系，实现全球经济的共同可持续发展。通过技术转让、资金援助和政策支持，全球绿色经济的协同推进逐渐形成了一个共赢的局面。

政策与金融在绿色经济中的支持作用，不仅是绿色经济发展的保障，更是推动全球经济可持续转型的关键力量。在未来的绿色经济发展中，政策和金融将继续发挥其引导与保障功能，通过制度创新与市场化运作，为全球经济注入更多的绿色动力。全球气候变化的严峻形势要求各国在政策与金融领域开展更为深入的合作，通过共同制定更加严格的碳减排政策、推动绿色金融市场的健康发展，实现全球绿色经济的繁荣与可持续增长。

第三节 绿色经济与生态共赢

绿色经济作为应对全球性环境问题的核心策略，已逐渐成为全球经济转型的主导力量，并在推动人与自然的和谐共存方面发挥着至关重要的作用。其主要目标是通过提高资源利用效率、减少污染排放、促进生态修复，从根本上实现经济增长与环境保护的双赢。在当今社会，传统经济模式的弊端日益凸显，高能耗、资源浪费和环境污染等问题对人类的生存环境造成了巨大影响。而绿色经济的出现，则为全球可持续发展提供了一个新的方向，使得经济体系能够在低碳、高效的基础上稳步发展，同时避免对生态系统的进一步破坏。

随着绿色经济在全球范围内的兴起，越来越多的国家和地区开始意识到这一经济模式对未来经济发展的重要性，并积极探索绿色经济与生态保护协同发展的路径。绿色经济通过促进绿色产业的发展，优化资源配置，推动技术革新，成为经济增长的全新动力来源。在这一过程中，绿色产业不仅扮演了经济增长引擎的角色，还通过其低污染、低消耗的特点，确保了生态环境的可持续保护。绿色产业的崛起，标志着全球经济模式从传统的高污染、高能耗模式，向更加环保、更加节能的绿色发展方向的全面转型。绿色经济的崛起不仅体现在能源、农业、制造业等传统产业的绿色化转型上，还通过创新商业模式和政策框架，推动了新兴绿色产业的蓬勃发展。在能源领域，绿色技术的应用促使太阳能、风能、地热能等可再生能源逐渐替代传统化石能源，成为全球能源结构调整的核心驱动力。这种能源转型不仅降低了全球温室气体的排放，还为生态系统的保护创造了条件。在农业和制造业领域，绿色技术的引入使得这些行业能够实现资源的高效利用，减少废弃物的排放，从而保护了自然环境。更重要的是，绿色经济的发展还通过推动循环经济的模式，实现了资源的再利用和废物的转化，进一步提升了生态系统服务的价值。

随着绿色经济的深入推进，生态系统服务的经济价值转化逐渐成为全球共识。生态系统服务，包括空气净化、水资源调节、土壤肥力维持和生物多样性保护等，自然环境通过其功能为人类提供了无形但不可或缺的经济支持。然而，传统经济模式长期忽视了这些服务的内在价值，导致生态系统遭到破坏，环境承载能力日益衰退。绿色经济通过政策、技术和市场机制，将生态系统服务的价值纳入经济体系，重新评估自然环境为人类社会提供的各种支持，从而推动经济发展和生态保护的平衡。碳交易市场、生态补偿机制以及绿色金融的广泛应用，都是生态系统服务价值转化的具体体现。碳交易市场为碳排放设定了价格，通过经济手段激励企业减少碳排放，推动了碳减排目标的实现，并为碳吸收能力强的森林、湿地等生态系统提供了经济补偿。与此同时，生态补偿机制则通过对自然资源利用者和破坏者的经济约束，鼓励对自然资源的可持续利用和生态修复。这种机制有效促进了森林、河流、湿地等关键生态系统的恢复，使其得以继续为社会提供重要的生态服务。

在金融领域，绿色金融逐渐成为推动绿色经济和生态保护的重要工具。绿色债券、绿色基金等创新型金融产品为可持续项目提供了充足的资金支持，推动了绿色基础设施建设和环保技术的研发与应用。通过金融市场的力量，更多的社会资本被引入绿色产业和生态保护项目中，从而加速了绿色经济的扩展。这一过程中，金融市场的引导作用不仅帮助传统产业实现了绿色转型，还为全球生态系统修复项目提供了强大的资金支持，确保了自然资源的长期可持续利用。绿色经济模式下的生态修复和资源的可持续利用，已成为全球环境治理的关键组成部分。由于长期以来过度开发和不合理利用，自然资源和生态系统面临着前所未有的压力。绿色经济为生态修复提供了新的思路和方法，通过技术、资金和政策的共同作用，推动了退化生态系统的恢复。在许多国家，政府与企业合作，通过植树造林、湿地恢复、污染治理等手段，有效修复了大量被破坏的自然资源。这不仅改善了当地的生态环境，还提高了资源的可持续性，增强了自然系统的恢复能力。

此外，绿色经济强调在开发和利用资源的过程中，尊重生态系统的承载能力，避免对自然环境的过度索取。通过可持续的资源管理制度，绿色经济推动了自然资源的高效利用和合理分配，确保了经济活动在不超出生态系统负荷的前提下进行。这一管理模式，不仅提高了资源的利用效率，还通过减少浪费和避免环境破坏，为未来的经济发展奠定了坚实的基础。随着全球绿色经济的进一步发展，生态系统与经济增长之间的关系将变得更加紧密。通过政策、技术和市场机制的结合，绿色经济不仅能够推动传统产业的转型升级，还将为全球环境的保护和恢复创造更多机遇。绿色经济与生态共赢的实现，不仅关乎当前经济发展的可持续性，更为未来世代创造了一个更清洁、更健康的生活环境。

一、绿色产业发展与生态环境保护的协同路径

　　绿色产业的发展与生态环境保护的协同路径是当今全球社会应对环境危机、经济转型以及可持续发展挑战的关键领域。伴随着工业化进程的推进和全球经济的扩展，人类在享受经济繁荣的同时，面临着资源枯竭、生态恶化以及气候变化等严峻挑战。传统的经济增长模式往往以牺牲环境为代价，这种模式无法满足现代社会对可持续发展和绿色转型的需求。在这一背景下，绿色产业的兴起不仅是经济结构调整的必要手段，也是推动生态环境保护的重要战略方向。通过优化资源利用、推动清洁生产以及创新绿色技术，绿色产业正在为全球经济提供新的增长动力，并逐步探索出一条与生态保护协调共生的发展路径。

　　绿色产业的核心在于其低碳、环保的特点，这使得它能够在促进经济增长的同时，最大限度地减少对环境的负面影响。与传统高能耗、高污染的产业模式不同，绿色产业依托可再生能源、循环经济和环境友好型技术，推动了资源的高效利用和生态系统的保护。在全球气候变化的背景下，如何实现经济增长与生态保护的协调发展，成为各国政府、企业和社会的共同关注点。绿色产业的发展不仅为各国应对气候变化提供了技术和经济支持，还为全球经济转型提供了方向和动力。在能源领域，绿色产业的发展尤为显著。过去，全球经济对化石燃料的高度依赖导致了大量的温室气体排放，加剧了全球变暖和环境污染问题。然而，随着可再生能源技术的不断进步，绿色能源逐渐成为全球能源结构调整的核心组成部分。太阳能、风能、水能等清洁能源的广泛应用，显著减少了对煤炭、石油等传统能源的依赖，不仅减少了二氧化

碳排放，还推动了能源生产方式的绿色化。绿色产业在能源领域的扩展，为全球碳中和目标的实现提供了有力支持，同时也在推动能源市场的转型，促进了绿色技术的创新和应用。

绿色建筑的崛起也是绿色产业与生态保护协同发展的重要体现。随着城市化进程的加速，建筑行业逐渐成为能源消耗和碳排放的主要来源之一。绿色建筑通过采用环保材料、降低能耗和减少排放，为城市的可持续发展提供了创新解决方案。通过绿色设计和智能化管理系统，建筑行业在提升建筑物使用寿命和能源效率的同时，也减少了对环境的破坏。绿色建筑不仅改善了人类的生活和工作环境，还通过节能减排措施对生态保护作出了积极贡献。这种绿色产业的发展模式为全球城市化进程提供了借鉴，并在建筑行业与生态环境的协同发展中发挥了重要作用。在农业和制造业中，绿色产业的发展也逐渐展现出与生态保护相辅相成的关系。传统农业生产方式依赖于大量化学肥料和农药的使用，不仅导致了土壤退化和水源污染，还对生物多样性构成了严重威胁。而绿色农业则通过减少化学品的使用、推广有机种植和保护生态系统的方式，推动了农业生产的可持续发展。通过生态友好型农业技术的应用，绿色产业在提高粮食产量的同时，减少了对环境的破坏。绿色农业的发展模式不仅有助于缓解全球粮食安全问题，还在推动农村经济发展和保护生态环境中发挥了重要作用。

在制造业领域，绿色产业通过采用节能降耗、清洁生产和废物再利用等技术，推动了工业生产的绿色转型。传统制造业通常伴随着高能耗、高污染和高废物排放，而绿色制造通过技术创新和工艺优化，大幅减少了资源消耗和污染物排放。工业废弃物的资源化利用，不仅减少了环境负担，还提高了资源的利用效率，推动了循环经济的建立。绿色制造模式的推广，不仅推动了传统工业的转型升级，还为实现工业与环境的协同发展提供了重要支持。绿色产业的协同发展路径，不仅体现在各个行业内部的技术革新和资源优化利用，还通过政策、法律和市场机制的引导，推动了全社会向绿色经济转型的进程。各国政府通过制定绿色发展战略、实施环境保护政策、建立碳排放交易市场等措施，推动了绿色产业的快速发展。政策引导下，绿色技术的创新应用得到了市场的广泛认可，企业在追求经济效益的同时，也逐渐将生态保护融入其商业战略。这种政府、市场和企业协同推动的模式，确保了绿色产业的发展不仅有助于经济增长，还能有效改善生态环境。

在全球范围内，绿色产业的发展已逐渐成为各国推动经济转型的重要手段。欧盟在绿色经济领域的领先地位，表明绿色产业不仅可以推动区域经济增长，还可以通过减少温室气体排放和提升资源利用效率，助力全球环境治理。德国的"能源转型"政策通过大力发展风能、太阳能等可再生能源，推动了国内经济的绿色转型，并为其他国家提供了有价值的借鉴。瑞典、丹麦等北欧国家在发展绿色能源和绿色技术方面也走在全球前列，通过政策创新和技术推广，成功实现了经济增长与生态保护的双重目标。与此同时，发展中国家在绿色产业与生态保护的协同发展中也展现了巨大的潜力。中国作为温室气体排放大国，通过实施绿色发展理念，推动了能源结构的调整和生态文明建设。中国在太阳能、风能等可再生能源领域的投资和技术进步，不仅推动了国内绿色产业的快速发展，还在全球绿色能源市场中占据了重要地位。通过政策激励和市场引导，中国的绿色产业逐步实现了与生态环境保护的协调共赢。印度、巴西等新兴经济体也在绿色农业、绿色制造等领域取得了显著进展，逐步探索出符合本国国情的绿色产业发展模式。

绿色产业的发展路径并非一帆风顺，全球绿色产业的崛起仍然面临诸多挑战。尽管绿色技术的创新不断推动产业的绿色化进程，但其推广与应用仍然受到技术成本高、市场机制不完善等问题的制约。许多发展中国家由于缺乏足够的资金和技术支持，绿色产业的推进速度相对较慢。此外，全球范围内的碳排放削减目标和绿色产业发展水平存在不平衡，不同国家和地区在推动绿色经济的过程中面临着不同的资源和政策环境。因此，实现全球绿色产业与生态保护的协同发展，需要更紧密的国际合作和技术共享。在未来的全球绿色经济发展中，绿色产业将继续在生态保护和经济增长的双重目标中扮演重要角色。通过进一步加强政策引导和市场激励，推动绿色技术的创新与应用，绿色产业有望在实现全球碳中和目标、提升资源利用效率和改善生态环境方面发挥更大作用。同时，通过技术转让和国际合作，绿色产业的发展路径将进一步拓展，为全球经济的可持续发展提供更多的可能性。各国应在推动绿色产业发展的过程中，积极探索与生态保护的协同路径，实现经济与环境的双赢。绿色产业与生态环境保护的协同发展，是全球绿色经济进程中的重要议题。通过技术创新、政策引导和市场机制的综合运用，绿色产业不仅推动了全球经济结构的绿色转型，还为应对气候变化和资源短缺提供了可持续的解决方案。在这一过程中，绿色产业为全球经济增长注入了新的活力，并在实现生态环境保护目标的同时，推动了人与自然和谐共生的发展模式。

二、生态系统服务与绿色经济的价值转化

生态系统服务与绿色经济的价值转化是现代社会在追求可持续发展的过程中，逐步认识并付诸实践的一项重要议题。生态系统服务，即自然界通过其复杂的生态过程所提供的各种有益功能，涵盖了气候调节、空气净化、水资源涵养、土壤形成与保护、动植物栖息地的维护等多重生态功能。这些服务是人类生存与发展的基础，但长期以来，它们的价值未被充分认知和体现。在绿色经济的框架下，生态系统服务的经济价值被重新评估与转化，这不仅是对自然价值的重构，也是对可持续经济模式的一种创新。绿色经济的核心目标在于通过低碳、环保、可持续的手段，实现经济增长与生态保护的协同发展。在这一过程中，生态系统服务的价值被赋予了更加现实的经济意义，使得自然资源的使用能够在不破坏生态平衡的前提下，支持人类经济活动的持续进行。生态系统服务与绿色经济之间的关系，不仅体现了自然资本的重要性，也推动了自然资源保护与经济活动的深度融合，构建了生态与经济共赢的新型发展模式。传统经济模式下，人类社会往往忽视了生态系统服务的价值，视其为取之不尽的免费资源。这种对自然的过度依赖与掠夺，导致了资源枯竭、环境污染和生态系统退化的严重后果。随着全球气候变化和环境危机的加剧，生态系统的脆弱性越发显现，自然界的极端天气、物种减少和生态灾害频繁发生，给人类社会带来了前所未有的冲击。面对这一现实，人们逐渐意识到，保护和合理利用生态系统服务不仅是环境保护的需求，更是维持经济长期稳定发展的必要手段。

生态系统服务与绿色经济的价值转化，意味着将自然界的生态功能融入经济体系，通过合理的机制与制度安排，实现其经济价值的最大化，并通过市场机制调动资源的有效配置。这种价值转化一方面表现在对自然资源的保护和修复上，另一方面表现在生态系统服务的市场化和货币化过程中。通过绿色经济模式，生态系统的服务功能不仅得到了应有的尊重，还通过现代经济手段实现了与社会经济活动的有机结合。水资源管理是生态系统服务价值转化的典型领域。在传统的经济体系中，水资源作为一种基础性自然资源，往往被视作低成本、易获取的物质，这导致了大量水资源的浪费和水环境的污染。而绿色经济通过推行水资源的可持续管理，将水资源的生态服务价值

进行经济化转化，使得水资源的开发和利用与其生态功能实现了平衡。湿地、河流和湖泊等水生生态系统为人类提供了涵养水源、调节水质和防洪等重要服务，这些功能在绿色经济框架下，通过政策引导和市场调节，得到了充分的保护与合理利用。水资源的价值转化不仅表现在水源保护和水质提升上，还通过湿地修复、河道治理等生态工程，实现了水资源的持续供给与生态系统的稳定。

森林作为全球重要的生态系统之一，其提供的生态服务涵盖了气候调节、碳汇功能、生物多样性维护、土壤保护以及水源涵养等多个方面。然而，过去数十年间，全球大面积森林的砍伐导致了严重的生态失衡和气候危机。绿色经济的崛起重新定义了森林的价值，不再将其仅视作木材等原材料的来源，而是将其生态服务功能通过碳交易市场、生态补偿机制等经济手段进行市场化和货币化。碳汇作为森林的重要生态功能，在碳排放交易市场中发挥着不可替代的作用。企业和国家通过购买碳排放权，推动了森林保护与再造，这不仅有效减少了温室气体的排放，还通过经济激励机制促进了全球森林资源的可持续管理。碳交易市场的建立标志着生态系统服务价值转化的一个重要阶段。通过对碳排放权设定价格，企业在减少自身排放的同时，能够通过市场机制获取经济收益。这一制度创新为绿色经济注入了新的活力，也为生态系统服务的保护提供了经济上的保障。通过市场化手段，绿色经济不仅推动了生态保护，还为社会经济活动提供了新的增长点和发展模式。碳交易市场的成功运行，不仅证明了生态系统服务价值转化的可行性，也为其他生态服务的市场化开辟了新的途径。

在农业领域，生态系统服务的价值转化体现在对土壤肥力、水资源和生物多样性的保护和合理利用上。绿色经济模式下的农业通过推行生态农业、可持续农业等绿色生产方式，将生态服务价值融入农业生产体系。传统农业往往依赖于化肥、农药等高耗能、高污染的生产资料，导致了土壤退化、水体污染和生物多样性减少。而绿色农业则通过减少化学制品投入、采用有机种植和保护自然生态，保持了农业生态系统的健康与平衡。生态系统服务的经济价值在农业领域通过生产成本的降低和农产品质量的提升得以体现。绿色经济不仅改变了农业的生产方式，还通过提高农业的可持续性，提升了整个生态系统的功能和效益。生态系统服务的市场化和价值转化并不仅仅局限于水资源、森林和农业等传统领域，城市化进程中的生态系统服务管理同样展现出巨大潜力。随着全球城市化的加速，城市生态系统服务的需求日益增加。空气净化、气候调节、绿色空间等生态服务对现代城市的宜居性和可持续发展具有重要作用。绿色经济通过推行城市生态基础设施建设和城市绿化工程，将生态系统服务融入城市规划之中，使得城市环境质量得到显著提升。通过创新的城市生态系统服务管理模式，许多城市不仅改善了居民的生活环境，还提升了城市的综合竞争力，推动了城市经济的可持续发展。

生态旅游作为生态系统服务与绿色经济结合的典范，展示了如何通过开发自然资源的生态服务来推动经济发展。许多国家和地区依托其丰富的自然资源，通过推行生态旅游项目，不仅为当地经济带来了显著的经济效益，还促进了自然资源的保护与管理。生态旅游通过合理开发自然景观、维护生物多样性和提升环境意识，将自然资源的生态服务价值与旅游产业相结合，推动了旅游业的可持续发展。生态系统服务的经济转化使得自然资源不仅得以保存，还通过市场手段获得了经济回报，实现了人与自然的双赢。全球范围内，生态系统服务与绿色经济的价值转化正在逐步形成体系化的发展模式。各国政府通过政策引导、法律框架的建立、市场机制的推动，将自然界提供的生态服务转化为经济资源，推动了绿色经济的不断扩展。在这一过程中，国际社会的合作和创新金融工具的开发，为生态系统服务的价值转化提供了重要支持。绿色金融的兴起，特别是绿色债券、绿色基金等金融产品的开发，推动了生态保护与经济发展的深度融合。通过引导社会资本投入生态保护项目中，绿色金融为生态系统服务的长期可持续提供了资金保障，确保了绿色经济模式下生态服务功能的持续发挥。随着绿色经济的进一步发展，生态系统服务的价值转化将变得更加复杂和全面。通过完善的政策和市场机制，生态系统的服务功能将被纳入经济核算体系，成为全球经济体系的重要组成部分。随着技术的进步和社会对环境问题的关注不断加深，生态系统服务的价值转化模式将更加创新，推动全球生态保护与经济发展的协同前进。

三、绿色经济模式下的生态修复与可持续利用

绿色经济模式下的生态修复与可持续利用是全球可持续发展战略中的重要组成部分，也是实现人与自然和谐共生的关键路径。随着人类工业化进程的加速，传统经济模式对自然资源的过度开发和无节制利用已经使生态系统面临严重退化。全球范围内的生物多样性锐减、气候变化加剧、水资源枯竭、

土地荒漠化等问题，已威胁到生态平衡与人类的生存根基。在这样的背景下，生态修复与资源的可持续利用成为人类在追求经济增长的同时必须解决的核心问题。绿色经济的兴起，不仅为经济增长提供了全新模式，也为生态修复和自然资源的可持续利用提供了强有力的技术支持和制度保障。

生态修复是指通过人工干预和自然自我恢复机制，逐步修复和重建退化的生态系统，使其恢复原有的生态功能并维持稳定性。这一概念的提出，深刻反映了现代社会对自然界的依赖与敬畏，推动了经济与环境的协同发展。在绿色经济模式下，生态修复不仅是一项环境保护的任务，更是一项能够为社会带来长期经济和社会效益的战略性投资。通过绿色技术、创新的政策工具以及国际合作，许多国家已经在生态修复领域取得了显著进展，特别是在森林恢复、湿地保护、河流治理和土地荒漠化防治等方面。生态修复不仅有助于恢复自然界的自我调节功能，还为全球气候变化提供了重要的缓冲区，降低了气候风险对社会经济的影响。

在全球范围内，生态系统的修复和可持续利用已成为许多国家推动绿色经济的核心内容。森林作为地球上最重要的生态系统之一，不仅为人类提供了宝贵的资源，也在维持全球气候平衡和生物多样性方面发挥着至关重要的作用。长期以来，由于工业发展、农业扩张和不合理的资源开发，全球森林面积大幅减少，尤其是热带雨林的消失给全球生态带来了灾难性后果。面对这一严峻形势，绿色经济模式强调通过可持续的森林管理和修复，恢复森林生态系统的健康与活力。在这一过程中，许多国家通过推行大规模植树造林、恢复森林生态功能、控制采伐和推进自然保护区建设，实现了森林的逐步恢复。

生态修复不仅体现在植树造林和森林管理上，还广泛应用于湿地、草原和河流等多种生态系统的修复与保护。湿地作为地球的"肾脏"，在净化水质、调节洪水和支持生物多样性方面起着重要作用。然而，湿地的退化与丧失同样威胁到生态系统的稳定性。绿色经济模式下，湿地修复成为保护水资源和生物多样性的核心举措。通过湿地保护和修复工程，各国不仅改善了水质，还极大增强了生态系统的韧性，为应对气候变化提供了重要的生态屏障。河流的修复同样成为绿色经济的一个重要领域。河流及其流域的健康状态直接影响到水资源的可持续利用、农业生产和水生生物的生存环境。通过河道疏浚、水源涵养和污染治理等多重手段，绿色经济为河流生态系统的修复提供了综合解决方案。

绿色经济模式下的生态修复不仅关注生态功能的恢复，还特别强调资源的可持续利用。传统经济模式下，资源的开发与利用常常伴随着环境的破坏与资源的枯竭，这一过程导致了严重的生态退化和社会经济的不平衡。而在绿色经济框架中，资源的可持续利用意味着在不损害生态系统长期健康的前提下，合理开发和利用自然资源，确保生态系统的自我更新能力和未来的可持续发展。水资源的管理与保护是这一模式的典型应用。随着全球人口增长和气候变化的影响，水资源短缺已成为全球面临的严峻挑战之一。通过绿色经济的推动，水资源的可持续管理逐渐成为国际社会关注的焦点。节水技术的创新、水循环利用和水资源保护政策的实施，使得水资源的利用效率大幅提高，确保了水生态系统的长期稳定与健康。

农业领域的可持续利用同样是绿色经济的核心议题之一。传统农业的高强度开发方式不仅导致了土壤的退化、农业生产力的下降，还严重破坏了农业生态系统的平衡。绿色经济通过推行可持续农业技术和生态农业模式，减少了农业生产对环境的负面影响，推动了粮食安全和生态环境保护的双重发展。通过减少化肥和农药的使用、保护农业生物多样性和推广有机种植，绿色农业大幅提升了土壤的肥力和水资源的利用效率。这种生态友好型农业模式不仅增加了农业产量，还确保了农业生态系统的健康和长期生产力的可持续性。

绿色经济模式下的可持续资源利用不仅仅局限于农业和水资源管理，还广泛应用于矿产资源、渔业资源等自然资源的开发与保护。矿产资源作为工业发展的重要物质基础，在传统开发模式中，常常伴随着严重的环境污染和生态破坏。而在绿色经济模式中，矿产资源的开发必须遵循环保标准，推行清洁生产技术和废物回收利用，减少对生态系统的负面影响。与此同时，渔业资源的可持续利用通过制定捕捞配额、保护渔业生态系统和打击非法捕捞等措施，确保了海洋生物资源的长期可持续性。这一模式不仅推动了渔业经济的发展，还对海洋生态系统的修复与保护产生了积极作用。

在绿色经济模式下，生态修复和资源可持续利用的成功不仅依赖于技术创新和政策支持，更需要广泛的国际合作与多方参与。全球生态环境问题的跨境性和复杂性，要求各国在生态修复和资源利用方面加强合作，分享经验和技术，共同应对气候变化和资源枯竭带来的挑战。在这一过程中，国际社会通过多边环境协议、资金支持和技术转让等方式，促进了全球生态修复和资源可持续利用的全面推进。联合国推动的《巴黎协定》以及多个国际气候论坛，为全球绿色经济模式下的生态修复与可持续利用提供了重要的政策框架和行动指南。

生态修复和资源的可持续利用在绿色经济模式中的成功实践，不仅改善了生态环境，还为人类社会的可持续发展奠定了坚实基础。通过绿色技术的推广、政策的实施和市场机制的引导，各国在生态修复领域取得了显著成效。这些努力不仅减少了环境污染和资源浪费，还为未来的经济增长提供了新的动力。更为重要的是，绿色经济的实施使得生态系统的价值逐渐得到社会的广泛认知，自然资源的保护不再仅仅是环境保护的需求，而是经济发展的内在要求。绿色经济通过生态修复和资源的可持续利用，逐步实现了经济效益和生态效益的双赢，为全球可持续发展指明了方向。绿色经济模式下的生态修复与可持续利用将继续在全球环境治理和经济发展中发挥核心作用。随着气候变化的加剧和资源竞争的加剧，生态修复的任务将更加艰巨，资源的可持续利用将面临更加复杂的挑战。然而，绿色经济的发展为这一过程提供了巨大的潜力和创新动力。通过技术的不断进步、政策的持续完善以及国际社会的协同努力，全球生态系统的修复和自然资源的可持续利用必将迎来更加光明的前景。这一模式的成功实施，将为全球应对气候变化、减少贫困和实现共同繁荣提供持久的动力和保障。

第八章

生态文明与经济高质量发展

生态文明的理念是在全球环境压力持续增大、资源日益稀缺的背景下应运而生的，它代表了人类社会在应对环境危机与发展挑战过程中所达成的全新发展共识。经济增长不再以牺牲环境为代价，而是依托绿色转型、可持续发展和资源优化利用，实现人与自然的和谐共生。生态文明不仅仅是一种环境保护的理念，更是一种系统性变革，它推动着社会、经济、文化等各领域从根本上调整发展路径，以实现长期的、可持续的高质量经济发展。在这一背景下，生态优先和高质量发展的试验性探索成为新时代经济社会发展的重要方向。推动生态优先，不是简单地放缓经济增长速度，而是通过创新性的政策工具、技术手段和制度改革，探索经济增长与生态保护的共生路径。这一模式要求从系统思维出发，打破传统产业发展模式对资源的依赖，实现经济增长方式的根本转型。作为全球经济体，越来越多的国家和地区将生态优先纳入国家战略，通过政策引导、技术创新和多方合作，促进经济发展与环境保护的有机结合，推动绿色发展理念深入社会经济的各个层面。

高质量发展则是经济发展的新要求，不仅追求增长速度，更重视增长的质量和效益。经济高质量发展要求以提升产业结构、优化资源配置、提高生产效率为核心，通过创新驱动，实现从要素投入型经济向效益提升型经济的转型。绿色发展与高质量发展有着天然的内在一致性，因为绿色经济本身注重资源的高效利用和环境影响的最小化，符合高质量发展的根本要求。因此，推动生态优先高质量发展，既是当前环境与资源压力下的必然选择，也是提高经济竞争力和可持续性的重要路径。随着绿色转型的逐步深化，经济效益与环境效益兼顾的模式逐渐成为社会发展的主流。绿色转型不仅仅是传统产业的升级和改造，它要求将环境保护、资源节约和可持续发展嵌入经济活动的每一个环节之中。在能源、农业、制造业、城市建设等多个领域，绿色转型已经展现出显著的经济和环境双重效益。例如，绿色能源的推广不仅减少了碳排放，还提升了能源利用效率，为产业链上游带来了广泛的技术创新和投资机会。在农业和制造业中，生态友好型技术的应用提高了生产效率，减少了资源浪费，同时改善了环境质量，促进了经济效益和生态效益的双重提升。绿色转型与效益相兼的模式已成为未来经济发展中不可或缺的关键因素。然而，要真正实现绿色转型与经济效益的有机结合，需要在宏观层面构建一个生态经济的新愿景。这个愿景要求从全局出发，重新定义经济发展的目标和路径，确保环境保护、资源利用与经济增长能够有机统一。构建生态经济新愿景的关键在于通过政策引导、科技创新和多元主体的参与，建立起绿色经济发展的全新框架和机制。这一框架不仅要涵盖技术创新、资源管理和产业转型，还需要考虑到社会公平、公共健康等更广泛的议题。

新型的生态经济愿景下，政府、企业、社会组织等多方力量需要协同合作，共同推动生态经济的全面实现。政府需要通过合理的政策和制度设计，引导企业和社会走上绿色发展道路，并通过制定标准、实施监管和提供支持，确保绿色发展战略的有效执行。企业作为经济活动的主体，应将绿色理念融入自身的生产和运营过程，通过技术创新和商业模式的转型，实现经济效益与生态效益的同步提升。社会组织和公众的参与同样不可或缺，通过增强社会各界的环境意识，形成全社会共同推动生态经济的新局面。在这一背景下，全球绿色经济浪潮已经逐步成为经济发展的新常态。许多国家通过构建绿色技术创新平台、推行碳排放交易、建立生态补偿机制等手段，推动了绿色经济的快速发展，并在全球范围内树立了绿色经济发展的典范。尤其是在气候变化和资源约束越发严峻的当下，全球各国已经达成了通过绿色经济实现可持续发展的广泛共识。在这一过程中，构建生态经济新愿景不仅为各国应对全球性环境危机提供了发展路径，也为世界经济的长期稳定和可持续发展奠定了坚实基础。

实现生态文明与经济高质量发展的统一，既需要政策引导和技术创新，也需要社会各界的广泛参与和多方合作。通过生态优先与高质量发展的实验性探索，各国能够积累经验、完善机制，为未来更大规模的生态经济实践提供坚实基础。绿色转型与效益兼顾的模式将为社会经济注入新动能，推动全球经济向更加可持续、更加高效的方向发展。最终，通过构建生态经济新愿景，人类社会将有望摆脱传统经济模式对资源的过度依赖，走上一条经济与生态和谐共生的可持续发展之路。

第一节 生态优先高质量试验

2021年4月2日，习近平总书记在参加首都义务植树活动时指出："生态文明建设是新时代中国特色社会主义的一个重要特征。加强生态文明建设，是贯彻新发展理念，推动经济社会高质量发展的必然要求，也是人民群众追求高品质生活的共识和呼声。"① 在全球气候变化、资源枯竭和环境污染等问题日益突出的背景下，经济发展模式的转型已成为各国实现可持续发展的必然选择。生态优先作为一种全新的发展理念，强调将生态环境保护置于经济活动的核心位置，在推动经济增长的同时，确保生态系统的健康和资源的可持续利用。这一理念不仅是应对全球环境挑战的迫切需求，更是实现高质量发展的关键途径。在绿色经济逐渐成为全球共识的今天，生态优先与高质量发展已经成为经济社会发展的重要实验领域，各国通过创新驱动、政策支持和试验区建设，逐步探索出了一条经济增长与生态保护协调共生的可持续路径。

绿色转型的核心在于突破传统经济模式下对资源的依赖，实现经济活动与自然环境的和谐发展。在这一过程中，创新驱动被视为推动生态优先发展的关键力量。通过技术创新、管理创新和制度创新，绿色技术、清洁能源和循环经济等新型经济形态正在迅速崛起。创新不仅带动了产业结构的优化升级，还为减少污染排放、提高资源利用效率和恢复生态系统提供了新的技术手段。随着绿色技术的不断进步，越来越多的行业通过创新实践，走出了生态优先的高质量发展新路径，展现了创新在推动绿色转型中的巨大潜力。与此同时，绿色产业试验区的建设成为推动生态优先发展的重要载体。在国家和地方政府的政策引导下，绿色产业试验区作为绿色经济发展的"试验田"，被赋予了创新实践和模式探索的重要任务。这些试验区不仅承载着先进绿色技术的推广与应用，还通过政策的试验与优化，推动了绿色产业的聚集与发展。在试验区的建设中，资源循环利用、低碳经济、生态修复等生态优先领

---

① 习近平. 论坚持人与自然和谐共生［M］. 北京：中央文献出版社，2022.

域的关键项目得到了系统性推广，逐步形成了绿色产业集群效应。这些试验区的成功实践，不仅为绿色产业的发展提供了宝贵的经验，也为生态优先高质量发展战略的进一步推进奠定了坚实基础。

在推动绿色产业试验区发展的同时，生态优先政策体系的建立和完善成为高质量发展中的核心环节。政策的引导和保障为生态优先理念的落实提供了制度性框架和发展动力。通过立法、监管、财政激励等多种手段，政府在构建绿色经济发展机制上发挥了重要作用。从环境税收、排污权交易到绿色金融政策的出台，政策的不断优化使得生态优先战略在经济活动中得到广泛实施。政策的有效性不仅体现在促进绿色技术的推广上，还在于通过激励机制引导企业和社会走上生态友好的发展道路。政策体系的逐步完善，使得生态优先理念从理论逐步转化为实践，并在实际经济活动中得到了广泛验证与优化。生态优先高质量发展的实验探索不仅推动了生态保护与经济增长的协同发展，还为全球经济的绿色转型提供了宝贵的经验。通过创新驱动、试验区建设和政策支持，生态优先的发展路径正在逐步走向成熟，这不仅为生态环境的改善提供了有力保障，也为经济的可持续发展开辟了新的空间。在未来，生态优先高质量发展的实验将继续推动绿色经济的深入发展，并为全球环境治理和可持续发展提供更多的模式借鉴与技术支持。

一、创新驱动下的生态优先发展路径探索

在全球生态危机与资源日益枯竭的背景下，传统的经济增长模式已经难以为继。不断攀升的温室气体排放、土地退化以及水资源短缺等问题，正在迫使人类重新审视自身与自然界的关系。为应对这些挑战，全球范围内的经济体正在积极探索一种可持续的发展路径，即将生态优先置于经济决策的核心位置，以实现环境保护与经济增长的协调发展。在这一过程中，创新驱动发展成为推动生态优先发展的关键动力。通过技术革新、体制变革和管理创新，绿色经济的崛起为全球的可持续发展提供了新的方向，而生态优先的理念正在为未来经济发展奠定坚实基础。

创新作为生态优先发展的核心引擎，不仅改变了传统产业的运行模式，也为新兴产业的崛起注入了活力。绿色技术的突破为实现生态优先的高质量发展提供了坚实的技术保障。可再生能源技术、智能电网、节能环保技术等一系列创新成果正在快速推动全球能源结构的调整，逐步摆脱对化石能源的

依赖，为全球碳中和目标的实现奠定了基础。太阳能、风能等可再生能源技术的发展，不仅降低了能源生产过程中的碳排放，还通过成本的不断下降，逐步成为能源市场的重要组成部分。这些技术的广泛应用，不仅促进了经济的绿色转型，也对全球的生态环境产生了积极影响。在这一过程中，技术创新与生态修复的结合逐渐成为推动生态优先发展的一大亮点。传统的经济活动往往对自然环境造成了不可逆的破坏，然而，创新型生态修复技术为恢复受损生态系统提供了全新的解决方案。通过生物技术、纳米技术等前沿科学手段，受损的湿地、森林、草原等生态系统逐渐恢复生机。这些修复技术不仅能够改善当地的生态环境，还能够为区域经济带来新的发展机会。生态修复与绿色经济的结合，展现了创新驱动在保护自然环境的同时，为经济活动提供更多的可持续发展模式。

在农业领域，创新驱动的生态优先发展路径也正在取得显著成效。传统农业的高强度开发和过度依赖化学投入品，导致了严重的环境污染和生态系统退化。为应对这些问题，绿色农业技术的创新为农业的可持续发展提供了重要支撑。通过生物农药、精准农业、节水灌溉等技术手段，农业生产的环境负担大幅减轻。精准农业通过数据技术的引入，使得农作物种植和管理更加高效，减少了资源的浪费，同时提高了农业产量与质量。这不仅改善了农业的生态足迹，还为全球粮食安全提供了更可靠的保障。绿色农业的推广，不仅展现了创新技术在生态优先发展中的重要作用，也为全球可持续农业提供了可行的解决方案。创新驱动的生态优先发展路径不仅体现在技术层面，还广泛涉及管理和制度的创新。在过去的经济发展模式中，环境保护往往被视作经济增长的对立面，然而，随着生态优先理念的逐步推广，绿色管理模式的兴起正在改变这一思维。企业在生产管理中引入了可持续发展的理念，逐步将环保目标融入企业经营的核心战略中。通过引入环境管理体系、碳足迹核算以及绿色供应链管理等方式，企业不仅提升了自身的竞争力，而且在实现可持续发展目标的同时提高了经济效益。这种绿色管理模式展现了创新驱动在企业层面推动生态优先发展的重要意义。

在城市化进程中，创新技术的应用为构建绿色城市和实现生态优先发展提供了有力支持。随着全球城市化进程的加快，城市生态环境面临着前所未有的压力。人口密集、资源消耗过大、污染严重等问题，促使各国城市管理者寻找可持续的城市发展模式。智慧城市作为一种创新的城市管理模式，正通过数据技术、物联网以及人工智能等手段，实现资源的高效利用和环境的改善。智慧城市通过实时监控城市运行数据，优化能源、水资源和交通系统的管理，大幅减少了城市的资源浪费和污染排放。同时，绿色建筑技术的广泛应用，不仅提升了建筑的能源效率，还通过创新设计改善了城市居民的生活质量。智慧城市与绿色建筑的结合，为全球城市的生态优先发展提供了新思路，也推动了城市经济的高质量发展。

在创新驱动下，生态优先的高质量发展路径还体现在金融体系的转型中。传统的金融市场往往忽视了环境风险，而绿色金融的兴起则重新定义了资本流动的方向。绿色债券、绿色基金等金融工具的推广，使得大量社会资本流向了生态友好型产业和项目。通过金融创新，绿色产业得到了强有力的资金支持，推动了可再生能源、环保技术、绿色农业等领域的快速发展。绿色金融不仅为生态优先的发展路径提供了资金保障，还通过市场化手段调动了更多的社会资源参与到环境保护和可持续发展中。金融创新的引导作用，使得资本市场逐步从传统的高碳产业向低碳、环保产业转型，实现了生态效益和经济效益的共赢。

国际合作也是推动创新驱动的生态优先发展路径不可忽视的因素。在全球气候变化与生态危机的背景下，单一国家的努力难以应对复杂的环境挑战，国际合作发展成为推动全球绿色经济发展的重要手段。各国通过技术合作、经验分享和政策协调，共同推动了绿色技术的研发和推广。国际组织和多边机构也在推动全球绿色金融市场的发展中发挥了重要作用，推动了资金流向环境友好型项目。在国际合作的框架下，创新驱动的生态优先发展路径不仅在技术层面取得了突破，也在全球范围内建立了广泛的合作网络。这种合作模式为全球应对环境挑战提供了强有力的支持，同时也推动了全球经济的绿色转型。尽管创新驱动的生态优先发展路径已经取得了显著进展，但未来的发展中仍然面临诸多挑战。技术创新的推广与应用需要强有力的政策支持和市场激励，同时也需要社会各界的广泛参与。如何在经济发展中更好地兼顾环境保护目标，如何在技术进步的同时避免对自然资源的过度开发，仍然是未来需要解决的关键问题。随着技术的不断进步和绿色经济的逐步深化，创新驱动的生态优先发展路径将为全球经济和生态系统的可持续发展提供更为广阔的前景。

通过创新驱动的生态优先发展路径，全球经济正在逐步走向绿色化和可持续化。技术、制度、管理等多方面的创新正在为生态优先理念的落实提供全方位支持，从而推动经济活动与环境保护的深度融合。这种创新驱动的路径，不仅有助于实现经济增长的高质量发展，还为全球气候变化、资源短缺和环境污染等问题提供了系统性的解决方案。在未来的全球发展中，创新将继续扮演推动生态优先发展的核心角色，为世界经济和生态系统的长远健康发展注入源源不断的动力。

二、绿色产业试验区的建设与实践

绿色产业试验区的建设与实践是全球可持续发展背景下应对环境压力、经济转型的重要探索之一。随着世界各国对绿色发展理念的日益重视，绿色产业成为推动经济增长和保护生态环境的关键手段，而试验区的设立不仅为绿色技术的创新应用提供了良好的实践平台，也为绿色经济模式的推广奠定了基础。在绿色经济的全局框架中，试验区作为改革创新的试验田，承担着推动产业结构调整、优化资源配置、示范绿色技术应用以及引领区域可持续发展的多重使命。绿色产业试验区的建设与实践，不仅展示了区域发展与环境保护的和谐结合，也为全球绿色转型提供了重要的经验和借鉴。

绿色产业试验区的建立源于对传统经济模式弊端的深刻反思。长久以来，经济增长的高能耗、高污染模式导致了全球范围内的资源枯竭、环境恶化以及气候变化等问题。在这一背景下，各国纷纷提出绿色发展战略，旨在通过产业结构的优化、绿色技术的推广和环保政策的落实，实现经济增长与生态保护的双赢。试验区的建设正是这一战略的重要组成部分，它为绿色产业的集中发展和技术创新提供了空间与机制保障。通过政策引导、资金支持、技术推广等多重手段，绿色产业试验区成为绿色技术和绿色经济模式的先行者，为其他区域和国家提供了可复制、可推广的绿色发展路径。

在绿色产业试验区的建设过程中，政策的引导与支持发挥着关键作用。绿色产业的发展往往需要突破传统的经济和技术框架，而试验区作为制度创新的试验场，正是通过政策创新来推动绿色产业的集聚与壮大。各国政府通过制定一系列鼓励绿色产业发展的政策，包括税收减免、资金补贴、绿色信贷优惠等，来吸引和扶持绿色技术企业入驻试验区。这些政策不仅降低了绿色企业的经营成本，还为绿色技术的研发和推广提供了强有力的保障。此外，政策的支持还体现在法律和监管框架的完善上，绿色产业试验区往往拥有更加灵活的市场准入机制和更加严格的环境保护标准，使得企业在发展过程中更加注重环保效益和资源效率的提升。技术创新是绿色产业试验区成功的关键。试验区为绿色技术的研发和应用提供了理想的创新环境。传统产业的转型升级离不开技术的推动，而绿色产业的核心恰在于对资源的高效利用和环境污染的最小化。绿色能源、环保技术、循环经济等领域的技术突破，为产业绿色化转型提供了强劲动力。例如，在可再生能源领域，试验区通过推动太阳能、风能、地热能等新型能源技术的应用，逐步替代传统化石能源，实现能源结构的绿色转型。在制造业和农业领域，节能减排技术、资源循环利用技术的创新，也为产业升级注入了新的活力。这些技术的应用不仅提高了生产效率，还有效降低了企业的碳足迹，推动了区域经济的绿色转型。

绿色产业试验区的建设不仅推动了区域经济的绿色转型，还引领了全球生态文明建设的潮流。在全球气候变化的背景下，减排目标的实现需要从地方到全球的系统性努力。试验区通过推动绿色技术和产业的发展，为实现全球碳中和目标提供了有力支持。试验区内的绿色企业不仅在节能减排方面表现突出，还通过积极参与碳交易市场，推动了区域碳市场的健康发展。碳交易作为一种市场化的减排机制，通过设定碳排放限额并允许排放权交易，促使企业通过技术创新减少排放，进而提升整个经济体的环境效益。试验区的成功实践表明，绿色经济不仅仅是一种可持续的经济模式，更是推动全球环境治理的重要手段。此外，绿色产业试验区的实践还展示了区域经济与生态环境保护之间的深度融合。试验区通过实施严格的环境保护标准，确保经济增长不会对生态环境造成破坏。资源的集约利用和循环经济模式的推广，使得试验区在推动经济增长的同时，有效降低了资源消耗和污染排放。特别是在水资源、能源和土地资源的管理上，试验区往往采取先进的管理模式，实现了资源的高效利用和生态系统的良性循环。通过创新的资源管理模式，试验区不仅提高了区域的资源承载能力，还为全球资源的可持续利用提供了宝贵经验。

绿色产业试验区的建设还促进了绿色供应链的形成与发展。供应链的绿色化不仅限于单个企业的绿色技术应用，更关系到整个产业链条的绿色转型。试验区通过鼓励企业在生产、运输、销售等各个环节采用绿色技术和管理模式，逐步形成了完整的绿色供应链体系。这一体系不仅有助于提高产业的整体竞争力，还推动了绿色产品和服务的市场化应用。在全球绿色消费需求不断增长的背景下，绿色供应链的形成为企业提供了更多的市场机会，也促进了全球绿色经济的发展。

在绿色产业试验区的实践过程中，绿色金融作为推动绿色产业发展的重要工具，发挥了不可或缺的作用。绿色金融通过为环保项目、绿色技术创新和可再生能源发展提供资金支持，促进了绿色经济的快速发展。绿色债券、绿色基金等金融产品的创新，为试验区内的绿色项目提供了稳定的融资渠道，推动了绿色技术的大规模应用和推广。金融市场的支持不仅为企业的绿色转型提供了资金保障，还通过资本的流动推动了绿色产业的升级与发展。绿色金融与绿色产业试验区的有机结合，为全球绿色经济发展开辟了新的增长极。

绿色产业试验区的成功实践不仅为本地区的经济发展带来了显著的环境效益和经济效益，还为其他区域和国家提供了可借鉴的绿色发展路径。通过试验区的示范效应，绿色技术和绿色经济模式得以在更大范围内推广和应用。许多国家和地区通过学习和借鉴绿色产业试验区的成功经验，推动本地绿色产业的发展，实现经济结构的绿色转型。试验区的建设与实践表明，绿色经济不仅可以促进区域经济的持续增长，还能够有效改善环境质量，提升生态文明建设水平。未来，绿色产业试验区的建设将继续在全球经济绿色转型中发挥重要作用。随着全球对可持续发展需求的不断增加，绿色技术和绿色产业的市场潜力将进一步释放。试验区作为绿色产业发展的先行者，将继续通过技术创新、政策引导和国际合作，推动全球绿色经济的发展进程。与此同时，绿色产业试验区的建设与实践也将为全球生态环境保护和经济可持续发展贡献更多的智慧与力量。试验区的成功经验表明，通过创新驱动、政策支持和绿色技术的广泛应用，区域经济可以实现从高能耗、高污染模式向低碳、环保模式的转型。这一转型不仅推动了产业结构的优化，还为全球经济的可持续发展提供了新的增长动力。未来，绿色产业试验区的实践将进一步推动全球绿色技术的进步和应用，为实现全球可持续发展目标提供强有力的支持。

三、生态优先政策体系的完善与实践经验总结

生态优先政策体系的完善与实践经验的总结，彰显了全球可持续发展进程中的一项核心探索。这一体系的构建，不仅旨在推动生态文明与经济发展的协调共生，还通过创新性的政策设计与实施，赋予绿色转型更为清晰的制度路径。在当今的全球经济格局下，资源的稀缺性与环境的脆弱性日益显著，传统的经济增长模式已难以应对环境的持续恶化和气候变化的威胁。因此，

各国纷纷调整政策导向，将生态保护作为经济发展的基础要素，确保在实现增长目标的同时，能够有效减少对生态系统的破坏。生态优先政策体系的建设，正是为经济发展注入可持续理念的一次重要革新。

这一体系的构建，首先体现为法律制度的不断完善。为了确保生态优先理念的落实，许多国家和地区通过立法形式为绿色发展提供保障。环境法律制度的强化，使得生态保护成为社会经济活动中不可忽视的法律责任，而不再是可有可无的道德约束。这一过程包括了环保标准的提升、污染排放的控制、自然资源的限额使用等多方面的内容。同时，许多国家积极推进环境司法机制的建立，使得环境违法行为受到更为严厉的法律制裁，确保环境保护的法律红线不被逾越。通过法律的强制性，生态优先政策得以在各类经济活动中得到全面贯彻，推动了经济发展模式的绿色化。

除了法律制度的完善，政策工具的创新运用也是生态优先政策体系中的重要组成部分。各国通过引入市场机制，逐步建立起以生态保护为导向的政策工具体系。在这一框架中，碳排放交易制度逐渐成为全球应对气候变化和推动低碳发展的重要机制之一。通过设定碳排放上限并允许企业间进行排放配额的交易，市场化手段不仅激励了企业减少碳排放，还推动了绿色技术的创新与应用。碳交易市场的成功实践，使得排放权成为一种新的资源形式，改变了传统资源开发与消耗模式下的利润结构，使得环保行为成为经济活动中一种积极获益的途径。而在这一过程中，税收政策的调整与绿色金融的推动也发挥了至关重要的作用。各国政府通过环保税收、资源税收等手段，积极引导企业减少污染物排放，鼓励资源的集约利用。税收杠杆的运用，使得生态优先理念渗透到经济运行的各个环节之中。同时，绿色金融作为生态优先政策的重要工具，为绿色项目和绿色技术的发展提供了充足的资金支持。绿色债券、绿色基金等金融产品的推广，不仅为可再生能源、环保产业等绿色经济领域注入了大量资本，还通过金融市场的力量，促进了生态保护与经济发展的双向互动。绿色金融的广泛应用，表明经济活动不再是环境的对立面，而是通过创新与合作，实现了与生态保护的良性互动。

生态补偿机制的建立是生态优先政策体系中的另一重要创新。随着生态资源的日益稀缺，如何通过政策设计实现生态系统服务价值的合理分配与保护，成为生态优先政策的核心议题。生态补偿机制通过对资源开发者进行资金补偿，弥补其因资源保护而造成的经济损失，推动了生态资源的有效保护与合理利用。这一机制不仅保护了生态系统的完整性，还通过经济激励，促使资源使用者主动承担环境责任，推动了绿色经济的发展。生态补偿政策的实施，为解决经济活动与生态保护之间的利益冲突提供了新的解决方案，也在实践中不断丰富和完善了生态优先政策体系的内容。在实践层面，各国通过多层次、多维度的政策探索，积累了丰富的经验。以中国为例，近年来通过推行"绿水青山就是金山银山"的发展理念，将生态优先政策体系融入国家的总体发展战略中。在此过程中，中国建立了自然资源资产离任审计、河长制、森林碳汇等一系列创新机制，推动了生态保护与经济发展的深度融合。这些机制的实施，不仅提升了资源的使用效率，还通过生态产品价值的实现，带动了区域经济的绿色转型。同时，地方政府在生态优先政策的实施过程中，积极探索符合本地实际的绿色发展路径，通过推动绿色产业集群、建设绿色发展示范区等方式，实现了经济效益与生态效益的有机结合。这些政策实践表明，生态优先不仅是一种可行的发展理念，也可以通过有效的制度安排，转化为推动经济高质量发展的现实动力。

欧美国家在生态优先政策体系的实践中也积累了丰富的经验。欧盟通过推动绿色新政，将绿色发展与就业、能源转型、气候治理等多个领域紧密结合，构建了全面的生态优先政策框架。通过立法、资金支持、技术创新，欧盟推动了成员国在可再生能源、节能减排、绿色交通等方面取得了显著成效。同时，欧盟的环保法规和标准已成为全球绿色经济发展的重要参照体系，对全球生态优先政策的构建和完善产生了深远影响。美国在绿色金融和碳交易市场的发展方面，走在全球前列。通过推动清洁能源发展、促进绿色技术创新，美国逐步实现了绿色经济的转型升级。这些国家的成功实践，为全球范围内的生态优先政策体系建设提供了丰富的经验和借鉴。

通过对生态优先政策体系的实践经验总结，可以看到这一体系的建设不仅需要政策工具的创新与完善，还需要全社会的广泛参与。政府、企业、社会组织和公众之间的合作，是推动生态优先政策有效实施的关键力量。政策的设计与执行，必须紧密结合区域实际，尊重生态系统的复杂性和脆弱性，避免"一刀切"的政策导向。在这一过程中，公众的环境意识和企业的社会责任感同样至关重要。只有在全社会形成生态优先的共识，才能真正实现经济与生态的和谐共生。随着全球生态文明建设进程的加快，生态优先政策体系的完善将进一步推动经济发展模式的根本性转变。通过政策体系的不断优化，资源的可持续利用和生态系统的健康将成为经济活动中的核心要素，而绿色经济的崛起也将为全球环境治理和经济高质量发展提供持续动力。全球范围内，如何在各国具体国情下设计和实施适应性的生态优先政策，将成为推动绿色转型的重要课题。与此同时，政策体系的完善也将为实现全球可持续发展目标提供更为坚实的制度保障。

生态优先政策体系的构建不仅是环境保护的需要，更是推动全球经济转型升级的重要途径。通过完善的政策框架和创新的政策工具，生态优先的发展理念将逐步成为各国经济政策的重要组成部分。全球生态危机的日益严峻，促使各国在政策设计与实践中更加重视环境保护与经济发展的协调，生态优先政策体系的不断完善，将为全球经济走向绿色、可持续的未来提供重要指引。

第二节　绿色转型与效益相兼

绿色转型已成为全球应对气候变化、资源枯竭和环境退化等严峻挑战的核心策略。面对环境压力不断加剧和资源需求急剧增长的双重困境，传统高能耗、高污染的经济发展模式已难以为继。通过将绿色理念融入经济发展各个环节，绿色转型不仅是技术上的革新与进步，更是一场深层次的经济、社会和文化的结构性调整。它旨在通过改变能源利用方式、推动清洁生产和资源循环利用，实现经济增长与环境保护的双重目标。

在绿色转型的过程中，效益问题成为关键考量。经济发展通常依赖于效益提升，而绿色转型不仅要保持经济增长的动能，还必须保障这一增长能够带来更高的效益。因此，绿色转型与经济效益的兼顾问题已成为全球各国在制定绿色发展政策时必须面对的核心议题。通过技术创新和资源高效利用，绿色转型有望将经济效益与环境效益相结合，实现双赢的局面。在这一过程中，绿色技术的进步、绿色产业的发展以及相关政策的支持，构成了推动绿色转型与经济效益相兼的基础动力。

绿色技术的发展为实现这一目标提供了强有力的技术支撑。可再生能源技术、节能环保技术、资源循环利用技术等领域的不断突破，为企业和社会在保持生产效率的同时，减少对环境的影响提供了新的解决方案。通过对能源结构的调整与优化，太阳能、风能等可再生能源逐渐成为能源供应体系的重要组成部分，逐步替代传统化石能源的高排放模式。而智能化技术和数字化转型的引入，也大幅提升了产业链的整体效率，使得能源和资源的消耗进一步下降。这一技术革新推动了整个经济体系的绿色化，并为未来绿色发展创造了可持续的效益增长点。

在这一过程中，绿色产业的崛起不仅是推动绿色转型的重要力量，也为经济效益的提升提供了新的动力源泉。绿色产业通过高效的资源利用、环保技术的应用和清洁生产的推广，实现了低成本、高效率的生产模式。这不仅减少了资源浪费和环境污染，还提升了生产力，带动了新的经济增长点的形成。绿色金融、绿色建筑、绿色能源等新兴产业的蓬勃发展，不仅体现了产业结构升级的趋势，也展示了绿色转型对经济效益提升的潜力。这些新兴产业的发展模式，不再依赖于传统的高能耗、高排放的增长路径，而是通过科技进步、管理创新和政策支持，构建了全新的经济增长体系。绿色转型的实践表明，效益与环境保护之间并不是相互对立的关系。相反，在现代经济中，两者可以通过技术和制度的创新实现有效融合。绿色金融作为促进绿色转型的重要工具，正在推动全球资金流向更多环境友好型项目。通过引导社会资本投资于清洁能源、节能减排技术、生态修复工程等绿色项目，绿色金融不仅带来了显著的环境效益，也为投资者提供了可观的经济回报。绿色金融的广泛应用表明，环境保护与经济效益可以通过市场机制的创新实现相互兼顾，并为全球经济增长提供新的动能。①

政策支持在推动绿色转型与效益相兼的过程中也起到了至关重要的作用。各国政府通过制定和实施绿色发展战略，为绿色转型提供了制度框架和发展方向。环保法规的完善、绿色税收政策的制定以及绿色产业激励机制的建立，激发了企业的创新活力，推动了绿色技术的推广和应用。这些政策不仅为企业降低了环保成本，也通过市场机制引导企业向绿色经济转型。同时，政策的支持也推动了可持续基础设施的建设与发展，促进了绿色交通、智能电网、绿色城市等项目的实施，为社会经济的绿色转型提供了坚实的基础。政府政策在确保环境效益的同时，也创造了新的经济增长点，为未来的绿色发展奠

---

① 金丽. 生态文明建设促进农村经济发展格局优化的措施［J］. 时代经贸，2018（15）：13-14.

定了基础。在全球范围内，绿色转型的成功实践证明了效益相兼的可能性。一些国家和地区通过实施绿色发展战略，不仅在减少碳排放和改善生态环境方面取得了显著成效，还通过绿色产业的壮大和技术创新，推动了经济的高效增长。欧盟通过"绿色新政"加速推动绿色转型，将绿色经济作为未来经济增长的核心驱动力之一。德国在能源转型方面的成功经验显示，通过推动可再生能源和节能技术，不仅可以实现碳排放的减少，还可以带来就业增长、产业升级等多重效益。中国通过"生态文明"建设，大力推动绿色产业发展，在提高经济竞争力的同时，改善了国内的环境质量。这些案例表明，绿色转型不仅是应对环境危机的必要手段，也是实现长期经济效益的可行路径。

在未来的发展中，绿色转型与效益相兼的模式将继续深化，并在全球范围内推动经济的全面绿色化。随着科技的进步和国际合作的加深，绿色技术和绿色产业将逐步走向成熟，为全球经济体系注入更多的绿色动能。通过政策的引导和市场的驱动，绿色转型将从国家战略逐步走向区域和全球范围，进一步促进经济效益与环境效益的融合发展。绿色转型不仅是一场经济模式的深刻变革，更是一种全球社会共同追求可持续发展的愿景，必将在全球经济的未来中占据重要位置。

一、绿色技术推动产业效益与环境效益的双重提升

绿色技术的迅猛发展和广泛应用，为当代经济转型注入了强劲动力，并有效实现了产业效益与环境效益的双重提升。在全球经济增长与生态保护日益紧张的背景下，绿色技术成为化解二者矛盾的关键工具。这些技术通过改进生产流程、提升能源利用效率和推动资源循环使用，减少了对环境的破坏，同时显著提升了企业和国家的竞争力与经济效益。绿色技术的发展，涵盖了从能源生产、制造业、农业到建筑、交通等广泛的领域，其深远的影响不仅体现在技术革新带来的效益提升上，更体现在整个社会经济运行方式的转变上。

在能源领域，绿色技术引领了全球能源结构的变革。长期以来，传统的化石能源依赖不仅造成了严重的环境污染，还引发了资源短缺和能源安全问题。绿色技术通过推动可再生能源的广泛应用，逐步替代了传统的高碳排放能源形式。太阳能、风能、地热能等绿色能源技术的发展，推动了全球能源生产的低碳化，减少了二氧化碳等温室气体的排放。随着技术的不断进步，

这些能源形式的生产效率不断提高，成本逐步下降，使得它们在市场中具备了与传统能源竞争的能力。这种技术驱动的变革，既为能源领域带来了经济效益，也为全球气候治理和环境保护作出了重大贡献。制造业的绿色转型同样依赖于绿色技术的推动。传统制造业以高能耗、高污染著称，而绿色技术的应用，为制造业带来了质的飞跃。通过节能减排技术、智能化生产系统和资源循环利用技术的结合，制造业不仅降低了能源消耗和污染物排放，还显著提升了生产效率。数字化和智能化技术的融合，使得制造过程更加精确和高效，减少了原材料的浪费，提升了产品质量与市场竞争力。尤其是在资源再利用方面，绿色技术推动了制造过程中废料的回收和再利用，实现了资源的高效配置和循环使用。这一创新模式不仅为制造业带来了显著的经济效益，还大大减少了工业生产对环境的负面影响。

绿色建筑技术的应用，在城市化进程中展现了其重要作用。城市建设是资源消耗和环境污染的主要来源之一，而绿色建筑技术的推广，彻底改变了传统建筑的高能耗模式。通过节能材料、智能建筑管理系统和可再生能源的结合，绿色建筑大幅提升了能源利用效率，降低了碳排放和环境污染。创新技术的使用，使得建筑物在整个生命周期内的能源消耗显著降低，不仅节约了能源成本，还大大减少了建筑废弃物的产生。绿色建筑的普及，为现代城市的可持续发展提供了全新思路，实现了经济效益与环境效益的共赢。在农业领域，绿色技术为传统农业注入了可持续发展的新动力。长期以来，农业生产依赖于大量化学投入品和水资源，这不仅对土壤、空气和水体造成了严重污染，还威胁到了生物多样性。绿色农业技术通过推广有机种植、精准农业和智能灌溉系统，有效提高了农业生产的资源利用效率。智能化设备的使用，使得农作物的生长状况得以实时监控，精准控制水肥药的投入，减少了资源浪费，提升了农作物的产量与质量。这种生态友好型农业不仅提高了农业的生产效益，还减少了农业生产对环境的负担，推动了农业的可持续发展。

绿色技术不仅在各个经济领域的生产过程中展现了其强大的经济与环境效益，还推动了社会消费方式的转型。绿色产品和服务的普及，带动了绿色消费的兴起。人们对绿色产品的需求，反映了社会环保意识的提升和绿色技术推广的成果。无论是在电动汽车、可再生能源设备，还是在节能家电和环保建材方面，绿色技术的创新与应用，使得这些产品在经济效益上具备了市场竞争力，赢得了消费者的青睐。绿色消费的增加，反过来进一步推动了绿色产业的发展，形成了良性循环。通过技术的不断迭代，绿色产品的生产成本逐渐降低，使得更多的消费者能够选择绿色消费，助推了整个经济体系的绿色转型。

绿色技术的普及与应用，也极大地促进了全球碳排放的减少。气候变化作为全球性问题，已经成为国际社会必须共同面对的挑战。绿色技术的推广，不仅使得碳排放的治理成为可能，也为实现全球气候目标提供了有力的技术支撑。在可再生能源技术领域，随着风能、太阳能等清洁能源的应用，传统的高碳排放能源结构正在逐步被绿色能源替代。绿色技术的进步，极大地提高了能源生产的效率，减少了碳排放，从而有效缓解了全球气候变化带来的负面影响。同时，智能电网、储能技术的应用，进一步提升了可再生能源的利用效率，推动了能源系统的智能化和可持续化。通过绿色技术的创新与应用，全球能源生产和消费模式正在发生深刻变化，为全球应对气候变化提供了强大的技术支持。政策与市场机制的结合，也为绿色技术的推广与应用提供了重要保障。许多国家通过制定严格的环保法规和激励政策，推动了绿色技术的研发与市场化。绿色金融作为推动绿色技术应用的重要工具，提供了充足的资金支持，使得绿色技术企业能够获得更多的投资与市场机会。绿色金融的创新，包括绿色债券、绿色信贷等，极大地推动了绿色项目的发展，加速了绿色技术的产业化进程。同时，碳排放交易市场的建立，为绿色技术的推广提供了经济激励机制，使得企业在追求环保效益的同时，获得经济上的回报。通过政策和市场的双重引导，绿色技术得到了广泛应用，推动了整个经济体系的绿色转型。

在全球范围内，绿色技术的应用不仅推动了国家层面的经济与环境效益，还在国际合作中展现了其巨大潜力。绿色技术的跨国界传播，使得更多国家和地区能够共享技术成果，推动全球可持续发展目标的实现。尤其是在气候变化领域，绿色技术的推广成为各国应对全球环境危机的重要手段。通过技术合作与交流，发达国家的先进绿色技术逐步向发展中国家转移，帮助其提升环境治理能力和经济发展水平。国际组织的推动与支持，使得绿色技术在全球范围内的推广更加迅速，并促进了绿色经济模式的全球化发展。尽管绿色技术在推动产业效益与环境效益双重提升方面已经取得了显著成效，但未来的发展仍面临诸多挑战。技术成本的降低、市场需求的扩大以及政策环境的持续支持，仍然是绿色技术广泛应用的关键因素。随着技术的不断进步和创新，绿色技术将继续为全球经济的可持续发展提供新的动力，也将为环境保护和社会进步作出更大贡献。绿色技术不仅是现代经济发展的重要工具，更是全球社会应对气候变化、资源短缺和环境退化等问题的关键解决方案。未来，通过绿色技术的深入发展和应用，产业效益与环境效益的双重提升将成为全球经济转型的重要方向，为人类社会带来更加美好的未来。

二、绿色金融的崛起与经济环境协同发展

绿色金融的崛起标志着全球经济发展与环境保护迈向了新的阶段，它不仅是对传统金融体系的优化，更是为应对全球气候变化、资源枯竭等环境问题提供了创新性解决方案。在过去数十年中，经济增长往往伴随着环境的破坏与资源的过度消耗，传统的金融机制在推动经济繁荣的同时，也无意间助推了生态环境的退化。随着气候危机的加剧和人类对可持续发展的重新审视，绿色金融应运而生，成为推动绿色经济发展的重要引擎。它通过资本的引导与配置，推动资源向环保产业、可再生能源以及低碳项目等绿色领域倾斜，为全球经济和生态环境的协同发展奠定了坚实基础。绿色金融的核心在于通过金融工具和机制，为生态友好型产业和项目提供资金支持，以促进经济增长与环境保护的有机结合。与传统金融相比，绿色金融不仅考虑经济收益，还充分评估了项目对环境的影响。在这一框架下，绿色债券、绿色基金、绿色信贷等金融产品迅速兴起，推动了绿色经济的快速发展。绿色金融的崛起，为资本市场带来了全新的投资机会，同时通过降低绿色项目的融资成本，鼓励更多的企业和投资者参与到环境保护和可持续发展中来。

绿色债券作为绿色金融的核心工具之一，已经在全球金融市场中取得了巨大的成功。绿色债券的发行，不仅为环保项目提供了长期稳定的资金支持，还通过债券市场的力量，推动了绿色投资的规模化发展。绿色债券的独特之处在于其募集的资金必须用于具有明确环境效益的项目，如可再生能源、节能减排、生态修复等。这一机制的创新，使得资本市场在促进经济增长的同时，也能够为全球生态系统的保护贡献力量。通过绿色债券的发行，政府、企业和金融机构能够更加有效地将资金引导至对环境友好的领域，推动经济与环境的双赢局面。绿色金融不仅通过绿色债券推动资金流向绿色项目，还通过绿色信贷支持企业的绿色转型。绿色信贷是金融机构向符合绿色标准的企业或项目提供的贷款，其目的是帮助企业在技术改造、产业升级、节能减

排等方面实现绿色转型。与传统信贷相比，绿色信贷更加注重环境效益，并为那些积极推进绿色技术和环保措施的企业提供优惠的融资条件。这一金融创新不仅为企业的绿色发展提供了强有力的资金支持，还通过降低融资成本，激励企业在生产过程中更多地采用环保技术和可持续管理模式。绿色信贷的广泛应用，推动了企业与环境的良性互动，使得金融市场在引导经济可持续发展中发挥了更加积极的作用。

绿色基金作为绿色金融的另一个重要组成部分，为环保产业和绿色项目的投资提供了更多的资本来源。绿色基金通过投资于可再生能源、清洁技术、生态农业等绿色领域，不仅推动了这些新兴产业的快速发展，还为投资者带来了可观的经济回报。随着全球对绿色经济关注度的提升，绿色基金发展为资本市场中备受追捧的投资工具。许多金融机构和投资者通过绿色基金的运作，积极参与到环境保护和可持续发展中，并通过投资绿色产业，推动了经济结构的转型升级。绿色基金的成功运作表明，环境保护与经济收益并非不可兼得，绿色投资可以在创造经济效益的同时，推动社会的可持续发展。在绿色金融崛起的过程中，政策引导与国际合作起到了至关重要的作用。各国政府通过制定绿色金融政策框架，为绿色金融的发展提供了强有力的制度保障。绿色金融的健康发展离不开政府的支持与引导，政策的稳定性和连续性至关重要。各国通过环境税收、绿色金融激励政策等手段，推动资本向绿色产业的转移，并通过金融监管的创新，确保绿色金融市场的规范与透明。国际金融机构和多边合作机制也在推动绿色金融全球化方面发挥了积极作用。通过国与国之间的资金流动和技术合作，发达国家的绿色金融经验逐步向发展中国家扩展，推动了全球范围内的绿色经济转型。

绿色金融的发展不仅推动了资本市场的绿色化，还为全球气候治理提供了强有力的资金支持。在应对气候变化的全球行动中，巨额的资金需求是实现减排目标的主要瓶颈之一。绿色金融通过为清洁能源、低碳项目等提供融资，帮助各国政府和企业筹集资金，用于推动能源转型和实现碳中和目标。绿色金融不仅为发达国家的减排项目提供资金支持，还通过全球绿色基金等多边机制，帮助发展中国家应对气候变化，推动全球绿色经济的共同发展。国际金融合作的加深，使得绿色金融在推动全球环境治理中发挥了越来越重要的作用。绿色金融不仅在国际层面推动了经济与环境的协同发展，也在国家和区域层面展现了其独特的作用。在中国，绿色金融的迅速崛起为推动国内绿色产业发展提供了重要资金支持。通过出台绿色债券发行指引、推动绿色信贷政策的实施，中国迅速发展成为全球绿色金融市场的重要力量。绿色金融的蓬勃发展，使得大量资本涌入新能源、环保、节能等领域，推动了经济结构的绿色转型。此外，中国通过设立绿色发展基金、实施碳排放交易市场等举措，进一步推动了绿色金融的市场化运作，为全球绿色金融发展提供了经验借鉴。

欧洲在绿色金融领域的实践也走在全球前列。欧盟通过"绿色新政"将绿色金融置于经济发展的核心，通过立法和政策引导，推动了欧洲绿色金融市场的快速发展。欧盟的绿色金融框架为成员国提供了统一的标准和监管体系，确保绿色债券、绿色基金等金融工具的透明度和可信度。通过这一框架，欧盟在可再生能源、绿色基础设施、低碳交通等领域取得了显著成效，推动了欧洲经济向绿色化转型。美国在绿色金融创新方面也有着丰富的实践经验。通过推动清洁能源项目融资、推动绿色技术的投资和应用，美国的绿色金融市场日益成熟。绿色金融的市场化运作使得资本市场在推动绿色经济中的作用日益显著。美国的绿色基金、绿色债券市场吸引了大量投资者参与，为国内外绿色项目提供了资金支持，同时通过技术创新，推动了美国在清洁能源领域的全球竞争力。①

尽管绿色金融在全球范围内取得了显著成就，但其未来发展仍面临诸多挑战。绿色金融的长期可持续发展需要更为完善的政策支持和更为健全的市场机制。如何确保绿色金融的透明度和标准化，如何进一步引导社会资本流向绿色产业，仍是各国政府和金融机构需要解决的问题。此外，全球绿色金融市场的发展还面临区域发展不平衡问题，发展中国家绿色金融体系的建设相对滞后，资金流动的国际合作亟须进一步加强。绿色金融将在推动全球经济向低碳、环保、可持续方向转型中发挥更加重要的作用。随着技术进步和政策创新的不断深化，绿色金融将继续为全球经济注入绿色动能。通过资本市场的力量，绿色金融不仅将推动经济结构的转型升级，还将为全球应对气候变化、资源短缺等挑战提供重要解决方案。全球经济与环境的协同发展，需要绿色金融持续发挥引导作用，为实现共同的可持续发展目标贡献更多智

---

① 孔凡文，李鲁波．环境规制、环境宜居性对经济高质量发展影响研究：以京津冀地区为例［J］．价格理论与实践，2019（7）：149-152.

慧与资源。全球绿色金融的崛起，展示了经济效益与环境保护可以通过金融市场的创新实现共赢。这一创新的金融体系，为资本流向绿色经济领域提供了广阔平台，也为未来的全球经济发展指明了方向。随着绿色金融的不断深化与推广，全球经济必将在绿色转型中实现更大程度的繁荣与可持续发展。

三、政策引导下的绿色转型与可持续增长路径

政策引导在绿色转型与可持续增长的过程中发挥着至关重要的作用，成为推动全球经济模式深刻变革的重要动力源。在面对资源短缺、环境恶化和气候变化等全球性挑战的背景下，经济增长模式的调整已成为全球发展的核心议题。传统的高耗能、高排放的增长方式不再适应时代需求，绿色转型作为一种新型发展模式，正逐渐成为各国推动可持续增长的主导路径。通过政策的引导与制度的创新，绿色经济理念被广泛纳入国家战略规划，成为全球经济发展中的重要驱动因素。绿色转型并不仅仅局限于技术进步或产业结构的优化，它更是一场涉及社会、经济和环境全方位的深层次变革。在这一过程中，政府政策的导向性显得尤为重要。通过政策的制定和实施，国家可以引导资源合理分配，激励企业采用更加环保的技术和生产方式，并鼓励社会广泛参与到绿色经济的建设中来。政策不仅为绿色技术的创新和推广提供了制度保障，也为经济增长的绿色化奠定了坚实的基础。无论是发达国家还是发展中国家，政策引导下的绿色转型都是全球经济迈向可持续发展的重要路径。

在全球范围内，绿色发展战略已经成为各国应对气候变化、环境保护和资源约束的主要手段。许多国家通过立法、制定长期战略规划和实施政策激励机制，推动经济活动的绿色化。以欧盟为例，其"绿色新政"不仅设定了碳中和目标，还通过立法推动可再生能源、绿色交通、低碳建筑等领域的技术进步。欧盟的政策框架展示了绿色转型如何通过政策引导与市场机制相结合，推动经济增长模式从依赖化石能源的传统路径向低碳、环保的现代化路径过渡。通过政策的激励和法律的强制执行，欧盟成员国在可再生能源的应用、能源效率提升和碳排放削减方面取得了显著成效，为其他国家提供了借鉴。政策的引导不仅限于环境立法和绿色激励措施，财政政策和税收政策同样在绿色转型中扮演着重要角色。通过引入碳税、环境税等经济手段，政府可以将环境成本内化到经济活动的成本结构中，从而有效地减少污染排放并推动绿色技术的应用。碳税作为绿色财政政策的核心工具之一，已被许多国

家采用。通过对碳排放设定价格，企业在追求利润最大化的同时，不得不考虑降低排放带来的经济激励。这种机制不仅推动了企业技术创新，还使得整个社会在能源使用和资源管理上更加高效和环保。碳税的实施促使更多的企业向绿色转型，并通过节能减排措施获得竞争优势，从而推动了整个经济的绿色化转型。

　　与此同时，绿色金融政策的引导为绿色转型提供了充足的资金支持。绿色金融通过引导资金流向低碳、环保和可持续发展的项目和产业，为绿色经济的扩展提供了坚实的资本基础。政府通过政策引导，推动绿色债券、绿色信贷等金融工具的发展，促进资本市场支持绿色项目。绿色金融的兴起，不仅为绿色技术和绿色产业提供了资金支持，也使得绿色项目成为具有长期经济效益的投资选择。绿色金融政策的实施，打通了资本与绿色项目之间的阻碍，使得绿色转型获得了持续发展的动力。可再生能源政策的制定是绿色转型政策中的另一核心要素。通过支持太阳能、风能、地热能等清洁能源的开发和应用，各国政府不仅为全球能源结构的转型奠定了基础，也为经济增长开辟了新途径。政策的支持包括对可再生能源的补贴、投资激励、研发支持等多个方面，使得这些能源技术的成本大幅降低，竞争力逐渐增强。在过去的几十年里，太阳能和风能的发电成本大幅下降，成为许多国家电力供应的重要组成部分。这一现象表明，通过政策引导，政府可以有效推动市场向可持续发展方向转型，并为绿色经济发展创造条件。

　　城市化进程中的绿色政策同样为绿色转型提供了重要推动力。全球城市化的快速推进带来了巨大的资源消耗和环境负担，如何通过绿色政策引导城市建设走向低碳化、智能化成为全球关注的重点。在此背景下，许多国家通过政策引导推动绿色建筑、绿色交通、智能城市等项目的实施。通过设定建筑能效标准、鼓励低碳建筑设计，绿色建筑逐渐成为现代城市发展的标配。这种政策引导不仅减少了城市运行中的能源消耗，还改善了居民生活质量，为实现可持续城市发展提供了保障。此外，智能交通系统、绿色公共交通的推广，使得城市交通的效率得到了提升，资源消耗和碳排放显著下降。绿色政策的成功实践，展示了绿色转型在城市化进程中的重要作用。在农业领域，政策引导推动了生态农业和可持续农业的发展。通过政策支持，农业生产方式从高耗能、高污染逐步转向绿色环保的生态农业模式。政府通过补贴、税收优惠和技术推广等手段，鼓励农民采用有机农业、精准农业等新型农业技术，减少了对化学肥料和农药的依赖，保护了土壤和水资源的可持续性。这一绿色转型不仅提高了农业生产的效率和质量，还改善了农业生态系统，提升了农业的长期可持续性。绿色农业政策的实施，不仅推动了农村经济的发展，也为全球粮食安全和生态保护提供了双赢的解决方案。绿色转型政策的引导不仅体现在经济领域，还通过推动社会意识的转变为绿色发展创造了良好的社会基础。公众的环境意识和对可持续发展的支持是绿色转型成功的关键因素之一。各国政府通过政策宣传、环保教育等方式，提高公众对环境保护和绿色消费的认知，使得更多的消费者愿意选择环保产品和服务。通过绿色消费政策的引导，市场逐渐形成了绿色消费的新趋势，推动了绿色产业的快速发展。绿色消费政策不仅鼓励企业推出环保产品，还通过消费者行为的改变，推动了整个社会向低碳环保的生活方式转变。

全球范围内的政策引导下，绿色转型已经展现了显著的经济效益与环境效益。在全球能源转型、绿色技术推广、产业结构调整等方面，政策的引导为绿色经济的快速发展提供了强大助力。然而，绿色转型的可持续发展仍面临诸多挑战。如何在政策执行中避免过度依赖补贴，如何在全球范围内实现政策的协调与合作，仍是各国面临的重要议题。通过政策引导，全球绿色转型将继续推动经济与环境的协同发展，为实现可持续增长目标提供更加明确的路径。未来，政策引导在绿色转型中的作用将继续加强。随着全球气候变化的加剧和资源压力的持续加大，绿色转型将成为经济发展的必然选择。在这一过程中，政策的设计与实施将更加注重系统性和长远性。通过推动技术创新、提升市场效率和优化资源配置，绿色转型政策将为全球经济的可持续增长提供强有力的支撑。各国政府、企业和社会组织的协同合作，也将为全球绿色经济的发展创造更加有利的环境。绿色转型与可持续增长的路径，必将在政策的引领下，继续走向更加广阔的未来。

第三节　构建生态经济新愿景

在全球气候变化、生态环境恶化以及资源枯竭的现实压力下，传统经济增长模式的局限性越发显现。过度依赖资源消耗、忽视生态系统承载力的发展方式，已难以支撑人类社会的长期繁荣与安全。面对这一局面，构建生态经济新愿景不仅是时代的呼唤，也是全球可持续发展的必然选择。这一愿景的核心在于打破"经济增长必然以资源耗尽和环境破坏为代价"的传统观念，重新审视经济活动与自然环境的关系，通过绿色发展、低碳转型、循环经济等模式，将生态价值融入经济体系之中，实现经济与生态的双重平衡。

生态经济新愿景的提出，植根于对自然资源有限性与生态系统脆弱性的深刻认识。它强调经济发展必须以生态环境的承载力为基础，通过可持续利用自然资源，实现长期经济效益与生态效益的和谐统一。现代社会对经济增长的追求不能再以牺牲环境为前提，而应更多关注资源的节约、技术的创新以及绿色产业的崛起。以生态为核心的经济愿景，不仅是在应对当代环境危机，更是为未来经济发展铺设一条可持续的道路，确保社会在未来的几十年甚至几百年里能够在健康的地球上持续发展。这一愿景不仅要求各国政府在政策制定中优先考虑生态因素，还需要经济主体在生产和消费环节全面转向绿色化。生态经济强调通过技术创新和制度变革推动生产方式的绿色转型，减少对化石能源的依赖，降低污染物排放，逐步构建低碳经济体系。在这一框架下，绿色能源、绿色建筑、绿色交通等领域成为经济增长的新引擎，通过优化资源配置和提高能源效率，实现经济与生态的双赢。更为重要的是，生态经济将自然资源的再生能力作为经济活动的基础，避免传统经济模式中因资源过度开发导致的环境恶化和经济脆弱性。

构建生态经济新愿景，不仅是解决气候危机和资源困境的有效途径，也是推动全球经济结构性调整的关键动力。在许多国家和地区，绿色技术和绿色产业已经成为经济增长的新兴力量，推动了经济转型与产业升级。在能源、农业、制造业等多个领域，生态经济理念通过创新技术、循环利用和生态友好型生产方式，推动了资源节约与效率提升。例如，在可再生能源领域，太阳能、风能等清洁能源的快速发展，不仅为能源结构的优化带来了新动力，也显著减少了二氧化碳等温室气体的排放，推动了全球碳中和目标的实现。这些技术的推广，正逐步改变着传统经济活动对资源的消耗模式，并为未来经济发展提供了可持续的增长动能。在生态经济的框架下，全球合作与政策协调成为推动这一愿景实现的重要条件。气候变化、生态退化等问题具有跨国界的特征，单一国家或地区的努力难以有效解决全球性的生态危机。因此，国际社会必须通过多边机制和国际合作，共同推动生态经济的发展。例如，全球范围内的碳排放交易体系和绿色金融政策，不仅为生态友好型项目提供了资金支持，还推动了全球资源的优化配置与技术共享。这些国际合作机制的建立，有助于形成全球范围内的绿色经济网络，使生态经济的理念能够在全球范围内迅速传播与实践。

然而，构建生态经济新愿景并非一蹴而就，仍面临诸多挑战与不确定性。经济结构的调整需要长期的制度创新与技术突破，传统行业的绿色转型也面临着巨大的技术和资金门槛。此外，不同国家在经济发展阶段和资源禀赋上的差异，导致在推动生态经济过程中存在显著的政策差异和协调难度。尽管如此，生态经济的构建依然是全球经济发展的必然趋势。通过推动全球技术创新、加强国际合作、优化资源配置，生态经济将为全球可持续发展带来新的希望与机遇。在这一过程中，各国政府、企业以及社会公众都需要发挥积极作用。政府作为政策的制定者和监管者，必须通过制度设计、经济激励以及政策导向，鼓励和引导绿色经济的全面发展。企业作为经济活动的主体，应加大绿色技术研发和应用的投入，推动商业模式的绿色转型。社会公众则应通过提升环境意识，主动选择绿色消费模式，推动生态经济理念在社会各个层面的实践。只有各方共同努力，生态经济的新愿景才能得以真正实现。生态经济新愿景将继续引领全球经济走向更加绿色、更加可持续的发展道路。在这一过程中，技术创新、制度创新和国际合作将成为实现这一目标的三大核心要素。通过加速绿色技术的推广与应用，优化全球资源配置，实现低碳发展与绿色增长，生态经济新愿景将为人类社会创造一个更加公平、更加繁荣、更加和谐的未来。这不仅是对当前经济增长模式的根本性变革，更是人类在与自然和谐相处中走向可持续繁荣的必然选择。

一、技术创新驱动的生态经济转型

技术创新驱动的生态经济转型，是现代社会在面对环境挑战、资源危机和气候变化等问题时所寻求的一条可持续发展路径。随着全球经济的快速发展，传统的高耗能、高污染模式已无法应对日益严峻的生态困境。资源枯竭、生态退化和温室气体排放的持续增加，使得各国逐渐认识到技术创新在生态保护与经济增长之间的关键作用。通过技术的不断进步和广泛应用，生态经济转型不仅成为可能，更为全球经济开辟了新的发展方向。技术创新是推动生态经济转型的核心引擎。它不仅在能源生产与消费、工业制造、交通运输等传统领域引发了深刻变革，还通过推动新兴产业的崛起，为全球经济提供了新的增长点。在能源领域，可再生能源技术的突破性进展，使太阳能、风能、地热能等清洁能源逐步替代了化石能源，极大地减少了二氧化碳等温室气体的排放。太阳能光伏技术的发展，特别是太阳能电池效率的提升和成本的不断下降，已使太阳能成为许多国家能源结构中的重要组成部分。这一技术变革，不仅降低了对传统能源的依赖，也为未来的能源结构优化奠定了坚实基础。

风能技术的进步同样推动了能源领域的绿色转型。大型风力发电机组的研发和应用，大幅提升了风能的利用效率，成为全球电力系统中的重要力量。通过风能与太阳能等可再生能源技术的结合，全球能源生产模式正在发生深刻变革。智能电网技术的引入，为可再生能源的高效利用提供了保障。这种技术能够通过实时监控与动态调整，优化能源的生产、传输和消费过程，使能源系统更加灵活高效，减少了能源浪费，并提升了能源供应的安全性和可持续性。能源技术的不断创新，不仅为经济增长提供了新的动力源泉，也为全球应对气候变化提供了强有力的技术支撑。制造业的绿色转型依托于技术创新的不断推进。在工业生产领域，智能制造、数字化技术以及资源再利用技术的发展，使得制造业在降低能耗与污染的同时，大幅提升了生产效率。智能制造技术通过数据分析和人工智能技术的应用，实现了生产过程的精确控制和资源的最优配置。这种智能化的生产方式，不仅减少了生产过程中对原材料和能源的过度消耗，还显著提高了产品的质量和产量。同时，3D 打印、机器人等先进制造技术的广泛应用，也改变了传统的生产模式，缩短了生产周期，减少了废弃物排放，推动了制造业的绿色化转型。

在资源再利用方面，循环经济模式的推广极大地提升了资源利用效率。循环经济的核心在于将生产过程中产生的废弃物通过技术手段进行再加工与再利用，避免资源的浪费和环境的污染。通过先进的废物处理与回收技术，许多行业已经实现了资源的循环利用与闭环管理。例如，废旧电子产品的回收与再制造技术，不仅减少了资源的开采需求，还通过再利用减少了废弃物对环境的影响。技术创新在循环经济中的应用，为经济活动提供了更加绿色和高效的运行方式，推动了经济体系的生态化发展。建筑行业的绿色转型也离不开技术的革新。绿色建筑技术通过节能设计、环保材料的使用和智能建筑管理系统的引入，显著提升了建筑物的能源利用效率，并减少了碳排放。技术的不断进步，使得绿色建筑不仅在节能方面表现优异，还通过创新设计，提升了建筑物的舒适性和使用寿命。通过节能照明系统、智能温控系统、可再生能源的应用，建筑物的运行能耗得到了大幅降低。同时，绿色材料的应用，如低碳混凝土、可回收建筑材料等，进一步减少了建筑施工对环境的负面影响。这些技术的应用，正在推动建筑行业走向绿色、低碳、可持续的发展轨道。

　　在农业领域，技术创新为现代农业提供了全新的发展模式。通过智能化农业技术的应用，农业生产的资源利用效率得到了显著提高。精准农业技术使农民能够通过传感器、卫星遥感、数据分析等技术，实时掌握农作物的生长状态，并对水肥药的施用量进行精确控制。这种智能化的管理方式，不仅减少了化肥和农药的使用，降低了农业生产对环境的污染，还提升了农作物的产量和质量。同时，节水灌溉技术的推广，有效减少了农业用水量，缓解了水资源紧缺的压力。农业技术的创新，为农业的可持续发展提供了强有力的支持，并推动了绿色农业的崛起。交通运输行业的绿色转型同样依赖于技术的驱动。随着全球城市化进程的加快，交通运输对环境的影响日益显著。为应对这一挑战，电动汽车、氢能源汽车等绿色交通工具的研发与应用，正在推动全球交通系统的低碳化。电动汽车技术的发展，不仅减少了对石油的依赖，也通过清洁能源的应用，降低了交通运输的碳排放。充电桩等基础设施的完善，为电动汽车的大规模推广提供了条件，而电池技术的突破，特别是电池储能能力的提升和成本的降低，进一步推动了电动汽车市场的快速发展。氢能源技术作为另一种潜力巨大的绿色能源解决方案，也正在逐步被应用于公共交通和重型运输工具中，为全球交通系统的绿色转型提供了多样化的技术选择。

　　技术创新在推动产业转型的同时，也为绿色经济的全球推广提供了动力。国际技术合作与技术转让在全球经济绿色转型中发挥着重要作用。发达国家的先进绿色技术通过国际合作与资金支持，逐步向发展中国家转移，帮助其提升环境保护能力和可持续发展水平。这种跨国界的技术共享，不仅推动了全球经济的共同绿色发展，也加快了技术创新的全球扩展与应用。通过建立全球绿色技术创新平台和技术转移机制，全球各国在技术研发、创新应用等方面实现了更加紧密的合作，形成了全球范围内的绿色技术创新网络。这种合作模式，有助于推动全球经济朝着低碳、可持续的方向发展，为全球生态经济转型提供了广阔前景。尽管技术创新在推动生态经济转型方面取得了显著进展,但仍面临着诸多挑战。技术的推广和应用需要持续的资金投入、政策支持以及社会各界的广泛参与。许多绿色技术的初期成本较高,尤其是在技术研发和市场推广阶段,企业往往面临较大的财务压力。为此,政策的支持尤为重要。通过政策引导,政府可以为绿色技术的研发和应用提供资金支持和市场激励。同时,社会公众的环保意识和消费习惯也将在技术推广过程中发挥关键作用。绿色技术的普及不仅依赖于企业和政府的推动,也需要消费者对绿色产品和服务的广泛认可与支持。①

未来,随着技术创新的不断深入,生态经济转型的进程将进一步加快。通过技术的迭代升级和跨行业的应用,绿色技术将在更多领域发挥其作用,为全球经济的可持续发展提供强大动力。从能源生产到工业制造,从交通运输到建筑农业,技术创新的不断推进,将推动全球经济走向更加绿色、低碳和高效的未来。这不仅是对当代环境危机的有效应对,也是为未来世代构建一个更加繁荣、更加健康、更加可持续的地球的必要选择。生态经济的实现,终将依赖于技术创新的持续发展与广泛应用,它不仅为全球经济提供了转型升级的新动能,也为人类社会提供了通向绿色未来的可行路径。

二、全球合作与政策协调在生态经济中的作用

全球合作与政策协调在推动生态经济的发展中发挥着至关重要的作用。在面对全球气候变化、环境退化以及资源紧缺的多重挑战时,单一国家或区域的努力难以应对这些跨国界的复杂问题。生态经济作为一种强调环境保护、资源可持续利用与经济增长并重的发展模式,其实现不仅依赖于技术进步和产业转型,更需要国际社会的合作与政策的协调。这种合作与协调旨在通过制定全球共识、推广绿色技术、推动国际金融机制创新以及协调各国环保政策,实现全球范围内的绿色经济转型。

在生态经济的发展过程中,全球合作是应对气候变化和环境危机的基础。气候变化和环境恶化是全球性问题,温室气体的排放、海洋酸化、冰川融化等现象并不局限于某一国的国界,这就要求各国在环保政策和减排措施上采取协同行动。国际社会通过多边机制,如《巴黎协定》和联合国气候变化框

---

① 陈长,顾红,刘颜. 国家生态文明试验区经济高质量发展政策效应研究 [J]. 生态经济, 2023, 39 (1): 215-222.

架公约，推动各国在温室气体减排、绿色技术推广以及气候变化应对等方面达成共识。《巴黎协定》作为全球气候治理的里程碑，明确了全球温控目标，强调了各国的共同但有区别的责任，为全球绿色经济转型提供了明确的框架和方向。通过这种多边合作机制，国际社会可以协调各国政策，确保在全球范围内形成合力，共同推进低碳经济的转型。

政策协调是全球合作中的关键环节，它不仅涉及各国在应对气候变化和资源管理方面的协作，还包括贸易政策、技术转移、绿色金融机制的制定与实施。通过政策协调，发达国家与发展中国家可以在经济发展与环境保护之间找到平衡点。例如，发达国家通过技术转让、资金支持，帮助发展中国家提高环境治理能力和可持续发展水平。这样的合作不仅有助于减少全球范围内的排放差异，还为全球绿色经济的均衡发展创造了条件。

在绿色技术推广方面，全球合作与政策协调至关重要。绿色技术的研发与应用是实现生态经济的关键，而这些技术往往首先在发达国家得到开发与推广。为实现全球经济的绿色转型，这些技术需要跨国界传播和应用。发达国家通过提供技术支持、资助绿色项目、推动技术转移，帮助发展中国家采用更加环保、低碳的生产方式。这不仅促进了全球范围内的技术共享，还提升了全球绿色技术的创新能力。通过国际合作，绿色技术的推广能够更加广泛，确保世界各地都能够从技术进步中获益，推动全球经济的绿色转型进程。国际金融机制的创新也是全球合作在生态经济发展中的重要体现。绿色金融作为推动绿色经济的重要工具，需要全球范围内的合作与协调。国际金融机构、各国政府、私营企业等通过绿色债券、绿色基金、绿色信贷等金融工具，推动资金流向环保项目、清洁能源和低碳技术。全球绿色金融市场的快速发展，使得资本能够更加有效地配置到绿色经济领域，为推动全球经济向低碳、环保、可持续方向发展提供了资金保障。例如，世界银行和联合国开发计划署等国际组织通过绿色气候基金等多边融资机制，帮助发展中国家应对气候变化的挑战，为其提供技术和资金支持。通过这些国际合作机制，全球范围内的资金流动和资源配置得以优化，推动了生态经济的广泛发展。

政策协调在全球碳市场的建立中也发挥了重要作用。碳排放权交易作为一种市场化的减排手段，已经在多个国家和地区得到推广和应用。碳交易市场通过设定碳排放配额，允许企业间进行排放权交易，激励企业减少排放，推动了低碳技术的发展。通过全球碳市场的协调，跨国企业可以更加灵活地进行碳排放管理，并通过技术创新降低减排成本。欧盟碳排放交易体系作为全球最具影响力的碳市场之一，已经展现了其在推动温室气体减排和推动绿色经济发展中的积极作用。其他国家和地区通过政策协调，与欧盟等碳市场对接，实现了碳交易的全球联动，推动了全球气候治理目标的实现。在全球合作与政策协调中，跨国环境治理机制和组织的作用不可忽视。这些组织为全球环保议程的制定和实施提供了平台和支持。联合国环境规划署、全球环境基金等国际组织，通过政策建议、技术支持和资金援助，推动了各国在环境保护和绿色经济发展方面的合作。这些机构不仅协调各国在国际环境议题上的立场，还通过推动国际环境协定的落实，促进全球环境治理目标的实现。在国际组织的协调下，全球范围内的生态经济议程得以更加顺利地推进，确保了各国在经济活动中的环保责任和义务得到有效履行。

全球合作与政策协调不仅体现在国际层面，也在区域合作中发挥着重要作用。区域经济体如欧盟、东盟、北美自由贸易区等通过区域性环境保护和绿色发展政策，推动各成员国之间的协同合作。例如，欧盟的绿色新政不仅设定了区域内部的气候与能源目标，还推动了区域内各国在可再生能源、绿色技术研发和环保政策方面的统一与协调。通过区域合作，欧盟成员国能够共享绿色技术成果，优化资源配置，并通过协同政策提高区域内部的能源效率和环保水平。这种区域性政策协调为全球生态经济发展提供了区域范本，也展示了区域合作在推动绿色经济中的积极作用。

社会各界的参与也是全球合作与政策协调成功的关键。在生态经济的发展过程中，政府、企业和社会组织的共同参与，才能确保绿色转型的顺利推进。各国通过政策引导，鼓励企业和民间组织参与国际环保项目和绿色经济活动，推动社会各界在环保问题上的合作。例如，跨国企业通过参与全球碳排放交易市场、推行绿色供应链管理，不仅实现了自身的绿色转型，还推动了全球产业链的绿色化发展。民间环保组织通过参与国际气候变化会议和倡导环保议题，也为全球环境保护和绿色经济发展贡献了力量。通过全球合作与政策协调，各方力量能够在推动生态经济的过程中发挥出最大效能。

未来，全球合作与政策协调将在生态经济发展中继续扮演重要角色。随着全球气候变化、环境问题的加剧，国际社会需要更加紧密的合作与协调，共同应对全球范围内的生态危机。通过进一步完善国际环境治理机制、推动绿色技术创新与推广、加强绿色金融合作，全球生态经济转型的进程将不断加快。各国政府、国际组织和跨国企业的共同努力，将确保全球经济在绿色化进程中实现可持续增长，推动世界向更加环保、更加健康、更加繁荣的未来迈进。全球合作与政策协调不仅是实现生态经济转型的必要条件，也是推动全球经济绿色增长的核心动力。在未来的绿色经济发展过程中，各国通过政策引导与合作机制，不仅能够有效应对全球生态挑战，还将在推动绿色技术进步、优化资源配置、提升全球经济韧性等方面取得显著成果。全球合作与政策协调为生态经济的发展提供了广阔的前景，也为全球可持续发展目标的实现奠定了坚实的基础。

三、社会参与与绿色消费的推动力

社会参与与绿色消费的推动力在生态经济的构建中占据核心地位，它不仅为绿色经济模式的推广奠定了广泛的社会基础，也为经济活动注入了新的可持续发展动力。在面对气候变化、资源枯竭和环境退化等全球性挑战时，单靠政府政策和技术进步不足以解决问题。民众的广泛参与以及绿色消费的逐步兴起，成为推动经济模式变革的重要力量。社会各界的积极参与，不仅推动了环保意识的普及，也通过消费行为的转变，加速了绿色产品和服务的市场化进程。绿色消费作为可持续发展的重要组成部分，展现了公众如何通过日常生活中的选择，影响全球资源使用模式和经济结构的重塑。

绿色消费的概念植根于生态经济思想的核心，即经济活动不应以资源枯竭和环境破坏为代价。绿色消费要求公众在消费行为中充分考虑产品和服务的环境影响，从而通过市场机制推动企业向绿色生产转型。这种消费行为不仅包括购买节能环保的产品，也体现在减少过度消费、选择低碳生活方式等方面。绿色消费的兴起是环保意识提升的结果，反映了公众对环境问题的高度关注与责任感。在现代社会，越来越多的消费者意识到其消费行为与环境保护之间的紧密联系，愿意为可持续发展做出选择和改变。社会参与是绿色经济发展过程中的另一重要推动力。公众、企业、非政府组织等各类社会主体通过不同形式的参与，推动绿色经济理念在更广泛的层面上得到实践。公众的广泛参与不仅体现在绿色消费行为上，还通过支持环保组织、参与社区环保项目和推动政策变革等途径，进一步推动绿色经济的发展。企业作为社会经济活动的主体，也在社会参与中扮演着重要角色。随着绿色经济意识的普及，越来越多的企业将可持续发展作为核心战略，通过推行绿色生产、减少碳足迹以及履行社会责任，提升其市场竞争力和品牌声誉。非政府组织在社会参与中的作用不可忽视。这些组织通过倡导绿色生活方式、推动环境保护政策、开展公众教育等方式，极大地推动了社会环保意识的提升和绿色行动的落实。它们不仅是政府与企业之间的桥梁，还通过广泛的公众参与，推动了环保运动的深入发展。例如，许多国际性环保组织通过组织全球性的环保活动，倡导公众减少塑料使用、减少碳排放等，极大地推动了绿色消费的普及与深入。此外，环保组织还积极参与全球气候谈判，推动各国政府在环境治理和可持续发展方面采取更加积极的政策。

在全球范围内，绿色消费市场的崛起展现了社会参与如何影响经济结构的调整。随着环保意识的提升和消费者对绿色产品需求的增长，越来越多的企业开始调整其生产模式，推出环保产品和可持续服务。绿色消费的强劲需求推动了企业在绿色技术上的投入，促使其在生产流程中采用更加节能环保的技术，减少对资源的依赖和污染物的排放。与此同时，绿色产品的市场竞争力不断提升，不仅因其环保特性赢得了消费者的青睐，还通过创新技术和高效生产，提高了产品的质量和使用体验，进一步推动了绿色消费的市场化进程。绿色消费的推广，不仅是公众环保意识的体现，也在很大程度上受到政策支持与市场机制的推动。各国政府制定绿色消费政策、提供财政激励和引导公众绿色消费的行为发挥了重要作用。例如，许多国家通过为购买新能源车辆、节能家电等绿色产品的消费者提供税收减免或补贴，激励更多公众选择环保产品。这种政策激励机制，不仅推动了绿色产品的市场扩展，还通过绿色消费带动了企业向低碳、环保的方向转型。政策的引导与公众的参与相互作用，形成了推动绿色经济发展的双向驱动。技术创新也在绿色消费的推广中起到了关键作用。随着绿色技术的不断进步，绿色产品的性能与传统产品相比，越来越具有竞争力，甚至在某些方面具备了优势。例如，电动汽车的续航能力和充电效率的不断提升，使其在市场上的竞争力逐渐超越传统燃油车，成为绿色消费的重要选择。绿色建筑技术、智能家居系统等绿色科技的普及，也为消费者提供了更加环保的生活方式。技术进步不仅推动了绿色产品的普及，还通过降低生产成本，使得绿色产品在价格上更加亲民，进一步扩大了绿色消费的市场规模。

全球化的趋势也为绿色消费的推广提供了广阔平台。在国际贸易中，越来越多的消费者关注产品的环保特性和生产过程的可持续性。这种消费趋势不仅在国内市场中展现出强劲的增长动力，在全球市场中同样推动了跨国企业的绿色转型。通过跨境电商平台，绿色产品能够更快、更广泛地进入全球市场，满足不同国家和地区消费者的需求。全球绿色消费市场的扩展，进一步推动了全球范围内的环保技术创新与绿色经济的发展。在生态经济的构建过程中，绿色消费还通过影响社会经济体系的运行，推动了资源使用模式的转变。传统的高耗能、高污染的生产方式已逐渐被绿色生产模式取代，而这一转变与绿色消费的推动密不可分。公众的绿色消费行为，通过市场供需的调节作用，倒逼企业优化资源配置，减少对不可再生资源的依赖，并通过创新技术提高资源利用效率。绿色消费不仅直接推动了市场需求的变化，也通过推动资源利用方式的转变，间接影响了全球资源分配格局，为生态经济的实现奠定了基础。绿色消费的影响力还体现在社会行为模式的转变上。随着绿色生活方式的推广，越来越多的社会群体开始选择低碳、环保的生活方式。这种转变不仅体现在个人日常消费行为的变化上，还通过集体行动影响了社会的生产与消费模式。例如，共享经济的兴起，展现了绿色消费如何通过减少资源浪费，实现经济效益与环境效益的双赢。共享出行、共享办公等模式的流行，不仅减少了个人对资源的占用，还提升了资源的利用效率，推动了整个社会向低碳经济的转型。

教育和宣传在推动绿色消费中的作用至关重要。通过广泛的环保教育和绿色消费的宣传推广，公众的环保意识不断增强。学校、媒体、社会组织等多方力量通过开展环保教育项目、推广绿色消费理念，极大地促进了绿色消费行为的普及。教育不仅使得人们更加了解绿色消费的重要性，还通过长期的观念塑造，使得环保意识成为生活方式的一部分。这种绿色意识的培养，尤其在年轻一代中表现得尤为明显，他们将绿色消费视为一种责任和时尚，积极践行低碳生活方式，并通过社交媒体等平台影响更多人参与到绿色消费的行列中来。未来，社会参与与绿色消费的推动力将继续在全球生态经济的构建中发挥重要作用。随着环保意识的进一步提升和绿色消费市场的持续扩展，全球经济体系将迎来更多绿色产业和环保技术的创新发展。社会各界的积极参与，不仅推动了绿色产品和服务的市场化进程，还通过影响经济结构的转变，为全球可持续发展注入了源源不断的动力。公众、企业、政府、非政府组织等多方力量在生态经济建设中的合作，将继续推动绿色经济模式在全球范围内的推广与实践，为实现人与自然的和谐共生贡献力量。在构建生态经济的过程中，社会参与与绿色消费的推动力不可或缺。通过绿色消费的崛起与社会各界的广泛参与，全球经济将朝着更加可持续、更加低碳的方向发展。这不仅是对环境危机的回应，也是为后代构建更加美好、更加健康的生态经济体系的必要选择。

第九章

展望生态文明美好前景

一个民族要走在时代前列，就一刻不能没有理论思维，一刻不能没有正确思想指引。只有理论上的清醒才能有政治上的清醒，只有理论上的坚定才能有政治上的坚定。高度重视党的理论建设，坚持以科学理论引领全党、用科学理论武装全党，是我们党的优良传统和巨大优势。习近平生态文明思想是对党领导生态文明建设实践成就和宝贵经验提炼升华的重大理论创新成果，是新时代推进美丽中国建设，为筑牢中华民族伟大复兴绿色根基、实现中华民族永续发展提供了根本指引。在全球生态危机日益加剧、资源紧张与气候变化频繁的背景下，生态文明建设成为世界各国共同追求的目标。生态文明不仅是对工业文明的反思和改进，更是一种全新的发展模式，旨在促进人与自然和谐共生，实现经济增长与环境保护的同步推进。新时代下，生态文明的构建展现出前所未有的远景，通过全球合作、技术创新和制度变革，生态文明的美好前景逐渐清晰。本章将围绕新时代生态发展的愿景、科技创新在生态中的前景，以及可持续发展中的新模式，全面探讨如何在全球范围内推进生态文明的实现。

新时代生态发展的远景为全球社会描绘了一幅绿色、低碳、可持续的未来图景。随着环境问题日益严峻，各国对生态保护的认识逐渐深入，生态文明被提升至国家战略层面。绿色转型、低碳经济和生态修复成为新时代生态发展的重要方向，各国通过加强政策引导、推广可再生能源、推动绿色技术应用，努力实现经济增长与环境保护的协调统一。展望未来，生态发展不仅是应对当前环境危机的必要手段，也是推动全球经济转型升级的重要途径。在这一过程中，政府、企业和社会公众将共同承担生态文明建设的责任，为创造一个更加健康、繁荣的未来而共同努力。

　　科技创新在生态文明的前景中扮演着至关重要的角色。绿色技术、智能化管理系统、循环经济和清洁能源的应用，正日益成为推动生态文明建设的核心动力。通过技术进步，传统行业的绿色化转型得以实现，新兴产业的崛起推动了全球绿色经济的快速发展。太阳能、风能、氢能等清洁能源技术的不断突破，使得能源生产与消费模式发生了根本性变化，逐步摆脱了对化石燃料的依赖。智慧城市技术、智能电网、生态修复技术等创新应用，不仅提升了城市的可持续发展能力，还改善了居民的生活环境，推动了绿色生活方式的普及。科技创新将继续引领全球生态文明进程，为解决全球生态问题提供新的路径与可能性。

　　在可持续发展过程中，新的发展模式不断涌现，这些模式不仅推动了经济结构的绿色转型，还为实现全球气候目标和生态保护奠定了坚实基础。循环经济、共享经济、低碳经济等新模式，正在世界范围内逐步取代传统的高消耗、高污染模式，为资源的高效利用和环境的可持续性提供了全新思路。循环经济的核心在于资源的循环利用，通过减少废弃物产生和提升资源回收率，推动了生产与消费方式的变革。共享经济作为现代社会的新型经济模式，通过优化资源分配、减少浪费，实现了经济效益与环境效益的双赢。低碳经济的发展则在能源转型和碳排放控制中起到了至关重要的作用，推动了社会各领域的低碳化发展，为实现碳中和目标提供了保障。

　　新时代生态发展的愿景、科技创新在生态中的前景以及可持续发展中的新模式，共同构成了全球生态文明建设的核心框架。在这一框架下，生态文明不仅是全球环境治理的关键，更是全球经济发展的新动力源。各国通过政策引导、技术创新和国际合作，正在为实现生态文明的愿景付诸行动。科技创新将继续驱动绿色经济增长，通过技术进步促进资源节约、环境修复与污染治理，而可持续发展的新模式也将在全球范围内推广和应用，进一步推动社会生产与消费方式的深刻变革。通过多方的共同努力，全球社会有望在未来实现人与自然的和谐共生，迎来生态文明的美好前景。

第一节　新时代生态发展的远景

新时代的生态发展愿景描绘了一个绿色、可持续、共赢的未来。在全球气候变化和生态危机越来越严峻的背景下，各国日益认识到传统的高消耗、高污染发展模式已不可持续。面对生态环境的不断恶化，构建绿色经济体系、协调生态环境保护与资源可持续利用，并在全球生态治理框架下加强合作与创新，成为引领未来发展的关键方向。生态文明建设不仅关乎环境保护，也在推动社会经济全面转型，为人类提供更加可持续的生存和发展条件。结合绿色经济的构建、生态环境保护与资源利用的协调，以及国际合作与创新的必要性，可以更好地展现新时代生态发展的愿景。

绿色经济体系的构建是生态发展的核心路径之一。绿色经济作为一种能够平衡经济增长与环境保护的新型经济模式，强调通过高效利用资源、减少污染排放、推动清洁生产等方式，构建低碳、高效、绿色的经济发展体系。这不仅意味着传统经济模式向绿色转型的深刻变革，也反映了技术创新和政策推动在其中的关键作用。绿色经济体系的构建，依赖于可再生能源的广泛应用、循环经济模式的推广以及绿色金融的支持。通过推动技术创新，绿色产业得以快速发展，成为推动全球经济增长的新动能。太阳能、风能、氢能等清洁能源技术不断突破，显著减少了全球对化石燃料的依赖，为能源结构优化提供了新的选择。而资源循环利用技术的进步，使得工业生产和消费过程中的废弃物得以重新进入生产链条，实现资源的再生和高效利用，从而减少了对自然资源的过度开采。

绿色经济不仅改变了资源利用的方式，也重塑了全球市场的格局。越来越多的企业将绿色理念融入其生产和运营之中，积极推动自身向可持续发展转型。通过智能化生产系统、节能技术和环保材料的应用，企业不仅提升了生产效率，还减少了污染排放和资源消耗，推动了整个经济结构向绿色经济转变。绿色金融作为推动绿色经济的重要工具，为绿色项目和绿色企业提供资金支持，促进了可持续发展的商业化进程。绿色债券、绿色基金等金融产品的崛起，为资本市场注入了环保意识，推动了资金流向低碳技术和生态友好型产业。通过金融机制的创新，绿色经济体系不断深化，为新时代的生态发展奠定了坚实的经济基础。

在绿色经济体系的构建过程中，生态环境保护与资源可持续利用的协同策略成为不可或缺的组成部分。新时代的生态发展要求各国在推动经济增长的同时，将环境保护作为核心议题，通过科学规划和政策引导，实现经济与环境的双赢。资源可持续利用是生态文明建设的基础，强调在经济活动中充分考虑生态系统的承载能力，避免对自然资源的过度开发和不可逆破坏。通过科学的资源管理制度，政府和企业能够更加合理地使用水、土壤、矿产等关键资源，确保其长期的可持续性。可持续的资源管理策略包括提升资源的利用效率、发展节水农业、推行可持续的城市规划，以及加强对自然资源的保护和恢复。这种策略不仅能够缓解资源的短缺，还能提升生态系统的复原能力，增强自然界应对气候变化的韧性。

生态环境保护与资源可持续利用的协同策略，要求技术创新与制度改革相结合。通过技术创新，企业和社会能够实现更加清洁的生产和更高效的资源利用。例如，农业领域的精准农业技术，利用数据分析、智能监测和精细化管理手段，优化水资源、化肥和农药的使用，减少了对环境的污染，同时提高了农业生产效率。制造业通过循环经济和绿色生产技术，不仅减少了工业废弃物的产生，还实现了资源的高效回收利用，推动了制造业的可持续转型。此外，在城市规划和建筑领域，绿色建筑技术和智能城市管理系统的广泛应用，也显著降低了城市发展的环境负担，实现了城市生态系统与经济活动的和谐共生。全球生态治理框架下的合作与创新，为实现生态经济的愿景提供了重要保障。由于环境问题和气候变化具有跨国界的特点，单一国家的努力难以应对全球性的生态危机。全球合作成为推动生态文明建设的必要条件。各国通过国际协定和多边机制，共同制定全球范围内的环境治理目标和减排策略。国际合作不仅推动了全球气候治理框架的建立，也促进了绿色技术和清洁能源的广泛应用与共享。例如，《巴黎协定》作为全球气候治理的重要里程碑，推动各国承诺减少温室气体排放，积极应对全球气候变化问题。此外，联合国推动的可持续发展目标，为全球环境治理提供了指导性框架，确保了生态保护和经济发展在全球范围内的协调推进。

在全球生态治理框架下，创新也是推动生态发展的重要动力。通过创新机制的引入，国际社会能够更加有效地应对复杂多变的环境挑战。全球技术合作与技术转移机制的建立，使得发达国家的先进绿色技术能够更广泛地应用于发展中国家，提升其环境治理能力和生态保护水平。同时，国际金融机构和多边基金会也在绿色经济领域发挥着积极作用。绿色金融机制的创新，如全球绿色基金、国际碳市场等，为推动全球绿色项目提供了资金支持，加速了绿色产业在全球范围内的扩展。通过这些全球合作机制，各国能够分享资源与技术，共同应对全球环境挑战，推动生态经济在全球范围内的持续发展。全球生态治理的合作创新，还体现在政策制定和国际标准的协调上。各国通过加强政策对话与交流，推动全球范围内环保标准的统一与提升。通过共享最佳实践和先进经验，国际社会能够在环境治理、绿色经济、资源管理等方面实现更高水平的协调合作。全球标准的制定和政策的一致性，不仅能够减少环境保护的成本，还能提升各国企业在绿色经济中的竞争力。国际政策的协调，确保了各国在追求经济增长的同时，不损害全球生态系统的完整性，为全球生态经济的建设提供了强有力的制度保障。新时代生态发展的远景，依赖于绿色经济体系的构建、生态环境保护与资源可持续利用的协同策略，以及全球生态治理框架下的合作与创新。这三者共同作用，为人类社会在21世纪实现生态文明目标奠定了坚实的基础。绿色经济的崛起，不仅为全球经济提供了新的增长动能，也为全球生态保护开辟了新的空间。通过推动技术创新、政策改革和国际合作，全球社会正逐步走向绿色、低碳、可持续的发展模式。未来的生态文明，将是经济增长与环境保护相互融合的时代，各国携手共进，确保人类与自然的和谐共生，描绘出一幅更加美好的生态经济图景。

一、绿色经济体系的构建与发展路径

绿色经济体系的构建与发展路径，已成为全球应对资源危机、环境恶化和气候变化等多重挑战的必然选择。绿色经济不仅是一种经济模式的转型，更是一种生态文明的深层次变革，它旨在通过资源的高效利用和环境保护，推动经济增长与生态可持续发展的协调统一。随着全球经济一体化进程的加快，传统的高能耗、高排放经济模式对环境的破坏日益加剧，资源的过度开发也引发了深刻的生态危机。绿色经济体系的构建不仅关乎环境保护，更为全球经济的可持续发展提供了全新路径。在这一过程中，技术创新、产业结构调整、政策引导与国际合作共同构成了绿色经济体系构建的核心要素，推动了经济与环境的深度融合。

绿色经济体系的构建离不开技术创新的推动。技术创新是引领经济绿色转型的关键动力，通过不断优化资源利用效率和减少污染排放，技术创新为传统经济模式的转型提供了强有力的支持。可再生能源技术的突破是绿色经济体系构建的核心之一。太阳能、风能、氢能等清洁能源技术的快速发展，已经使全球能源结构发生了深刻变化。太阳能光伏技术的广泛应用，使得太阳能逐步成为全球电力供应的重要组成部分，而风能技术的进步也推动了风力发电产业的快速扩张。这些绿色能源技术不仅降低了对化石燃料的依赖，还通过减少温室气体排放，显著缓解了全球气候变化的危机。氢能作为未来潜力巨大的能源之一，通过不断的技术创新和应用推广，逐渐成为交通、能源储存等领域的重要解决方案，为绿色经济体系的构建注入了新的动力。

绿色技术的进步还体现在资源的循环利用与管理上。循环经济作为绿色经济体系的重要组成部分，强调通过技术创新与资源管理，实现资源的高效循环利用，减少废弃物的产生。资源的回收与再利用不仅减少了生产和生活对自然资源的过度依赖，还通过资源的循环使用，推动了经济活动的生态化。工业生产领域通过技术革新，使废弃物得以重新利用。例如，废旧电子产品、塑料等资源的回收再利用技术得到了广泛推广，大幅度减少了垃圾填埋和污染排放。这种循环经济模式的推广，不仅推动了绿色生产和绿色消费的发展，还通过资源的高效利用，提升了产业链的整体效益，为经济增长与环境保护的协调提供了有力支持。

绿色经济的构建还依赖于产业结构的调整与升级。传统产业的高能耗、高排放模式已难以为继，绿色转型成为提升产业竞争力的必然选择。各国通过推动低碳产业的发展和传统产业的绿色升级，构建起了绿色经济的新格局。绿色制造业作为绿色经济体系的重要组成部分，通过引入节能技术和清洁生产方式，减少了工业生产中的能源消耗和污染物排放。例如，智能制造技术的应用，不仅提升了生产效率，还通过减少对原材料和能源的依赖，推动了制造业的可持续发展。数字化技术和人工智能技术的结合，使得生产过程更加精准和高效，减少了资源的浪费，提高了绿色生产的效益。传统制造业的绿色化转型，标志着绿色经济体系构建进程的加速，进一步推动了产业结构的升级与优化。

在农业领域，绿色经济的构建体现为绿色农业和生态农业的发展。农业作为全球经济的重要组成部分，其发展模式的转型对绿色经济体系的构建至关重要。绿色农业通过减少化学肥料和农药的使用，推广有机种植和生态友好型农业技术，实现了农业生产的可持续发展。精准农业技术的应用，使得农作物生长所需的水肥药能够得到精准控制，减少了对自然资源的过度消耗，提升了农业的生产效率和生态效益。生态农业不仅注重生产力的提升，还强调保护土壤、水资源和生物多样性，通过生态系统的自我修复能力，推动农业的可持续发展。绿色农业的推广，不仅提高了粮食安全水平，还为全球绿色经济体系的构建奠定了坚实的基础。政策引导在绿色经济体系的构建中发挥着至关重要的作用。绿色经济的发展需要政府的政策支持与制度保障，各国通过制定绿色发展战略、出台环保法律法规、提供绿色财政激励，推动绿色经济体系的建立与完善。政府的政策引导，不仅能够为企业的绿色转型提供方向，还通过市场机制的设计，激励企业与社会各界积极参与到绿色经济的构建过程中。例如，许多国家通过碳税、环境税等政策工具，推动企业减少碳排放，采用更加环保的生产方式。碳排放交易市场的建立，也通过市场化手段，鼓励企业减少温室气体排放，推动了低碳经济的快速发展。政策的引导不仅促进了绿色技术的推广，还通过绿色金融工具的创新，推动了资金流向绿色产业和低碳项目，加速了绿色经济体系的构建。

绿色金融作为绿色经济体系的重要支撑，为绿色项目和绿色产业提供了强有力的资金支持。绿色金融通过推动资本市场的绿色化，引导资金流向低碳、环保和可持续发展的项目和企业。绿色债券、绿色基金等金融工具的广泛应用，不仅为绿色经济提供了充足的资金来源，还通过推动资本向绿色技术和产业的转移，促进了绿色经济的快速发展。绿色金融的兴起，展现了市场机制在推动绿色经济体系构建中的重要作用，为全球绿色转型注入了强大动力。通过绿色金融的支持，越来越多的企业积极推进低碳技术的研发与应用，加快了绿色经济的扩展和创新。国际合作在绿色经济体系的构建过程中同样不可或缺。全球性环境问题和资源危机要求国际社会在推动绿色经济发展的过程中加强合作。各国通过多边机制和国际协定，共同推动全球绿色经济体系的构建与发展。国际社会在绿色技术的研发与推广、绿色金融机制的创新、碳减排目标的制定与实施等方面的合作，推动了全球范围内的绿色经济转型。例如，《巴黎协定》作为全球应对气候变化的多边机制，推动了各国在减少温室气体排放方面的政策协调与技术合作。全球绿色技术合作机制的建立，也为发展中国家提供了技术和资金支持，帮助其在实现经济增长的同时，减少对环境的负面影响。国际合作机制的创新，为全球绿色经济体系的构建提供了重要的制度保障。

绿色经济体系的构建不仅为应对全球环境危机提供了解决方案，也为全球经济的可持续发展开辟了新的路径。通过绿色技术的创新、产业结构的调整、政策引导和国际合作，全球经济正在朝着更加绿色、低碳和可持续的方向发展。绿色经济不仅提高了资源利用效率，减少了污染物排放，还通过推动绿色技术和绿色产业的崛起，为全球经济提供了新的增长点。未来，随着绿色经济体系的不断完善，全球社会将在环境保护和经济增长之间实现更加深刻的协调与融合，推动生态文明的全面实现。在绿色经济体系的发展路径中，技术创新、政策引导、产业转型和国际合作相互作用，共同构成了推动绿色经济不断前行的四大动力。技术创新通过不断提高资源利用效率和减少污染排放，驱动绿色经济快速发展。政策引导为绿色经济体系的构建提供了制度保障，推动了绿色产业的崛起与扩展。产业转型通过推动传统行业的绿色化，提升了经济体系的可持续发展能力。国际合作则为全球绿色经济的发展提供了广阔平台，促进了各国在环境保护和绿色技术推广方面的共同努力。

绿色经济体系的构建，是全球应对气候变化、资源危机和环境退化的共同选择。在未来，绿色经济体系将继续在全球范围内扩展与深化，为推动全球可持续发展目标的实现提供持久的动力。通过加强技术创新、优化资源配置、深化国际合作，全球社会将共同构建起一个绿色、低碳、可持续的未来，推动生态文明建设迈向新的高度。

二、生态环境保护与资源可持续利用的协同策略

生态环境保护与资源可持续利用的协同策略已成为全球应对环境危机与

资源短缺的重要路径。随着人类社会对自然资源的依赖不断加剧，环境承载力的有限性日益显现，传统的经济增长模式难以持续，迫切需要在经济活动与自然系统之间找到新的平衡。实现这一目标的关键在于通过协同策略，将生态环境保护与资源的可持续利用有机结合，从而既确保资源的长效供应，又促进生态系统的稳定与复原。协同策略不仅涵盖了科学的资源管理制度、技术创新的推动力、政策引导的作用，还强调了社会各界广泛参与下的生态意识与行为转变。

　　资源的可持续利用是生态文明建设的重要基础，它要求在经济活动中尊重自然的承载力，避免资源的过度开发和不可逆破坏。在现代社会，水、能源、土地等自然资源的匮乏正日益成为制约经济发展的关键因素，而这些资源的持续供应关系到全球社会的长期繁荣。因此，如何在保护生态环境的同时，实现资源的合理开发和高效利用，成为生态经济体系构建中不可回避的问题。通过优化资源的使用效率，减少浪费，并通过创新手段进行资源的循环利用，社会能够在不牺牲环境质量的前提下，维持经济活动的持续进行。可持续利用的核心在于协调资源供需矛盾，通过科学管理与技术创新，构建起与生态环境相适应的经济运行模式。在资源管理方面，水资源作为最为宝贵的自然资产之一，其可持续利用具有至关重要的意义。气候变化加剧了全球范围内的水资源短缺问题，而水污染则进一步加剧了淡水资源的危机。为了应对这一问题，社会必须通过引入先进的节水技术与水资源管理制度，实现水资源的高效利用与循环再生。节水灌溉技术和精准农业技术的推广，显著减少了农业生产中的水资源浪费，提高了灌溉用水的利用效率。与此同时，城市水资源的循环利用系统也在不断创新，通过水处理与回收技术，使废水得以再次进入生产和生活环节，减少了生产和生活对自然水体的依赖，减轻了水资源的压力。

　　与水资源管理相辅相成的是能源资源的可持续利用。传统能源的过度开发导致了全球气候变化加剧和环境质量下降，而可再生能源技术的突破为全球能源结构的绿色转型提供了新机遇。太阳能、风能、地热能等清洁能源逐步替代了化石能源，推动了全球能源体系的低碳化进程。可再生能源的推广，不仅减少了碳排放，还为经济增长提供了新的动力源泉。智能电网技术的广泛应用，使得能源生产和消费之间的匹配更加高效，能源系统的稳定性也得到了极大提升。这些创新技术使得能源的获取、使用和再生更加符合生态经济的要求，为资源的可持续利用提供了坚实的技术支持。在土地资源的管理与利用方面，合理的土地规划与生态修复是确保土地资源可持续性的关键。在现代城市化和农业扩展过程中，土地资源的无序开发导致了土地退化、土壤流失等一系列生态问题，威胁着全球粮食安全与生态系统稳定。通过实施可持续的土地利用政策，社会可以有效平衡经济发展与生态保护之间的矛盾。例如，推广可持续农业技术，不仅减少了对土地的过度开垦，还通过有机农业、生态友好型种植等手段，保护了土壤的肥力和生物多样性。城市规划的绿色转型，通过引入绿色建筑和生态基础设施，减少了城市扩展对自然景观的破坏，推动了城市与自然的和谐共存。

技术创新作为推动资源可持续利用的重要引擎，在生态环境保护中发挥了不可替代的作用。技术的进步不仅提高了资源的利用效率，还为污染物的处理和生态修复提供了全新的解决方案。绿色技术的发展使得工业生产过程中的资源消耗显著降低，污染物排放得到有效控制。例如，清洁生产技术通过对生产工艺的改进，使得能源和原材料的利用率大幅提高，减少了废弃物的产生和排放。生态修复技术则为恢复被破坏的生态系统提供了可行途径，生态修复、植被恢复等技术的广泛应用，不仅提升了生态系统的自我修复能力，还增强了生态环境的抵御外界扰动的韧性。这些技术创新推动了生态环境保护与资源可持续利用的有机结合，增强了社会应对环境危机的能力。在全球范围内，资源的可持续利用不仅关乎单个国家的经济发展与生态保护，还直接影响全球生态安全与经济繁荣。因此，全球合作在资源管理与生态保护中的重要性日益凸显。通过国际合作，各国能够在资源开发、技术转让和政策协调等方面加强交流与协作，共同应对资源短缺和环境危机的挑战。例如，《巴黎协定》作为应对气候变化的全球性框架，推动了全球碳排放目标的设定与落实，促进了各国在可再生能源和低碳技术领域的合作。这种全球合作机制的建立，不仅有助于加强国际社会在生态保护和资源利用方面的协调，还通过推动绿色技术的全球化应用，提升了全球资源管理的整体水平。

政策的引导与支持在资源可持续利用与生态环境保护的协同策略中具有至关重要的作用。政府通过制定资源管理和环境保护的法律法规，为资源的高效利用和生态保护提供了制度保障。例如，许多国家通过环境法的实施，对企业的污染物排放进行严格监管，并通过经济激励措施推动企业采用更加环保的生产方式。同时，政府还通过设立环境税、碳排放权交易等市场化手段，引导企业减少对资源的浪费，促进绿色技术的研发和应用。政策的引导不仅有助于提升企业和社会对生态环境保护的责任感，还通过制度创新，为资源的可持续利用提供了长期保障。生态环境保护与资源可持续利用的协同策略，最终需要社会各界的广泛参与与配合。在现代社会，公众环保意识的提升为生态经济的发展提供了重要动力。绿色消费作为一种新的消费理念，已逐渐深入人心，消费者通过选择绿色产品、减少资源浪费，积极推动着市场向可持续发展方向转型。企业也在社会责任感的驱动下，主动推进绿色生产和低碳发展，减少了对自然资源的消耗和污染物的排放。非政府组织作为生态保护和资源利用中的重要参与者，通过倡导可持续发展理念、推动环境教育和开展生态保护行动，广泛参与到了全球资源管理与环境保护的实践中。

生态环境保护与资源可持续利用的协同策略，不仅是应对当前环境危机的必要手段，更是推动全球经济绿色转型的核心要素。通过科学的资源管理、技术创新的推动、政策引导与全球合作，社会能够在确保资源供应的前提下，实现生态系统的恢复与稳定。未来，生态环境保护与资源可持续利用的协同策略将继续引领全球社会走向更加绿色、可持续的发展道路。生态与经济的深度融合，不仅为全球社会创造了新的发展机遇，也为人类的长期繁荣提供了坚实保障。

三、全球生态治理框架下的合作与创新

全球生态治理的框架下，合作与创新成为解决当今环境问题的核心驱动力。在全球气候变化、环境污染、资源枯竭等多重危机的共同推动下，各国逐渐认识到，单靠个别国家的努力无法有效应对这些跨国界的生态挑战。全球生态治理因此成为国际社会的共同责任与目标。在这一过程中，合作与创新是推动全球生态治理的关键动力，不仅能加强各国在生态保护和资源利用方面的协调，也为技术和政策的创新提供了广阔的舞台。全球生态治理框架下的合作与创新，既体现为政府间的政策协调，也包括跨国企业、非政府组

织、学术机构等多方力量的广泛参与，形成了一种多层次、多维度的生态治理机制。

全球生态治理的核心在于建立起共识性框架，推动各国在环境治理和资源管理上达成一致。通过全球性协议和多边机制，各国在共同应对生态危机的过程中逐步确立了长期目标与行动计划。《巴黎协定》作为全球应对气候变化的里程碑，促使各国承诺减少温室气体排放，并致力于实现全球气温升高控制在 2 摄氏度以内的目标。该协定的签署和落实不仅标志着全球气候治理进入了新阶段，也为推动全球绿色经济转型奠定了基础。全球生态治理框架将通过这种合作机制，确保各国能够在减少碳排放、推广清洁能源以及推动低碳技术等方面实现更加一致的政策协调。这种合作机制不仅体现在国家层面，也涵盖了跨国企业和国际组织的深度参与。跨国企业在全球生态治理中的作用日益显著，特别是在绿色技术和低碳产业的推广方面。通过技术创新和市场扩展，跨国企业能够将绿色技术和环保产品推广至全球市场，推动各国实现低碳发展目标。例如，电动汽车制造商通过跨国合作与技术转让，加速了全球电动交通的普及。能源企业通过推动可再生能源技术的全球化应用，降低了各国对化石燃料的依赖，推动了全球能源结构的转型。这种企业间的合作，不仅提升了绿色技术的全球应用水平，也为各国经济的绿色转型提供了新动能。

在全球生态治理框架下，技术创新是推动生态保护与资源利用的重要动力。绿色技术的突破性进展极大地改变了全球应对环境挑战的方式，为解决资源短缺、污染治理和碳排放等问题提供了新的技术路径。清洁能源技术、智能城市管理系统、生态修复技术等在全球范围内的应用，不仅提升了环境治理的效率，还推动了生态经济的可持续发展。例如，太阳能、风能等可再生能源的广泛应用，极大地减少了全球范围内的碳排放。智能电网技术的引入，使得能源管理更加智能化和高效化，减少了能源的浪费，并推动了全球能源结构的低碳转型。技术创新与全球合作相互促进，共同推动了全球生态治理的深入发展。各国通过全球技术合作机制，共享绿色技术和环保经验，推动了全球环境治理能力的提升。技术转让和技术援助，特别是在发展中国家和新兴市场经济体中，显得尤为重要。许多发达国家通过技术转移，帮助发展中国家应对气候变化、解决环境污染问题。例如，在绿色农业、清洁能源和水资源管理等领域，发达国家通过资金支持和技术共享，帮助发展中国家提高资源利用效率，减少对环境的负面影响。这种跨国技术合作不仅有助于推动全球范围内的可持续发展，还通过提高技术创新能力，推动了全球绿色经济的长远发展。

创新在政策层面同样至关重要，全球生态治理的政策创新为生态保护和资源管理提供了新的解决思路。各国通过政策创新，推动了全球碳市场、绿色金融、环境法治建设等重要领域的进步。碳市场作为一种市场化的减排手段，通过为碳排放设定价格，鼓励企业通过技术创新和优化生产流程，减少温室气体排放。欧盟的碳排放交易体系是全球碳市场中最具影响力的机制之一，通过设定碳排放限额和引入市场交易机制，成功推动了碳排放量逐年下降。随着全球碳市场的不断扩展，越来越多的国家加入了这一机制，实现了全球范围内的碳减排合作与政策协调。绿色金融作为政策创新的重要体现，为全球生态治理提供了资金支持。通过绿色债券、绿色信贷、绿色基金等金融工具，国际金融市场得以推动资金向低碳技术、绿色项目和可持续发展领域的流动。绿色金融的兴起，不仅帮助各国政府和企业在环保领域获得融资支持，还通过市场化手段，推动了全球生态治理的资金保障机制。全球绿色气候基金作为多边金融合作的重要平台，帮助发展中国家应对气候变化，并支持其在绿色经济领域的转型。这种金融创新，极大地推动了全球生态治理的广泛开展，为各国实现生态保护目标提供了长效资金支持。

在全球生态治理框架下，创新还体现在治理模式的多样性上。随着全球生态问题的复杂性日益增加，各国需要在生态治理中引入更加灵活的模式，确保生态保护与经济发展的协调统一。合作与创新在这一过程中表现为治理模式的不断更新与完善。例如，智慧城市作为一种生态治理创新模式，通过数字技术和大数据管理，实现了城市资源的高效配置与环境治理的智能化。智慧城市的建设不仅减少了城市发展中的能源消耗与环境污染，还通过智能交通、智能建筑等技术，推动了城市可持续发展的新模式。这种创新的治理模式已经在多个国家和地区取得显著成效，为全球生态治理提供了成功范例。

非政府组织和社会公众的广泛参与，是全球生态治理框架下合作与创新的另一重要方面。非政府组织通过推动国际环境议题、开展公众教育和推动环保政策落地，极大地推动了全球生态保护意识的提升。这些组织不仅为政策制定提供了数据支持和科学依据，还通过推动跨国合作，促成了多边机制的建立和落实。例如，世界自然基金会、绿色和平等国际环保组织，通过全球性的环境保护行动，推动了国际社会在保护生物多样性、应对气候变化和减少污染排放等方面的努力。非政府组织在全球生态治理中的作用，展现了社会力量如何通过合作与创新，推动全球生态保护进程的不断深入。全球生态治理框架下的合作与创新，还体现在国际组织的协调与支持上。联合国环境规划署、世界银行、国际能源署等国际机构，通过提供技术支持、政策建议和资金援助，推动了全球生态治理的实施。这些国际机构不仅为全球生态保护和绿色经济的发展提供了平台，还通过推动多边合作，促进了全球范围内的环保政策协调和资源管理。国际组织的作用在全球生态治理中不可替代，它们通过协调各国政策、推动国际合作机制的建立，为全球生态治理提供了强有力的制度保障。

全球生态治理框架下的合作与创新，是确保人类社会在 21 世纪实现可持续发展的关键力量。在全球生态问题日益复杂的背景下，合作与创新不仅有助于各国在环保议题上达成共识，还通过技术、政策和市场的多层次创新，推动了生态保护与经济增长的深度融合。通过全球性合作，各国能够更有效地应对气候变化、资源枯竭和环境污染等全球性挑战，并通过共享技术与经验，推动全球绿色经济的共同发展。全球生态治理框架下的合作与创新将继续深化，成为推动全球生态文明建设的核心动力。国际社会通过加强合作与创新，不仅能够为应对全球环境问题提供新的解决方案，还将为实现全球生态经济的长远目标提供持久的动力。在合作与创新的推动下，全球社会将走向更加绿色、更加健康、更加可持续的发展道路，推动人与自然的和谐共生，创造一个更加美好的未来。

第二节　科技创新在生态保护中的前景

科技创新对生态文明建设具有基础性战略性支撑作用。习近平总书记指出，要突破自身发展瓶颈、解决深层次矛盾和问题，根本出路就在于创新，关键要靠科技力量。① 科技创新在推动生态保护与可持续发展方面发挥着至关重要的作用。随着全球环境问题的日益加剧,传统的经济增长模式暴露出诸多弊端,尤其是对自然资源的过度开发和环境的长期破坏,已严重威胁到人类社会的未来生存。面对这一严峻形势,科技创新不仅为经济转型提供了新动力,也为生态保护提供了技术支撑和前所未有的解决方案。清洁能源技术、生态修复技术以及智能化与数字技术,正通过各自的突破与创新,推动全球生态系统的恢复与重建,开启了生态发展的新前景。清洁能源技术的突破是科技创新在生态保护领域最为显著的成果之一。长期以来,传统化石能源的广泛使用不仅加剧了气候变化的威胁,也造成了严重的环境污染。清洁能源技术的迅猛发展,尤其是太阳能、风能、地热能和氢能等可再生能源的应用,为全球能源结构的转型提供了重要动力。这些技术的进步使得清洁能源的生产成本显著降低,效率不断提高,逐渐成为全球能源供应的主力。随着技术的进一步突破,清洁能源有望完全替代高碳排放的化石能源,为实现全球碳中和目标提供了坚实基础。清洁能源技术的广泛应用不仅将减少碳排放,还将推动绿色经济的快速发展,使得人类社会能够在不破坏生态系统的前提下持续繁荣。

生态修复技术的创新同样在生态保护中发挥着关键作用。现代工业化进程中,大量自然生态系统遭到破坏,导致生物多样性锐减、土地退化、水土流失等问题日益严重。科技的进步为修复这些受损的生态系统提供了新的路径。通过生物修复、植被恢复、湿地重建等技术手段,受损的自然环境得以逐步恢复其生态功能,进而重新发挥水源涵养、土壤保持、碳汇等重要作用。这种技术上的创新,不仅增强了生态系统的恢复力,还提升了其适应气候变化的能力,使得生态系统能够更有效地应对外部环境的干扰。随着生态修复技术的不断发展,越来越多的地区通过创新技术实现了生态系统的复原,为人类提供了更多的绿色空间和环境福利。智能化与数字技术在生态管理中的应用为生态保护注入了新的活力。随着物联网、大数据、人工智能等技术的快速发展,生态系统的管理和监控变得更加智能化、精准化。智能技术使得

---

① 中共中央文献研究室. 习近平关于社会主义生态文明论述摘编 [M]. 北京:中央文献出版社,2017.

生态环境的实时监控和管理成为可能，生态系统的健康状况可以通过传感器网络和数据平台进行全方位监测，为科学决策提供数据支持。例如，智能化的环境监控系统可以对空气质量、水资源、土壤健康等关键生态指标进行实时追踪，及时发现并处理潜在的环境问题，防止生态系统的进一步恶化。同时，数字技术还为资源的高效利用提供了新的手段，智能农业、智能水资源管理等应用，不仅提高了资源利用效率，也减少了对环境的负面影响。随着这些技术的普及，生态管理的现代化水平将进一步提升，为实现全球生态治理目标提供重要支持。

科技创新不仅改变了人类与自然的互动方式，也在生态保护的未来蓝图中扮演着越来越重要的角色。清洁能源技术的应用为缓解气候危机提供了解决方案，生态修复技术的进步为自然生态的恢复带来了希望，智能化与数字技术的广泛应用则进一步提升了生态管理的效率与科学性。科技创新正以多维度、多层次的方式推动着全球生态保护进程，为实现人与自然和谐共生的美好未来奠定了坚实基础。展望未来，科技创新将在生态保护中继续发挥核心作用。随着技术的不断进步，更多创新成果将在清洁能源、生态修复以及智能管理等领域涌现，进一步加速全球生态文明建设。清洁能源技术将不断突破现有的技术瓶颈，推动全球能源系统彻底转型；生态修复技术将更为精细化和系统化，助力全球生态系统的全面恢复；智能化与数字技术将为生态管理提供更加精准的解决方案，实现从传统管理模式向智能化、科学化的全面转型。科技创新不仅是生态发展的推动力，更是实现全球可持续发展的关键所在。在全球各国的共同努力下，科技创新必将为全球生态保护事业带来更广阔的前景。

一、清洁能源技术的突破与应用前景

清洁能源技术的突破与应用前景为全球生态保护与可持续发展描绘了一幅全新的图景。在全球气候变化、资源枯竭和环境污染加剧的背景下，传统化石燃料的使用模式已逐渐难以维持，取而代之的是清洁能源的迅速崛起。随着技术的不断创新与发展，清洁能源逐渐成为推动全球能源结构转型的核心动力。它不仅提供了应对气候危机和环境恶化的有效解决方案，也为未来经济增长提供了全新的动能。太阳能、风能、地热能和氢能等清洁能源技术的突破，标志着人类在减少碳排放、保护环境和实现可持续发展目标方面取得了重要进展。通过清洁能源的广泛应用，全球社会正在向低碳、绿色和高效的能源体系迈进，开创出一条通向绿色经济的未来之路。太阳能技术是清洁能源革命的典型代表，其应用前景广阔而充满潜力。作为一种无污染、可再生的能源，太阳能的优势在于其取之不尽、用之不竭，并且几乎对环境没有负面影响。近年来，太阳能技术经历了飞速发展，尤其是在光伏发电领域，太阳能电池板的效率显著提高，成本大幅下降，使得太阳能逐渐成为全球电力供应的重要组成部分。通过技术的不断进步，太阳能光伏技术已经在全球范围内广泛应用，不仅在发达国家的能源结构中占据重要地位，也为发展中国家的能源转型提供了宝贵机会。随着储能技术的进一步突破，太阳能发电的间歇性问题正在逐步得到解决，这将进一步提升其在未来能源供应中的地位。

风能技术同样在清洁能源领域中占据着重要位置。风能是一种高度成熟且稳定的清洁能源形式，其发电技术经过多年的发展，已经取得了巨大的进展。风力发电不仅在陆上风场得到了广泛应用，海上风电技术的突破更为风能的发展提供了新的增长点。海上风电技术具备风速稳定、能量密度高的优势，使得风能的应用范围得以拓展。随着大型风力发电机组和智能风电场管理系统的广泛应用，风能的利用效率和经济效益大幅提升。风力发电技术在全球各地的迅速普及，不仅减少了生产和生活对传统化石能源的依赖，还为全球碳减排目标的实现提供了重要支持。未来，随着风能技术的进一步优化和储能技术的不断进步，风能将成为全球能源供应体系中不可或缺的组成部分。地热能作为另一种潜力巨大的清洁能源，也展现了广阔的应用前景。地热能通过利用地球内部的热能进行发电或供热，具有持续稳定、环保高效的特点。与太阳能和风能相比，地热能的优势在于其不受天气和时间的限制，能够实现 24 小时不间断供能。这一特性使得地热能在全球能源转型中扮演着重要角色，尤其是在地热资源丰富的地区，地热能已成为当地能源供应的核心来源之一。随着钻探技术和地热发电设备的持续进步，地热能的开发和利用成本逐渐降低，经济效益逐步显现。未来，地热能在全球能源结构中的比重有望进一步提升，特别是在那些具备丰富地热资源的国家和地区，地热能将为其能源安全和环境保护提供有力保障。氢能作为一种前沿的清洁能源技术，因其高效、零排放的特性，近年来备受关注。氢能通过氢燃料电池进行发电或为交通工具提供动力，能够产生极高的能源转换效率，且排放物仅为水，被誉为"终极清洁能源"。随着制氢、储氢和氢燃料电池技术的突破，氢能的应用范围正在逐步扩大，尤其在交通运输领域，氢能汽车、氢能火车和氢能船舶的研发和推广正在快速推进。氢能的普及不仅能够减少对石油等化石燃料的依赖，还能有效解决传统交通工具带来的碳排放和污染问题。未来，随着氢能生产成本的进一步下降和基础设施建设的不断完善，氢能有望在交通、工业、能源储存等多个领域发挥关键作用，推动全球清洁能源技术的跨越式发展。

除了上述主要的清洁能源技术外，储能技术的突破对于清洁能源的广泛应用具有决定性影响。储能技术的进步可以有效解决太阳能、风能等间歇性能源的稳定性问题，提升清洁能源在电网中的占比。随着锂电池、固态电池等储能技术的飞速发展，清洁能源的储存能力和经济性得到了极大改善，使得清洁能源的应用不再局限于短期发电，而能够为大规模供能提供保障。储能技术的成熟与推广，将加速清洁能源在全球范围内的普及，并为能源系统的高效运行提供有力支持。在全球清洁能源技术迅速发展的背景下，国际合作与技术转让成为推动清洁能源全球化应用的重要力量。各国通过多边机制和双边合作，积极分享清洁能源技术经验和成果，推动了全球能源结构的绿色转型。发达国家凭借其技术优势，帮助发展中国家提升清洁能源技术水平，促进其能源结构优化和环境保护。例如，国际可再生能源机构（IRENA）等全球组织，通过提供技术咨询、资金支持和政策建议，推动了全球清洁能源技术的合作与应用。清洁能源技术的全球推广不仅有助于减少全球范围内的碳排放，也为实现全球气候目标奠定了坚实基础。

政策支持也是清洁能源技术快速发展的重要推动力。各国政府通过制定鼓励性政策、实施财政激励措施和完善法律法规，推动了清洁能源技术的研发与应用。绿色财政政策如补贴、税收优惠等，极大地降低了企业和个人采用清洁能源的成本，促进了清洁能源市场的快速扩展。同时，政府还通过设立清洁能源发展基金、支持清洁能源技术创新平台等方式，推动了更多企业和科研机构加入清洁能源技术的研发和产业化进程中。政策的引导和支持，不仅加速了清洁能源技术的突破，也为其在全球范围内的应用提供了有力保障。清洁能源技术将继续引领全球能源体系的转型，推动世界进入一个更加绿色、低碳的时代。随着技术的不断突破，清洁能源的应用前景将更加广阔，覆盖领域也将更加多样化。能源生产和消费方式将发生深刻变化，传统的能源供应模式将被更加高效、清洁的能源体系所取代。这一趋势不仅将显著减少全球温室气体排放，减缓气候变化的速度，还将为经济增长带来新的活力与动能。通过清洁能源技术的应用，全球社会将实现从高碳到低碳、从高污染到环保的历史性转变，为人类未来的可持续发展提供更加广阔的空间。清洁能源技术的突破与应用前景，标志着全球能源格局的根本性转型。通过太阳能、风能、地热能、氢能等多种清洁能源技术的不断进步与应用，世界正在逐步摆脱对化石能源的依赖，走向更加绿色、环保的未来。清洁能源技术不仅是应对全球气候变化的必要手段，也是推动全球经济高质量发展的新动力。未来，随着技术的进一步创新和国际合作的深入推进，清洁能源的应用将覆盖更广的领域，为全球生态治理和可持续发展提供强大的动力支持，推动人类社会迈向更加绿色、美好的未来。

二、生态修复技术的创新与生态系统重建

生态修复技术的创新与生态系统重建，已成为应对全球环境危机的关键战略。随着工业化、城市化的迅速推进，全球范围内的自然生态系统受到了广泛的破坏，生态功能的退化导致生物多样性减少、土地荒漠化、水土流失等问题越发严重。这一系列生态问题不仅威胁到自然环境的稳定性，也对人类社会的可持续发展构成了严峻挑战。在此背景下，生态修复技术作为一种科学化、系统化的解决方案，成为推动生态系统重建的核心力量。通过技术创新与应用，这些生态修复手段为受损生态系统的恢复提供了有效路径，使其重新具备生态功能和环境服务能力，进而实现人与自然的和谐共生。生态系统的破坏与退化在全球范围内广泛存在，且呈现出多样化的形式。无论是森林的砍伐、湿地的流失，还是海洋生态系统的退化，都对环境和生物多样性构成了深远影响。森林作为全球最重要的生态系统之一，扮演着维持全球碳平衡、调节气候和保护生物多样性的关键角色。然而，长期的过度砍伐、

农田扩张和不合理的土地利用，使得全球森林面积急剧减少，导致生态失衡、物种灭绝和气候变暖等问题日益突出。针对这一问题，植被恢复技术成为森林生态系统修复的核心手段。通过科学规划、合理选择树种以及大规模的植树造林行动，全球范围内的森林生态系统得到了不同程度的恢复。尤其是在一些受严重破坏的热带地区，植被恢复不仅改善了局部生态，还通过重新构建森林碳汇，减缓了气候变化的影响。

湿地生态系统的修复同样在全球生态重建中具有重要意义。湿地作为自然界的"肾脏"，具备水源涵养、污染物净化、洪水调节等多重生态功能。然而，湿地的大规模丧失使这些关键生态服务功能急剧下降，导致水体污染、洪涝灾害加剧、生物栖息地减少等多重问题。为应对湿地退化带来的环境危机，湿地生态修复技术的创新为其重建提供了重要支持。通过人工湿地建设、湿地水体循环和生态补水技术，许多受损湿地得以恢复其生态功能，并重新发挥对环境的正面作用。湿地修复的成功不仅恢复了生物多样性，还通过水质净化、地下水补给等方式，改善了周边环境质量。湿地修复技术的广泛应用，展现了技术创新在生态系统恢复中的强大力量。海洋生态系统的退化是全球生态问题中最具挑战性的领域之一。海洋不仅为全球生物多样性提供了重要栖息地，也是维持全球气候平衡、调节大气成分的重要角色。长期以来，海洋生态系统由于过度捕捞、海洋污染、气候变化等多重因素影响，面临着前所未有的危机。珊瑚礁白化、海草床退化、鱼类种群减少等问题，使得海洋生态服务功能显著下降。为恢复海洋生态系统的健康，科学家们开发了多种创新性的生态修复技术，包括珊瑚礁移植、人工鱼礁建设、海草床恢复等。这些技术通过在受损海洋环境中重新引入关键生态物种，增强海洋生物的多样性和生态系统的稳定性，为海洋生态系统的重建提供了强有力的支持。珊瑚礁作为海洋生态系统的"热带雨林"，其恢复不仅提高了海洋生物的栖息地质量，还在对抗海岸侵蚀、维持渔业资源的可持续性方面发挥了关键作用。

除了植被恢复、湿地修复和海洋生态系统重建，土地退化和荒漠化治理也成为全球生态修复的重要议题。土地退化不仅影响农业生产能力，还通过土壤侵蚀和沙漠扩张破坏了整个生态系统的稳定性。荒漠化的加剧，尤其在干旱半干旱地区，威胁着全球数百万人的生存与发展。技术创新在土地退化和荒漠化治理中扮演着至关重要的角色。通过合理的土地利用规划、生态屏障建设以及土壤恢复技术，荒漠化进程得以有效遏制。植物固沙、生态屏障、滴灌技术等多种修复手段的结合，不仅阻止了土地进一步退化，还通过改善土壤结构，恢复了地区生态的可持续发展能力。例如，许多国家在沙漠边缘地带通过大规模的生态修复工程，成功将荒漠化土地转变为植被覆盖的生态保护区，为当地经济和生态系统带来了双重效益。生物修复技术的广泛应用，是生态修复领域的另一项重大创新。生物修复通过利用植物、微生物和真菌等生物体，对受污染的环境进行净化与恢复。该技术被广泛应用于处理重金属污染、石油泄漏和农药残留等污染问题方面。在许多矿区、工业区，重金属污染长期存在，传统的修复方法往往成本高昂且难以彻底解决问题。而生物修复通过植物或微生物的吸收、降解作用，将污染物从土壤或水体中移除，恢复了环境的生态功能。例如，超积累植物可以吸收大量重金属并将其固定在植株体内，避免了二次污染的发生。这种技术的推广，不仅有效降低了修复成本，还为工业污染区的生态恢复提供了可持续的解决方案。

在全球范围内，生态修复技术的创新与应用，不仅帮助受损生态系统恢复了生态功能，还通过推动生态经济发展，为当地社区带来了经济效益。例如，通过发展生态旅游，许多恢复后的湿地、森林和海洋生态区发展为重要的旅游资源，为当地居民提供了就业机会、带来了收入来源。此外，生态农业的发展也得益于生态修复技术的广泛应用。通过实施生态修复，受损的土地得以恢复生产力，促进了农业的可持续发展。在许多地区，生态修复工程还与贫困减缓相结合，通过恢复自然资源，改善了居民的生活条件，推动了区域经济的绿色转型。全球生态系统的修复不仅需要技术创新，还需要政策的支持与国际合作。各国通过制定科学合理的生态修复政策和法律法规，推动了生态修复技术的推广与应用。与此同时，国际社会通过多边环境协议、资金支持和技术合作，推动了全球范围内的生态修复行动。例如，《联合国防治荒漠化公约》和《生物多样性公约》等国际条约，促成了全球范围内的合作与协调，推动了生态修复技术的应用与共享。国际金融机构和环境基金会也通过提供资金支持，推动了生态修复工程的顺利实施。这种政策引导与国际合作，为生态修复技术的创新提供了良好的发展环境，并推动了全球生态系统的整体恢复。

随着技术的不断进步，生态修复领域的未来前景充满希望。生态修复技术的进一步创新，将不仅局限于现有的手段，而是通过与智能技术、数字化技术的结合，实现更加精准、智能的生态管理。例如，通过大数据分析和人工智能技术，可以实现对生态系统的全方位监测与评估，精准确定修复的时机与方法。这种智能化的生态修复技术，不仅提高了修复效率，还通过对生态系统的动态管理，确保修复效果的长期可持续性。未来，生态修复技术将在更大范围内得到推广与应用，为全球生态系统的健康发展提供更加有力的保障。生态修复技术的创新与生态系统重建，不仅是恢复自然生态功能的必然选择，也是实现全球可持续发展的重要路径。通过技术创新、政策引导和国际合作，全球社会正在共同努力，为未来构建一个更加健康、稳定、可持续的生态系统。生态修复技术为人类与自然的和谐共存提供了强有力的支持，并将在未来的生态文明建设中扮演更加重要的角色。

三、智能化与数字技术在生态管理中的未来作用

智能化与数字技术的迅猛发展正在深刻改变全球生态管理的格局，并将成为未来生态保护与可持续发展的重要支柱。在面对日益复杂的环境问题和资源危机时，传统的生态管理方式已经难以应对当下和未来的挑战，而智能技术与数字化手段的引入，为生态系统的精准监测、资源的高效管理、生态恢复的科学规划提供了强有力的技术支持。通过整合大数据、物联网、人工智能和遥感技术，生态管理不再依赖于过去粗放式的管理模式，而是走向了高效、精准、实时、智能的管理新时代。这些新兴技术不仅提升了生态保护的效率，还使得生态系统的运行、保护与管理更加可持续，推动了全球环境治理的现代化进程。在现代生态管理中，数字技术的应用拓展了环境监控和数据采集的边界。通过大数据分析和物联网技术，生态管理者能够实时获取与环境相关的多维度数据，包括空气质量、水资源情况、土壤健康状况和生物多样性动态等。这种海量数据的采集和实时更新，使得生态系统的健康状况能够被全面了解，并能通过大数据分析发现隐藏的趋势或潜在的生态问题。例如，在城市环境管理中，传感器网络能够实时监控空气中细颗粒物和有害气体的浓度变化，及时预警污染事件的发生，并为管理者提供科学决策依据。这种基于数据的管理模式，为生态保护和管理提供了前所未有的精确性和前

瞻性，增强了管理者应对环境问题的能力。

　　数字化技术不仅改变了生态监测的方式，还在生态管理的智能化过程中发挥了重要作用。通过将大数据与人工智能技术结合，生态管理者能够通过深度学习算法对环境数据进行精细分析，识别出复杂的生态变化模式。人工智能技术的运用，极大提高了数据分析的效率和准确性，使得环境预测和风险评估更加可靠。例如，人工智能能够通过分析海量气象和环境数据，准确预测极端天气事件的发生概率，帮助政府和社会提前做好应对措施，减少自然灾害对生态系统的破坏。在森林管理中，人工智能可以通过卫星影像和遥感数据，识别出森林火灾的潜在风险区域，并为森林防火策略的制定提供有力支持。这些技术的创新应用，不仅提升了生态管理的效率，还使得生态系统管理更加科学和智能化。智能化技术的广泛应用也推动了资源管理的现代化。传统的资源管理方式往往效率较低，且难以实现对资源的高效分配与利用。而智能技术的引入，通过优化资源的管理方式，实现了资源利用的最大化和浪费的最小化。在水资源管理中，智能化灌溉系统和精准农业技术的推广，显著提升了农业用水效率。通过传感器网络实时监控土壤湿度和气候条件，智能灌溉系统能够根据实际需要精准供水，减少了传统灌溉方式中水资源的浪费。与此同时，智能水资源管理平台通过数据分析，帮助政府和企业优化水资源的分配和使用策略，提升了整个水资源管理体系的效率。类似地，在能源管理领域，智能电网技术通过对能源生产和消费的实时监控与调节，实现了能源系统的高效运行，减少了能源浪费和环境污染。这些智能技术的应用，不仅提升了资源管理的效率，还为生态管理的全面现代化奠定了基础。

　　遥感技术作为智能生态管理的重要工具，极大拓展了生态监控的时空尺度。通过卫星遥感和无人机遥感技术，生态管理者能够从宏观层面全面掌握自然资源的分布状况以及生态系统的动态变化。卫星遥感技术通过周期性获取地球表面的影像数据，帮助管理者及时发现生态环境中的变化，如森林砍伐、湿地消失、土地退化等问题。无人机遥感则通过低空高分辨率影像的获取，弥补了卫星遥感在局部生态监控中的不足，提供了更为细致的环境监测数据。这些遥感技术的结合，使得生态管理者能够从微观到宏观层面全面掌握生态系统的运行状况，为制定科学的生态保护措施提供了有力支持。此外，遥感技术的自动化发展，也提升了数据采集的效率和覆盖范围，使得生态系统管理的智能化水平不断提升。

在生态修复与保护中,智能化技术为环境恢复过程的优化提供了新思路。传统的生态修复往往依赖于经验和理论推导,而智能技术的引入使得生态修复变得更加精准和高效。通过生态模拟和数据模型,管理者能够对生态系统的修复过程进行模拟和优化,提前预测修复效果并调整策略。人工智能算法能够通过对历史数据和生态特征的学习,生成最优的生态修复方案,减少了试错成本,提升了修复效率。例如,在湿地生态修复中,智能化的生态模拟系统可以模拟湿地水位变化、植物生长和栖息地恢复情况,帮助生态学家找到最佳的修复路径。同时,智能传感器的使用也使得修复后的生态系统能够实现实时监测,确保修复效果的长期稳定。这种智能化的生态修复方式,不仅提升了修复效果,还确保了生态系统的可持续性。智能技术的创新还体现在智慧城市的生态管理中。随着城市化进程的加快,城市环境问题日益突出,如何在城市发展中实现资源的高效利用和环境的可持续管理,成为全球城市管理的重大挑战。智慧城市通过将物联网、大数据和人工智能等技术应用于城市资源管理、交通治理、污染控制等领域,推动了城市生态管理的全面升级。在智慧城市的框架下,智能交通系统通过实时监控交通流量、优化路线和调控信号灯,有效减少了交通拥堵和尾气排放。智能建筑系统则通过能源管理平台,优化城市建筑的能耗模式,实现节能减排目标。通过这些智能化技术的应用,城市的环境管理效率大幅提升,为实现城市的绿色、低碳发展奠定了坚实基础。

智能化技术与生态管理的深度融合,还为全球环境治理提供了创新手段。气候变化、环境污染和资源危机是全球共同面临的挑战,而智能技术为全球生态治理提供了数据驱动的管理模式。通过全球环境数据库和智能管理平台,国际社会可以实时共享生态环境数据,推动全球范围内的环境问题协同治理。例如,全球碳排放监测系统通过卫星遥感和数据模型,能够准确追踪全球范围内的碳排放动态,为各国的碳减排措施提供数据支持。国际组织和政府部门通过智能化平台,共享环境数据和管理经验,为全球生态治理的合作与创新提供了技术基础。这种智能化的全球生态治理模式,不仅提升了各国之间的协作效率,还通过智能技术的应用,推动了全球生态系统的保护与管理。智能化与数字技术将在生态管理中发挥更加重要的作用。随着人工智能、物联网和大数据技术的进一步发展，生态管理将进入一个全新的智能时代。生态系统的复杂性和动态性要求管理方式更加灵活和高效，而智能技术的不断创新为这种转型提供了技术保障。通过智能化的生态管理手段，全球社会将能够更好地应对环境挑战，推动生态系统的可持续管理，实现生态保护与经济发展的双赢局面。

智能化与数字技术在生态管理中的未来作用，标志着全球生态保护进入了一个全新的发展阶段。通过技术的不断进步，生态管理不再依赖于传统的经验和手工操作，而是向着智能化、科学化和高效化的方向迈进。智能化技术为生态管理带来的不仅是效率的提升，更是思维模式的转变。通过大数据、人工智能、遥感技术等新兴技术的广泛应用，生态管理将更加精准和可持续，为全球生态系统的健康发展提供有力保障。未来，智能化与数字技术的深度融合必将推动生态管理走向更加美好的未来。

第三节　可持续发展中的新模式

在推动全球可持续发展的国际舞台上，中国坚定践行多边主义，坚持共商共建共享的全球治理观，努力推进构建公平合理、合作共赢的全球治理体系，已成为全球生态文明建设的重要参与者、贡献者、引领者。中国还进一步宣布，到 2030 年，单位国内生产总值二氧化碳排放将比 2005 年下降 65%以上，非化石能源占一次能源消费比重将达到百分之 25%左右。森林蓄积量将比 2005 年增加 60 亿立方米，风电、太阳能发电总装机容量将达到 20 亿千瓦以上。可持续发展已成为全球经济社会转型的核心议题，而其中涌现出的多种新模式为实现这一目标提供了多样化的路径。这些新模式不仅在应对气候变化、资源枯竭和环境污染等挑战中发挥了关键作用，也为经济增长提供了全新的动力。以循环经济、共享经济和低碳经济为代表的新模式，正推动全球经济向更加绿色、低碳和高效的方向发展。它们通过创新的资源管理方式、绿色消费理念以及清洁能源的推广，帮助社会从传统的高消耗、高排放模式中逐步摆脱，实现生态保护与经济发展的深度融合。这些模式不仅有助于缓解当今的生态危机，更为全球经济的可持续发展奠定了基础。

在可持续发展新模式中，循环经济被视为解决资源过度消耗和环境污染问题的关键手段。循环经济不同于传统的线性经济，它强调通过"资源—产品—废弃物—再生资源"的闭环管理，最大限度地延长资源的使用寿命并减少废弃物的产生。通过资源的高效利用和再循环，废弃物得以转化为新的生产资源，从而减少了对自然资源的依赖并降低了环境压力。循环经济的核心在于推动经济活动中的"零废弃"目标，通过回收、再利用和再制造技术，创造出闭环的经济模式，实现资源的可持续管理和经济效益的双赢。如今，循环经济已在多个行业领域取得了显著成效，尤其是在制造业、建筑业和农业等资源密集型产业中，循环经济正在推动绿色生产的全面转型。

共享经济作为可持续发展中的另一个重要模式，改变了传统的消费方式，并推动了绿色消费理念的广泛传播。共享经济通过资源共享、平台合作和协同消费，最大限度地减少了资源浪费，提升了资源的使用效率。它鼓励消费者以共享、租赁、交换等方式获取所需的产品或服务，避免了个人过度消费和资源闲置。共享出行、共享办公、共享住宿等模式，不仅减少了社会对自然资源的占用，还通过降低能耗和减少碳排放，促进了绿色低碳生活方式的普及。共享经济还为社会创新提供了广阔的平台，通过技术驱动、平台化运营，推动了企业和社会组织在资源优化配置和可持续发展领域的创新探索。共享经济的成功实践表明，创新的消费模式不仅可以带来经济效益，还可以推动全社会走向更加绿色、更加环保的未来。

低碳经济作为可持续发展模式的另一个核心支柱，通过引领全球能源转型和碳减排策略，助力实现全球气候目标。低碳经济强调通过减少温室气体排放、推广清洁能源、提高能效等措施，推动经济活动的全面低碳化。在低碳经济模式下，传统的高碳排放产业被要求向绿色生产方式转型，企业通过技术革新和生产流程优化，减少碳足迹并推动绿色发展。同时，低碳经济通过推动能源结构转型，加快了可再生能源技术的应用，促进了风能、太阳能等清洁能源的广泛普及。这一模式不仅在全球气候治理中发挥着关键作用，还为各国的能源安全、经济增长提供了新的动能。低碳经济模式的成功推广，为实现全球气候目标、构建低碳社会提供了坚实的技术和制度基础。

在可持续发展进程中，循环经济、共享经济和低碳经济模式共同发挥作用，形成了推动全球绿色转型的强大力量。通过循环经济实现资源的闭环管理，减少了资源浪费和环境负担；通过共享经济推动社会创新与绿色消费，提升了资源利用效率和社会福利；通过低碳经济引领能源转型与碳减排，为全球生态文明建设提供了强大的支撑。这些新模式不仅代表着未来可持续经济的发展方向，也为全球经济增长注入了新的活力。未来，随着科技的不断进步与国际合作的深化，这些模式将在更广泛的领域得到推广与应用，为全球可持续发展目标的实现提供更加多样化的路径选择。

一、循环经济驱动下的资源高效利用与废弃物最小化

循环经济以其独特的资源管理模式和可持续发展的理念，成为当今社会解决资源枯竭和环境污染问题的有效路径。它突破了传统线性经济的限制，强调通过资源的闭环流动和高效利用，最大限度地延长物质使用寿命，并减少废物产生。作为一种推动绿色经济发展的模式，循环经济不仅促进了资源效率的提高，还推动了经济结构的绿色转型与创新。通过回收、再利用和再制造等方式，循环经济打破了"资源—产品—废弃物"传统经济链条的末端限制，推动经济活动中的"零废弃"目标逐步实现，为现代化经济体系提供了一条通往可持续发展的新路径。

在循环经济体系中，资源高效利用是其核心理念之一。现代经济活动中，资源的使用效率直接关系到生产成本、环境负担和经济效益。循环经济通过推动资源的再利用和延长产品生命周期，实现了资源的最优配置与高效利用。特别是在资源密集型产业中，传统的生产模式通常导致大量资源浪费和环境污染，产品生命周期结束后，资源便进入废弃阶段，成为难以处理的垃圾。而在循环经济的框架下，废弃物被视为潜在的资源，通过回收、再制造等技术手段，资源得以重新进入生产体系，从而大幅减少了对原始资源的依赖。这种"再生—循环"的模式，使得资源在经济系统中得以多次利用，大幅提升了资源利用效率，并有效缓解了资源稀缺问题。例如，在制造业领域，循环经济的应用已经取得了显著成效。通过引入清洁生产技术和再制造工艺，许多制造企业不仅降低了生产过程中的资源消耗，还通过对废弃产品的再利用，延长了产品的生命周期。在此过程中，废弃的产品或部件被重新加工处理，转化为新的生产资源或产品，进入市场继续流通。这种资源的循环利用，

不仅减少了企业的生产成本，还降低了其对自然环境的破坏。同时，循环经济还推动了生产工艺的绿色转型，企业通过减少污染物排放、提升能源使用效率，为经济增长与环境保护提供了兼顾的发展模式。这种双赢的效果，使得循环经济在现代制造业中得到了广泛应用和认可。

建筑行业是另一大资源消耗密集的领域，而循环经济的理念为其绿色转型提供了新的方向。传统的建筑模式通常产生大量建筑废弃物，尤其是在旧建筑的拆除和新建筑的建设过程中，资源浪费问题尤为突出。而循环经济通过推广可持续建筑材料的使用、建筑物的模块化设计和拆解技术，推动了建筑资源的循环利用。例如，许多建筑废弃物，如钢材、混凝土、玻璃等，在经过加工处理后，可以重新用于新建筑的建设中，减少了对新资源的开采和环境的破坏。与此同时，绿色建筑技术的推广，通过提高建筑的能效和资源利用效率，实现了建筑领域的资源高效管理。这不仅减少了建筑行业的环境足迹，还推动了可持续城市化的进程，为全球资源节约和环保目标的实现作出了积极贡献。在农业领域，循环经济通过推动生态农业和资源循环利用，显著提升了农业生产的可持续性。在现代农业生产过程中，化肥、农药和水资源的过度使用，导致了土壤退化、水资源浪费和环境污染。循环经济通过推广有机农业、生态农业和农业废弃物的再利用，减少了对环境的负面影响。例如，农业废弃物，如秸秆、畜禽粪便等，通过现代化处理技术，可以转化为有机肥料，重新投入农业生产循环。这不仅减少了化学肥料的使用，改善了土壤质量，还通过资源的闭环流动，实现了农业生产的生态化和资源高效利用。此外，循环农业还通过节水灌溉、农田水分管理等措施，减少了农业生产中的水资源浪费，提升了水资源的利用效率。这种可持续农业模式不仅保护了自然资源，还提高了农业生产力，为全球粮食安全和生态环境保护提供了有力支持。

在能源领域，循环经济的理念推动了可再生能源的广泛应用与能源的高效管理。传统能源生产模式依赖于化石燃料，不仅加剧了气候变化问题，还导致了资源的快速消耗。循环经济通过推广太阳能、风能等可再生能源，以及推动能源系统的智能化管理，实现了能源的循环利用与高效使用。智能电网技术的应用，使得能源生产、传输和消费的全过程实现了精准调控，减少了能源浪费和系统损耗。同时，能源存储技术的发展，如大规模储能设备的应用，使得能源系统能够更加灵活应对需求波动，实现了可再生能源的高效利用。循环能源体系不仅减少了生产和生活对化石燃料的依赖，还为全球实现碳中和目标提供了技术支持。在城市发展中，循环经济为城市资源管理提供了创新模式，推动了城市的绿色转型与可持续发展。现代城市面临着资源紧缺、环境污染和废弃物处理等多重挑战，而循环经济的应用为城市生态系统的优化提供了解决方案。通过智能化的城市管理系统，城市的废弃物处理、能源使用和资源分配得以更高效地协调与管理。例如，城市垃圾分类回收体系的推广，通过将可回收废物、不可回收废物和有机废物分别处理，实现了城市废弃物的资源化利用。可回收物通过循环利用，进入新的生产流程；有机废弃物则通过生物质能技术，转化为清洁能源。这种"垃圾变资源"的模式，不仅减少了城市垃圾填埋量，还通过资源的循环利用，提升了城市的资源使用效率。此外，绿色交通系统的推广，如共享交通工具、电动公交等，也通过减少能源消耗和污染排放，推动了城市交通系统的可持续发展。

全球范围内，循环经济已经成为应对资源短缺和环境危机的有效策略。许多国家通过政策引导、法律支持和市场激励，推动循环经济模式的广泛应用。欧洲地区的循环经济政策，尤其在废物管理和资源效率提升方面，走在全球前列。欧盟推出的《循环经济行动计划》，通过立法推动资源回收和再利用目标的实现，并为各行业制定了具体的循环经济标准与指导方针。这一政策的成功推广，极大地提升了欧洲经济体的资源使用效率，并促进了绿色经济的增长。同时，中国作为世界上资源消耗和废物产生大国，也在积极推动循环经济的发展。通过政策的引导和技术的创新，中国在多个领域实现了资源的高效利用和废物最小化目标，为全球循环经济发展提供了有益的经验。

科技创新在循环经济中扮演着至关重要的角色。现代科技，尤其是信息技术、生物技术和材料科学的进步，为循环经济的落地提供了技术支撑。智能制造、物联网、大数据等技术的应用，使得资源管理更加精细化和智能化。例如，智能制造技术通过实时监控和自动化管理，实现了生产过程中的资源优化配置，减少了资源浪费；物联网技术则通过对资源流动的全程追踪，实现了资源的高效循环和再利用。这些技术的应用，不仅提高了资源利用效率，还推动了循环经济从理念走向实践，成为现代化经济体系的重要组成部分。循环经济将继续在全球可持续发展中扮演重要角色。随着科技的不断进步和国际合作的深入，资源高效利用与废物最小化的目标将更加切实可行。循环经济不仅为全球资源危机提供了创新的解决方案，还为全球经济的绿色转型提供了新的增长动力。它代表着一种更加理性和可持续的经济模式，使得人类社会能够在不破坏自然环境的前提下持续发展、繁荣。这一经济模式的成功实践，必将在未来成为全球经济发展的主流方向，推动世界走向更加绿色、更加和谐的未来。

二、共享经济在推动绿色消费与社会创新中的作用

共享经济作为一种新兴的经济模式，在全球范围内迅速崛起，并深刻改变了人们的生产与消费方式。这种模式通过互联网平台和技术手段，推动了资源的高效利用与社会的协同合作，实现了供需之间的精准匹配。在推动绿色消费与社会创新的过程中，共享经济不仅通过减少资源浪费、降低碳排放等方式，直接推动了生态友好型消费行为的普及，还通过重新定义人与物、人与服务之间的关系，带来了新的社会创新路径。这一模式的核心在于"共享"与"合作"，不仅优化了资源配置，还为全球可持续发展目标的实现提供了全新的动能。在共享经济的框架下，资源的高效利用得到了显著提升。传统经济模式通常以物品的个人拥有和使用为中心，这不仅导致了资源的过度占有，还引发了大量闲置资源的浪费。而共享经济通过建立资源共享平台，使资源的使用率得以提升，减少了对新资源的需求和对环境的压力。共享汽车、共享单车等交通工具的普及，使得城市居民无需拥有私家车便可灵活出行，这种模式有效减少了车辆制造和道路建设对资源的消耗，同时大幅降低了城市的碳排放。共享平台为车辆提供了更高的使用频率，使原本闲置的物品通过共享获得了更大的使用价值。这一资源共享的理念不仅适用于交通工具，也广泛应用于住宿、办公设备、家用工具等多个领域，推动了整个社会的绿色转型。

共享经济推动的绿色消费，反映了人们消费观念的深刻变革。与传统消费模式相比，绿色消费强调对环境影响的最小化和资源的可持续利用。在共享经济模式中，消费者不再追求物品的拥有权，而是更加注重使用权的获得，这种观念的转变使得"少买、少用"逐渐成为新的消费趋势。共享平台通过

提供租赁、交换、共享等服务，让消费者能够以较低的成本获取所需的产品和服务，同时避免了浪费。这种消费模式不仅减少了人们对物质产品的过度需求，还有效延长了产品的生命周期。例如，共享衣物平台的兴起，使得消费者可以租赁时尚服装，而不必频繁购买新衣物。这种模式减少了纺织品的生产量，降低了时尚行业对环境的负面影响，为绿色时尚消费提供了可持续的选择。

共享经济通过技术创新进一步推动了社会的绿色发展。数字技术、物联网和大数据的广泛应用，使得共享经济能够精准匹配供需、优化资源配置，并通过平台化运营降低交易成本。这种技术驱动的经济模式，使得原本复杂的资源共享和管理过程变得简单、高效。例如，共享办公平台通过数字化平台，将闲置的办公空间与需要灵活工作地点的企业和个人进行对接，减少了对新建办公楼的需求，同时提升了现有资源的使用效率。共享经济平台通过智能算法和大数据分析，能够有效预测需求并调配资源，使得供需之间的平衡更加精准。这种数字技术与经济模式的结合，使得共享经济不仅仅局限于个人物品的共享，还能够推动商业领域的资源优化配置，为企业的绿色转型提供新的解决方案。

共享经济在推动绿色消费的同时，也为社会创新提供了广阔的舞台。共享经济重新定义了资源的所有权和使用权，打破了传统的经济关系模式，推动了新的社会合作模式的形成。通过共享平台，个人与个人之间、企业与企业之间的合作更加紧密，社会创新的空间得到了极大的拓展。在共享经济模式下，个人不再是孤立的消费者，而是经济活动的积极参与者和贡献者。例如，在共享住宿平台中，房屋所有者将闲置房产出租给他人，不仅获得了经济回报，还为游客提供了更加多样化的住宿选择。这种双赢的合作模式，打破了传统住宿行业的垄断格局，推动了社会的多元化发展。共享经济还通过促进社会资本的流动与积累，推动了社会创新性发展。社会资本指的是人们之间通过信任、合作和网络形成的关系与资源。在共享经济中，消费者与平台、消费者与供应商之间的互动不仅仅限于经济交易，还建立在信任和合作的基础上。共享经济平台通过用户评价系统、信用体系等机制，促进了社会资本的积累，增强了个体之间的信任感。这种信任机制不仅提高了交易的安全性，还为创新型服务模式的拓展提供了基础。例如，在共享交通领域，消费者通过平台不仅能够获取出行服务，还可以通过与司机的互动建立新的社会联系，形成多维度的社会网络。这种社会资本的积累，增强了社会的互信与合作，推动了社会结构的创新性发展。

在推动社会创新的过程中，共享经济还为企业和创业者提供了广阔的发展空间。共享经济平台的低门槛和高灵活性，使得个人和小型企业能够以较低的成本进入市场，并通过提供创新型产品和服务获得收入。这种经济模式降低了创业者的风险，激发了社会的创新活力。许多创新型企业通过共享经济模式，在短时间内迅速崛起，并推动了行业的革新与变革。例如，共享办公空间的兴起，不仅为初创企业提供了灵活的办公解决方案，还通过打造创业社区，推动了企业之间的合作与创新。这种创新环境的形成，不仅带动了新兴产业的崛起，也为传统行业的转型提供了新的动力。共享经济的崛起，也推动了全球范围内的绿色转型与社会创新。通过资源的共享与优化配置，共享经济为全球可持续发展提供了新的经济模式。许多国家通过政策支持和市场激励，推动共享经济的健康发展。欧洲地区作为共享经济的先锋，推出了一系列促进绿色消费和社会创新的政策措施，推动了共享交通、共享能源、共享住房等领域的快速发展。例如，荷兰阿姆斯特丹市积极推动共享经济发展，将其纳入城市绿色发展的总体规划中，通过推广共享单车、共享电动汽车等绿色出行模式，显著减少了城市交通的碳排放，并提升了城市居民的生活质量。这种共享经济模式的推广，不仅推动了绿色消费的普及，还通过促进资源的高效利用，实现了经济增长与环境保护的平衡发展。

科技进步在共享经济中的作用不可忽视。随着互联网技术的不断进步，共享平台的运行效率得到了大幅提升，平台运营者能够通过智能化管理实现资源调度的最优化。例如，在共享出行领域，智能导航系统、实时路况分析和算法优化，使得车辆的调度更加精准，减少了空车率和能源浪费，提升了整个交通系统的效率。同时，物联网技术通过对共享物品的全生命周期管理，实现了物品的动态监控和使用率分析，使资源的利用更加透明和高效。这种技术的创新推动了共享经济的不断扩展，也为未来的绿色经济提供了强有力的技术支撑。

共享经济作为一种推动绿色消费与社会创新的重要力量，已经在全球范围内展现出了强大的发展潜力和广阔的应用前景。通过资源共享、绿色消费、社会资本积累和技术创新，共享经济为全球社会的可持续发展注入了新动力。在未来，随着共享经济模式的进一步深化和技术的不断创新，这一经济模式将继续在推动全球绿色转型、提升社会合作、促进经济创新方面发挥重要作用。共享经济不仅是当前经济形态的革新，更代表了未来经济模式的发展方向，它将通过资源的合理分配和社会的广泛协作，带动全球经济走向更加绿色、更加包容、更加可持续的未来。

三、低碳经济模式引领的能源转型与减排策略

低碳经济模式作为应对气候变化、缓解资源枯竭和推动全球可持续发展的关键战略，正日益成为全球社会关注的焦点。其核心在于通过减少二氧化碳及其他温室气体排放，实现经济增长与环境保护的协调统一。在低碳经济的框架下，能源结构的转型与碳排放的有效控制被视为实现全球碳中和目标的主要途径。这一模式不仅推动了清洁能源的广泛应用，也带动了传统高耗能行业的转型升级，促使各国探索出一条符合自身国情的低碳发展路径。在低碳经济的引领下，能源领域的技术革新与减排策略不断演进，推动全球向更加绿色、可持续的未来迈进。

能源转型是低碳经济的核心动力之一。长期以来，化石燃料在全球能源结构中占据主导地位，其广泛使用不仅加剧了气候变化，还带来了严重的环境污染问题。低碳经济的出现，为化石能源依赖型经济模式提供了可替代路径，推动了以清洁能源为核心的能源结构转型。通过大力发展可再生能源，如太阳能、风能、水能和地热能，低碳经济为能源领域带来了革命性变革。清洁能源技术的突破，使得这些可再生能源的成本逐年下降，效率不断提升，逐步成为全球能源供应的重要组成部分。太阳能光伏技术的进步，使得太阳能在全球范围内的应用得以大规模推广。光伏发电设备不仅在偏远地区提供了清洁能源解决方案，还为发展中国家的能源转型提供了重要契机。风能作为另一大清洁能源，通过大型风力发电场和海上风电技术的创新，成为电力供应的重要补充，进一步减轻了对化石能源的依赖。低碳经济模式引发的能源转型，不仅推动了可再生能源的崛起，也促使传统能源行业进行深刻变革。煤炭、石油等高碳排放能源的逐步替代成为全球低碳化发展的必然趋势。在

这一过程中，能源行业通过技术升级和产业链优化，提升了能源利用效率，降低了碳排放强度。清洁煤技术、碳捕获与封存（CCS）技术的发展，虽然仍在初级阶段，但其应用已初见成效，为高碳排放行业的转型提供了过渡性方案。碳捕获与封存技术通过捕获工业生产过程中产生的二氧化碳，并将其注入地下进行长期封存，减少了温室气体的直接排放，展现了在高碳排放行业实现减排目标的巨大潜力。

低碳经济模式不仅涉及能源结构的改变，还推动了全社会的绿色转型。低碳交通、低碳建筑、低碳农业等领域的快速发展，标志着低碳理念已深入渗透到经济活动的各个环节。交通运输作为碳排放的重要来源之一，长期以来依赖于化石燃料，排放了大量温室气体。在低碳经济的引导下，交通领域的能源转型成为减排策略中的重点。电动汽车、氢燃料汽车等新型交通工具的研发与推广，推动了交通系统的低碳化。电动汽车通过使用清洁电力驱动，减少了对石油等化石燃料的依赖，并通过智能交通系统的应用，提升了整体交通效率。氢燃料汽车作为未来低碳交通的关键技术之一，通过氢燃料电池实现了零碳排放，为交通领域的能源转型提供了多样化的技术选择。建筑领域的低碳转型也在低碳经济模式的推动下取得了显著进展。建筑业作为能源消耗和碳排放的大户，长期以来缺乏高效的能耗管理方式，导致大量能源浪费并使环境负担加重。低碳经济模式通过引入绿色建筑标准、节能技术和智能化管理手段，实现了建筑能耗的显著降低。绿色建筑技术的应用，如高效节能的建筑材料、自然通风设计、太阳能利用系统等，不仅提高了建筑物的能源效率，还通过减少对传统能源的依赖，降低了碳排放。智能建筑管理系统通过大数据分析和物联网技术，实现了对建筑物能耗的实时监控和动态调整，提升了能源使用的精准度和效率。这些创新措施推动了建筑领域的绿色化转型，成为实现低碳城市发展的重要路径。

低碳农业作为低碳经济的重要组成部分，通过技术创新和生产模式的优化，减少了农业生产对气候变化的影响。传统农业的高能耗、高污染模式，不仅加剧了温室气体的排放，还对土地、水资源等生态系统造成了极大的破坏。在低碳经济模式的引导下，农业领域通过推广精准农业、生态农业和有机农业，减少了农业生产过程中的碳排放和环境影响。精准农业技术通过智能传感器、数据分析和无人机监测，优化了农业生产中的水肥使用和能源消耗，提升了农业生产效率，并减少了对自然资源的浪费。同时，循环农业的推广使得农业废弃物得以重新利用，如农作物秸秆、畜禽粪便等通过资源化处理，转化为有机肥料或生物能源，实现了农业生产的低碳循环。

在低碳经济模式的推动下，碳排放的管理与控制成为全球各国共同关注的焦点。碳排放交易体系作为市场化的减排工具，得到了广泛应用和推广。碳交易市场通过设定碳排放配额，允许企业之间进行碳排放权的买卖，使得排放高的企业通过市场机制购买配额，而低排放企业则通过出售配额获得经济收益。这一机制不仅推动了企业减排，还为清洁技术的创新和推广提供了资金支持。欧盟碳排放交易体系作为全球最大的碳市场，已取得显著成效，通过严格的排放限额和灵活的市场机制，推动了欧盟各国的碳减排进程。中国等新兴经济体也通过碳交易试点，逐步建立起全国范围的碳排放交易市场，为实现碳中和目标提供了政策支持。低碳经济模式中的减排策略不仅限于市场化手段，还依赖于政策引导、技术创新和社会参与。各国政府通过制定和实施严格的碳排放标准和能源转型计划，推动了经济结构的绿色转型。政策的引导不仅为企业的低碳化发展提供了方向，还通过绿色财政政策、税收优惠等激励措施，推动了清洁技术的研发和应用。例如，许多国家通过实施绿色能源补贴，促进了可再生能源的发展，加速了太阳能、风能等清洁能源的应用。与此同时，绿色金融的崛起为低碳经济提供了重要的资金保障。通过绿色债券、绿色基金等金融工具，资金得以流向低碳产业和项目，推动了可持续经济的快速发展。

技术创新作为低碳经济模式的重要支撑，为能源转型与减排策略提供了关键技术支持。通过科技进步，能源生产与消费方式不断优化，碳排放强度逐步下降。智能电网技术的广泛应用，使得能源系统的调度更加高效和灵活，减少了能源浪费并提高了可再生能源的利用率。储能技术的突破，解决了可再生能源供应不稳定的难题，使得风能、太阳能等间歇性能源能够更加可靠地供电。此外，氢能、核聚变等前沿技术的开发与应用，为未来低碳能源体系的构建提供了多样化的选择。这些技术创新不仅推动了能源领域的革命，也为实现全球碳中和目标提供了坚实的技术基础。低碳经济模式引领的能源转型与减排策略，不仅改变了全球能源生产与消费的格局，也为全球应对气候变化提供了强有力的解决方案。通过减少对化石能源的依赖、推动可再生能源的广泛应用以及促进高耗能行业的绿色转型，低碳经济为全球社会带来了全新的发展方向。在这一过程中，减排策略的多样化和政策支持的力度，将决定低碳经济能否在全球范围内实现更大规模的推广与应用。未来，随着技术的进一步突破和全球合作的深化，低碳经济模式将继续引领全球能源转型，推动各国实现碳中和目标，为全球可持续发展提供源源不断的动力。

低碳经济模式不仅是应对当下环境危机的有效手段，更为全球经济的未来发展指明了方向。在这一模式的推动下，能源转型与减排策略的深度融合，将为全球社会带来更加绿色、更加繁荣的未来。通过技术创新、政策引导和社会的共同努力，低碳经济模式将继续引领全球能源领域的深刻变革，为实现全球生态文明和可持续发展目标奠定坚实基础。

参考文献

一、著作

［1］习近平．习近平谈治国理政：第一卷［M］．北京：外文出版社，2014.

［2］习近平．习近平谈治国理政：第二卷［M］．北京：外文出版社，2017.

［3］中共中央文献研究室，国家林业局．毛泽东论林业（新编本）［M］．北京：中央文献出版社，2003.

［4］国家环境保护总局，中共中央文献研究室．新时期环境保护重要文献选编［M］．北京：中央文献出版社、中国环境科学出版社，2001.

［5］中共中央文献研究室．科学发展观重要论述摘编［M］．北京：中央文献出版社、党建读物出版社，2008.

［6］中共中央文献研究室．三中全会以来重要文献选编（上）［M］．北京：中央文献出版社，2011.

［7］中共中央文献研究室．江泽民思想年编（1989—2008）［M］．北京：中央文献出版社，2001.

［8］中共中央文献研究室．习近平关于社会主义生态文明建设论述摘编［M］．北京：中央文献出版社，2017.

［9］张文博．生态文明建设视域下城市绿色转型的路径研究［M］．上海：上海社会科学院出版社，2022.

［10］张云飞，周鑫．中国生态文明新时代［M］．北京：中国人民大学出版社，2020.

［11］杨朝霞．生态文明观的法律表达：第三代环境法的生成［M］．北

京：中国政法大学出版社，2019.

[12] 杨春光，孟东军，曹登科．生态文明与产城一体化的理论与实践 [M]．杭州；浙江大学出版社，2017.

[13] 李干杰．推进生态文明 建设美丽中国 [M]．北京：人民出版社、党建读物出版社，2019.

[14] 全国干部培训教材编审指导委员会．决胜全面建成小康社会 [M]．北京：人民出版社、党建读物出版社，2019.

[15] 全国干部培训教材编审指导委员会．全面加强党的领导和党的建设 [M]．北京：人民出版社、党建读物出版社，2019.

[16] 何毅亭．以习近平同志为核心的党中央治国理政新理念新思想新战略 [M]．北京：人民出版社，2017.

[17] 何毅亭．学习习近平总书记重要讲话 [M]．北京：人民出版社，2013.

[18] 费孝通．乡土中国（插图本）[M]．北京：中华书局，2013.

[19] 刘俊杰．社会主义国家治理 [M]．北京：人民出版社，2018.

[20] 贺雪峰，等．南北中国：中国农村区域差异研究 [M]．北京：社会科学文献出版社，2017.

[21] 孙儒泳，李博，诸葛阳，等．普通生态学 [M]．北京：高等教育出版社，1993.

[22] 陶良虎，陈为，卢继传．美丽乡村：生态乡村建设的理论实践与案例 [M]．北京：人民出版社，2014.

[23] 黄书进，沈志华，郭凤海．实现中华民族伟大复兴的行动纲领 [M]．北京：人民出版社，2012.

[24] 冯俊，刘靖北，刘昀献．中国特色社会主义理论体系论纲 [M]．北京：人民出版社，2017.

[25] 复旦大学当代马克思主义研究中心．当代国外马克思主义评论（9）[M]．北京：人民出版社，2011.

[26] 李红梅．中国特色社会主义生态文明建设理论与实践研究 [M]．北京：人民出版社，2017.

[27] 严立冬，刘新勇，孟慧君，等．绿色农业生态发展论 [M]．北京：人民出版社，2008.

［28］孔德新．绿色发展与生态文明：绿色视野中的可持续发展［M］．合肥：合肥工业大学出版社，2007.

［29］刘爱军．生态文明研究：第二辑［M］．济南：山东人民出版社，2011.

［30］廖福森．生态文明建设理论与实践［M］．北京：中国林业出版社，2003.

二、学术论文

（一）博士论文

［1］剧于宏．中国绿色经济发展的机制与制度研究［D］．武汉理工大学，2009.

［2］卢艳玲．生态文明建构的当代视野：从技术理性到生态理性［D］．中共中央党校，2013.

［3］陶国根．生态环境多元主体协同治理研究［D］．江西财经大学，2024.

［4］彭一然．中国生态文明建设评价指标体系构建与发展策略研究［D］．对外经济贸易大学，2016.

［5］方发龙．生态文明建设新视野下区域经济发展研究［D］．四川大学，2008.

［6］张春晓．生态文明融入中国特色社会主义经济建设研究［D］．东北师范大学，2013.

（二）硕士论文

［1］钟元邦．绿色发展责任实现路径研究［D］．江西师范大学，2013.

［2］邓仁伟．发展伦理视域中的正义原则［D］．江西师范大学，2008.

三、期刊类论文

［1］王文君．生态文明建设如何促进乡村经济发展［J］．中国集体经济，2021：89.

［2］李静．加强生态文明建设 促进生态经济发展［J］．区域治理，2019：67.

［3］金丽.生态文明建设促进农村经济发展格局优化的措施［J］.时代经贸，2018：92.

［4］李玉梅，代和平，桂峰.生态文明建设促进农村经济发展格局优化的措施［J］.现代农业科技，2018：77.

［5］包群，彭水军.经济增长与环境污染：基于面板数据的联立方程估计［J］.世界经济，2006：89.

［6］张卫东，汪海.我国环境政策对经济增长与环境污染关系的影响研究［J］.中国软科学，2007：70.

［7］孔祥利，毛毅.我国环境规制与经济增长关系的区域差异分析——基于东、中、西部面板数据的实证研究［J］.南京师大学报（社会科学版），2010：132.

［8］王群勇，陆凤芝.环境规制能否助推中国经济高质量发展？——基于省际面板数据的实证检验［J］.郑州大学学报（哲学社会科学版），2018：95.

［9］孔凡文，李鲁波.环境规制、环境宜居性对经济高质量发展影响研究——以京津冀地区为例［J］.价格理论与实践，2019：86.

［10］陈红，顾红，刘颜，国家生态文明试验区经济高质量发展政策效应研究［J］.生态经济，2023：56.